"十四五"职业教育国家规划教材（修订版）

"十三五"职业教育国家规划教材（修订版）

机械制图与 AutoCAD 绘图

第 2 版

主编　宋巧莲
参编　渠婉婉　徐连孝

机械工业出版社

本书针对高等职业教育的特点，以及机械行业以 AutoCAD 为绘图软件的需求和国家绘图师资格考试的要求，将投影理论与图示应用相结合，将 AutoCAD 命令与绘图实例优化组合，重组了教学内容和教材体系，重在强化应用、培养技能。

全书共 10 个项目，主要内容包括：用绘图工具和 AutoCAD 绘制平面图形、点线面投影的绘制、基本体三视图的绘制、组合体三视图的识读与绘制、图样基本表示法和常用机件特殊表示法的应用、零件图和装配图的识读与绘制、零部件测绘等。计算机绘图以 AutoCAD 2022 软件为平台，使学生在掌握机械制图知识的同时，也能熟练运用 AutoCAD 2022 软件。

本书采用了现行的《机械制图》《技术制图》等国家标准，可作为高等职业院校机械类和近机械类各专业的教材，也可供有关工程技术人员参考。

本书配有《机械制图与 AutoCAD 绘图习题集 第 2 版》，并提供授课电子课件、微课视频、电子教案、习题集答案等资源，教学视频可扫描书中二维码直接观看，需要配套资源的教师可登录机械工业出版社教育服务网 www.cmpedu.com 免费注册，审核通过后下载，或联系编辑索取（微信：13261377872，电话：010-88379639）。

图书在版编目（CIP）数据

机械制图与 AutoCAD 绘图/宋巧莲主编. —2 版. —北京：机械工业出版社，2024.2（2025.2 重印）

"十四五"职业教育国家规划教材：修订版 "十三五"职业教育国家规划教材：修订版

ISBN 978-7-111-74166-4

Ⅰ.①机… Ⅱ.①宋… Ⅲ.①机械制图-计算机制图-AutoCAD 软件-高等职业教育-教材 Ⅳ.①TH126

中国国家版本馆 CIP 数据核字（2023）第 205769 号

机械工业出版社（北京市百万庄大街 22 号 邮政编码 100037）
策划编辑：曹帅鹏　　　　　责任编辑：曹帅鹏　赵小花
责任校对：肖　琳　张　征　责任印制：任维东
北京新华印刷有限公司印刷
2025 年 2 月第 2 版第 5 次印刷
184mm×260mm・20.25 印张・498 千字
标准书号：ISBN 978-7-111-74166-4
定价：69.00 元

电话服务　　　　　　　　　网络服务
客服电话：010-88361066　　机　工　官　网：www.cmpbook.com
　　　　　010-88379833　　机　工　官　博：weibo.com/cmp1952
　　　　　010-68326294　　金　书　网：www.golden-book.com
封底无防伪标均为盗版　　　机工教育服务网：www.cmpedu.com

前言

党的二十大报告对于"实施科教兴国战略，强化现代化建设人才支撑"进行了详细丰富、深刻完整的论述。职业教育与经济社会发展紧密相连，对促进就业创业、助力科技创新、增进人民福祉具有重要意义。本书针对高等职业教育培养应用型和技能型人才的目标，在编写过程中注重理论联系实际，将机械制图知识与 AutoCAD 绘图软件有机融合，将基础理论融入大量实例中，力求体系合理、内容精练、实例典型，便于教师组织教学内容，也使学生容易理解和掌握。

为了培养学生的空间思维能力、图形表达能力和形体分析能力，书中编排了大量的实例，使学生在反复的"由物想图、由图想物"实践中，循序渐进、由浅入深地培养形象思维和抽象思维。项目一～项目九的最后都编写了项目案例，对项目涵盖的基本知识、原理及方法进行综合运用和全面训练，使教材更加贴近工程应用和生产实际，综合培养学生的空间思维能力和图形表达能力，提高学生的绘图技能和职业素质。

本次修订采用现行的《机械制图》《技术制图》《机械工程 CAD 制图规则》等国家标准，按照课程内容的需要，将有关标准编排在各项目及附录中，以供参阅。

本书参考学时为 120～150 学时。使用时，可根据各专业的特点、教学时数、教学要求进行适当的调整。基本体和组合体的识读与绘制是训练空间思维能力的重要阶段，零件图和装配图的识读与绘制是提高综合绘图技能和 AutoCAD 绘图能力的重要阶段，可指导学生多进行相关练习。

本书配备了丰富的教学资源，包括微课视频、电子教案、教学课件、配套上机习题、模拟试卷等，实现了信息技术与教学的深度融合，方便教师的教学。与本书配套的教学资源由宋巧莲制作。

本书由宋巧莲主编。参加编写的有：常州信息职业技术学院宋巧莲（绪论、项目二～项目六、项目七部分内容、项目八～项目十、附录），常州信息职业技术学院渠婉婉（项目一），山东信息职业技术学院徐连孝（项目七部分内容）。全书由宋巧莲统稿整理，常州大学沈惠平教授主审。

与本书配套的《机械制图与 AutoCAD 绘图习题集　第 2 版》同时出版，习题集的编排顺序与本书体系保持一致，习题集配套有全部答案。

在本书编写过程中参考了国内同行编写的很多优秀教材，在此表示衷心的感谢。

由于编者水平所限，书中难免有不足之处，恳请读者提出宝贵意见与建议。

编　者

二维码资源清单

（标 * 为模型，其他为微课视频）

序号	名　称	页码	序号	名　称	页码
1-1	国家标准的基本规定	4	5-3	叠加型组合体	133
1-2	平面图形的分析与作图	19	5-4	切割型组合体	134
1-3	平面图形的尺寸标注	21	5-5	组合体的尺寸标注	137
1-4	垫片的绘制	24	5-6	读图的基本要领	138
2-1	直线命令练习	39	5-7	线面分析法	142
2-2	圆弧命令练习	42	5-8	支架三视图的绘制	159
2-3	环形阵列命令练习	51	5-9	镶块三视图的识读	160
2-4	缩放命令练习	53	6-1	视图	162
2-5	圆角命令练习	58	6-2	模型 *	163
2-6	起重钩的绘制	68	6-3	模型 *	165
2-7	交换齿轮架的绘制	69	6-4	剖视图的基本概念	167
3-1	三视图的形成及其对应关系	72	6-5	模型 *	170
3-2	直角弯板	75	6-6	剖视图的种类	171
3-3	点的投影	76	6-7	剖切面的种类	173
3-4	直线的投影	79	6-8	断面图	178
3-5	平面的投影	83	6-9	第三角画法	184
3-6	平面上的点	86	6-10	支架表达方法	185
3-7	完成四边形的正面投影	87	6-11	四通管表达方法	186
4-1	棱柱的投影	101	7-1	螺纹要素	188
4-2	棱锥的投影	103	7-2	螺纹的规定画法	190
4-3	圆柱的投影	104	7-3	螺纹的标注	191
4-4	圆锥的投影	105	7-4	螺栓联接	196
4-5	圆球的投影	106	7-5	双头螺柱联接	197
4-6	正垂面切割正六棱柱	108	7-6	螺钉联接	197
4-7	正垂面切割正三棱锥	109	7-7	圆柱齿轮	198
4-8	正垂面切割圆柱	112	7-8	键联结	205
4-9	切口圆柱	113	7-9	滚动轴承	208
4-10	开槽圆柱	113	7-10	弹簧	211
4-11	正平面切割圆锥	116	8-1	极限与配合	226
4-12	半球被切割	118	8-2	几何公差	233
4-13	半球开槽	118	8-3	表面结构	238
4-14	两圆柱正交	120	8-4	读零件图的方法和步骤	246
4-15	圆柱与圆锥正交	122	8-5	支架零件图的识读	250
4-16	接头三视图	125	9-1	装配图的表达方法	259
4-17	顶针的截交线	125	9-2	读装配图和拆画零件图	263
5-1	组合体的构形	128	9-3	铣刀头装配图的绘制	267
5-2	轴承座的建模	129	9-4	球阀装配图的识读	273

目录

前言
二维码资源清单
绪论 ································· 1
项目一　用绘图工具绘制平面图形 ··· 3
  1.1　国家标准的基本规定 ············· 3
    1.1.1　图纸幅面和格式（GB/T 14689—2008） ·············· 3
    1.1.2　比例（GB/T 14690—1993） ·············· 5
    1.1.3　字体（GB/T 14691—1993） ·············· 6
    1.1.4　图线（GB/T 4457.4—2002） ·············· 7
    1.1.5　尺寸注法（GB/T 4458.4—2003） ·············· 8
    1.1.6　机械工程 CAD 制图规则（GB/T 14665—2012） ·············· 11
  1.2　常用的绘图工具 ················ 13
  1.3　几何作图 ······················ 15
    1.3.1　正多边形 ··················· 15
    1.3.2　斜度与锥度 ················· 16
    1.3.3　圆弧连接 ··················· 17
  1.4　平面图形的画法 ················ 19
    1.4.1　平面图形的分析与作图 ······· 19
    1.4.2　平面图形的尺寸标注 ········· 21
    1.4.3　徒手绘图的方法 ············· 22
  1.5　项目案例：垫片的绘制 ··········· 23
项目二　用 AutoCAD 绘制平面图形 ··· 25
  2.1　AutoCAD 基础知识 ··············· 25
    2.1.1　AutoCAD 2022 工作环境 ······ 25
    2.1.2　图形显示控制 ··············· 27
    2.1.3　绘图环境设置 ··············· 28
    2.1.4　常用基本操作 ··············· 32
  2.2　AutoCAD 基本功能 ··············· 39
    2.2.1　基本绘图命令 ··············· 39
    2.2.2　图形编辑命令 ··············· 47
    2.2.3　尺寸标注命令 ··············· 59
  2.3　绘图样板的创建 ················ 62
  2.4　项目案例 ······················ 67
    2.4.1　起重钩的绘制 ··············· 67
    2.4.2　交换齿轮架的绘制 ··········· 68
项目三　点线面投影的绘制 ··········· 71
  3.1　投影法的基本知识 ··············· 71
    3.1.1　投影法的分类 ··············· 71
    3.1.2　正投影法的基本性质 ········· 72
  3.2　三视图的形成及其对应关系 ······· 72
    3.2.1　三投影面体系的建立 ········· 72
    3.2.2　三视图的形成 ··············· 73
    3.2.3　三视图之间的对应关系 ······· 74
    3.2.4　三视图的作图方法与步骤 ····· 75
  3.3　点、直线、平面的投影 ··········· 76
    3.3.1　点的投影 ··················· 76
    3.3.2　直线的投影 ················· 79
    3.3.3　平面的投影 ················· 83
  3.4　项目案例：补全立体的左视图 ····· 87
项目四　基本体三视图的绘制 ········· 89
  4.1　三维实体的创建与编辑 ··········· 89
    4.1.1　坐标系 ····················· 89
    4.1.2　视点 ······················· 90
    4.1.3　实体建模概述 ··············· 91
    4.1.4　创建三维实体 ··············· 93
    4.1.5　编辑三维实体 ··············· 97
  4.2　基本体的投影 ·················· 101
    4.2.1　平面立体的投影 ············ 101
    4.2.2　曲面立体的投影 ············ 103
  4.3　立体表面交线 ·················· 107
    4.3.1　平面与立体相交 ············ 108
    4.3.2　立体与立体相交 ············ 119
  4.4　项目案例 ····················· 124
    4.4.1　相贯体三视图的绘制 ········ 124
    4.4.2　接头三视图的绘制 ·········· 124
    4.4.3　顶针三视图的绘制 ·········· 124
项目五　组合体三视图的识读与绘制 ··· 126
  5.1　组合体的构形 ·················· 126
    5.1.1　组合体的形体分析 ·········· 126
    5.1.2　组合体的建模方法 ·········· 128
  5.2　组合体三视图的画法 ············ 132

5.3 组合体的尺寸标注方法 …………… 134
5.4 组合体视图的读图方法 …………… 137
 5.4.1 读图的基本要领 ……………… 137
 5.4.2 读图的基本方法 ……………… 139
5.5 组合体的构形设计 ………………… 143
5.6 轴测图的画法 ……………………… 145
 5.6.1 轴测图的基本知识 …………… 145
 5.6.2 正等轴测图 …………………… 147
 5.6.3 斜二轴测图 …………………… 152
 5.6.4 轴测剖视图 …………………… 154
5.7 项目案例 …………………………… 156
 5.7.1 夹铁三视图的绘制 …………… 156
 5.7.2 压块三视图的识读 …………… 156
 5.7.3 架体三视图的绘制 …………… 157
 5.7.4 支架三视图的绘制 …………… 158
 5.7.5 镶块三视图的识读 …………… 159

项目六 图样基本表示法的应用 …… 161
6.1 视图 ………………………………… 161
 6.1.1 基本视图 ……………………… 161
 6.1.2 向视图 ………………………… 161
 6.1.3 局部视图 ……………………… 163
 6.1.4 斜视图 ………………………… 163
6.2 剖视图 ……………………………… 165
 6.2.1 剖视图的基本概念 …………… 165
 6.2.2 剖视图的种类 ………………… 168
 6.2.3 剖切面的种类 ………………… 171
 6.2.4 AutoCAD 图案填充 ………… 175
6.3 断面图 ……………………………… 178
 6.3.1 断面图的概念 ………………… 178
 6.3.2 移出断面图 …………………… 178
 6.3.3 重合断面图 …………………… 180
6.4 局部放大图和简化画法 …………… 180
 6.4.1 局部放大图 …………………… 180
 6.4.2 简化画法 ……………………… 181
6.5 第三角画法简介 …………………… 183
6.6 项目案例 …………………………… 185
 6.6.1 支架表达方法的选择 ………… 185
 6.6.2 四通管表达方法的识读 ……… 186

项目七 常用机件特殊表示法的应用 … 187
7.1 螺纹和螺纹紧固件 ………………… 187
 7.1.1 螺纹 …………………………… 187
 7.1.2 螺纹紧固件 …………………… 193
7.2 齿轮 ………………………………… 198

 7.2.1 圆柱齿轮 ……………………… 199
 7.2.2 直齿锥齿轮 …………………… 202
 7.2.3 蜗轮和蜗杆 …………………… 204
7.3 键联结和销联接 …………………… 205
 7.3.1 键联结 ………………………… 205
 7.3.2 销联接 ………………………… 206
7.4 滚动轴承 …………………………… 207
7.5 弹簧 ………………………………… 210
7.6 项目案例：联轴器装配结构分析 … 212

项目八 零件图的识读与绘制 ……… 214
8.1 零件图的作用和内容 ……………… 214
8.2 零件结构形状的表达 ……………… 215
 8.2.1 零件的构形分析 ……………… 215
 8.2.2 零件的表达方法 ……………… 217
 8.2.3 零件上常见的工艺结构 ……… 218
8.3 零件图的尺寸标注 ………………… 221
8.4 零件图中的技术要求 ……………… 224
 8.4.1 极限与配合 …………………… 224
 8.4.2 几何公差 ……………………… 231
 8.4.3 表面结构 ……………………… 236
 8.4.4 AutoCAD 中技术要求的标注 … 241
8.5 读零件图的方法和步骤 …………… 245
8.6 项目案例 …………………………… 247
 8.6.1 轴零件图的识读 ……………… 247
 8.6.2 阀盖零件图的识读 …………… 248
 8.6.3 支架零件图的识读 …………… 249
 8.6.4 泵体零件图的识读 …………… 251
 8.6.5 V带轮零件图的绘制 ………… 253

项目九 装配图的识读与绘制 ……… 256
9.1 装配图的作用和内容 ……………… 256
9.2 装配图的表达方法 ………………… 256
9.3 装配图的尺寸标注和技术要求 …… 259
9.4 装配图的零部件序号和明细栏 …… 260
9.5 装配结构简介 ……………………… 261
9.6 读装配图和拆画零件图 …………… 263
9.7 项目案例 …………………………… 267
 9.7.1 铣刀头装配图的绘制 ………… 267
 9.7.2 球阀装配图的识读 …………… 273
 9.7.3 联动夹持杆接头装配图的识读 … 277
 9.7.4 钻模装配图的识读 …………… 278

项目十 零部件测绘 ………………… 281
10.1 测绘前的准备工作 ………………… 281

10.1.1 测绘工具的准备 …………………… 281
10.1.2 零件尺寸的测量方法 ……………… 281
10.2 测绘的方法和步骤 …………………… 283
10.2.1 了解和分析测绘对象 ……………… 283
10.2.2 拆卸装配体和画装配示意图 …… 284

10.2.3 画零件草图 ………………………… 285
10.2.4 画装配图 …………………………… 289
10.2.5 画零件图 …………………………… 289

附录 …………………………………………… 295
参考文献 ……………………………………… 314

绪论

1. 本课程的研究对象和学习目的

根据投影原理、标准或有关规定绘制的表示工程对象,并有必要的技术说明的图,称为图样。在现代工业生产中,机械、电子、建筑等工程,都必须依据图样组织生产。图样是表达设计意图和交流技术思想的工具,是指导生产的技术文件。图样比语言文字更直观、更形象,被誉为工程界的技术语言。

本课程研究的图样,主要是机械图样。机械图样能准确地表达零部件的形状、尺寸,以及制造和检验时所需要的技术要求等。设计者通过机械图样来表达设计意图;制造者通过机械图样了解设计要求,组织和指导生产;使用者通过机械图样了解机器设备的结构和性能,进行操作和维修。因此,机械工程技术人员必须具备识读和绘制机械图样的能力。

本课程是学习识读和绘制机械图样的原理和方法的一门技术基础课。通过本课程的学习,可以为学习后续课程和发展自身的职业能力奠定必要的基础。

2. 本课程的主要内容和基本要求

本课程的主要内容:国家标准的基本规定、绘制平面图形、AutoCAD 绘图基础、点线面投影的绘制、基本体和组合体三视图的绘制、图样的基本表示法、常用机件的特殊表示法、零件图和装配图的识读与绘制、零部件测绘等。

本课程的基本要求:

1)通过学习国家标准的基本规定和绘制平面图形,对制图的相关国家标准有一定的了解,并初步掌握用绘图工具和 AutoCAD 软件绘制平面图形的基本技能。

2)通过学习点线面的投影、基本体和组合体的三视图,掌握运用正投影法图示空间形体的方法,培养和发展空间形象思维能力。

3)通过学习图样的基本表示法和常用机件的特殊表示法,具备绘制和阅读机械图样的基本能力。

4)通过零件图和装配图的识读与绘制、零部件测绘,培养尺规绘图、徒手绘图、计算机绘图能力,具备识读和绘制中等复杂程度的机械图样的能力。

5)能熟练运用 AutoCAD 软件绘制机械图样,掌握必备的绘图技巧和方法。

6)培养工程意识和贯彻执行国家标准的意识,培养耐心细致的工作作风和严肃认真的工作态度。

3. 本课程的学习方法

(1)要注重形象思维 本课程既有系统的理论又有较强的实践性,其核心内容是学习如何将空间物体用平面图形表达出来,以及如何根据平面图形想象出空间物体的形状。因此,学习时必须把空间物体与其投影紧密联系,不断地"由物想图、由图想物"。随着对空间物体和平面图形之间对应关系认识的不断深化，逐步提高空间想象能力和空间分析问题的能力。

（2）要注重绘图实践　绘图和读图能力需要通过一系列的绘图实践来培养，"每课必练，学练结合"是本课程的突出特点，通过一系列的习题或作业，才能使所学知识得到巩固。

在识读和表达工程实际中的零部件时，既要用理论指导画图，又要通过画图实践加深对基础理论和作图方法的理解。通过循序渐进的绘图实践，促进读图能力的培养和绘图速度的提高。

（3）要树立标准化意识　工程图样不仅是我国工程界的技术语言，也是国际上通用的工程技术语言，不同国家的工程技术人员都能读懂。工程图样遵循规律性的投影作图和规范性的制图标准，学习本课程时，应树立标准化意识，养成自觉地遵守制图国家标准的良好习惯，并掌握查阅有关标准和资料的方法，保证所绘图样的正确性和规范化。

（4）要注重培养工程素质　工程图样在工业生产中起着重要的作用，绘图和读图的任何差错都会造成重大损失。因此，在学习中要养成耐心细致的工作作风，树立认真负责的工作态度。对待制图作业应一丝不苟，严格要求，切忌潦草马虎。

通过本课程的学习，学生可为绘制和识读工程图样奠定初步基础。工程图样涉及设计、制造工艺、材料、公差等专业知识，绘图能力和读图能力还应通过后续课程、生产实习、课程设计、毕业设计等环节的深入学习和实践，不断积累和提高。

项目一

用绘图工具绘制平面图形

工程图样是表达工程技术人员的设计意图、交流设计思想、组织和指导生产的重要工具，是工业生产中必不可少的技术文件，是工程界的技术语言。工程图样遵守统一的标准，为了正确地绘制和阅读工程图样，必须熟悉有关标准和规定。

1.1 国家标准的基本规定

国家标准《技术制图》《机械制图》是工程界重要的技术标准，对机械图样中的各项内容均做了统一的规定，是绘制和阅读机械图样的准则和依据。《机械制图》标准适用于机械图样；《技术制图》标准普遍适用于工程界各种专业技术图样。

国家标准（简称国标，代号GB）由标准编号和标准名称两部分构成。例如，GB/T 14689—2008《技术制图 图纸幅面和格式》，标准编号为"GB/T 14689—2008"，标准名称为"技术制图 图纸幅面和格式"，GB/T表示推荐性国家标准，14689为标准的发布顺序号，2008为标准的批准年份。

1.1.1 图纸幅面和格式（GB/T 14689—2008）

1. 图纸幅面

为了使图纸幅面统一，便于装订和管理以及符合缩微复制原件的要求，绘制技术图样时，应优先选用表1-1中规定的基本幅面。基本幅面有5种，其尺寸关系如图1-1所示。必要时允许选用加长幅面，加长幅面的尺寸是由基本幅面的短边成整数倍增加后得出的。

表 1-1 图纸基本幅面尺寸 （单位：mm）

幅面代号	A0	A1	A2	A3	A4
$B×L$	841×1189	594×841	420×594	297×420	210×297
e	20	20	20	10	10
c	10	10	10	5	5
a	25	25	25	25	25

2. 图框格式

在图纸上必须用粗实线画出图框，其格式分为不留装订边（图1-2）和留有装订边（图1-3）两种，尺寸按表1-1的规定。同一产品的图样只能采用一种格式。

3. 标题栏

在机械图样中必须画出标题栏，国家标准（GB/T 10609.1—2008）对标题栏的内容、格式和尺寸做了统一规定，在制图作业中建议采用图 1-4 所示的格式。

标题栏一般应置于图样的右下角。若标题栏的长边置于水平方向并与图纸的长边平行，则构成 X 型图纸，如图 1-2a、图 1-3a 所示；若标题栏的长边与图纸的长边垂直，则构成 Y 型图纸，如图 1-2b、图 1-3b 所示。在此情况下，标题栏中的文字方向为看图方向。

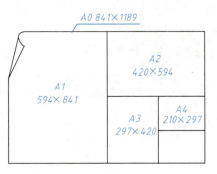

图 1-1 基本幅面的尺寸关系

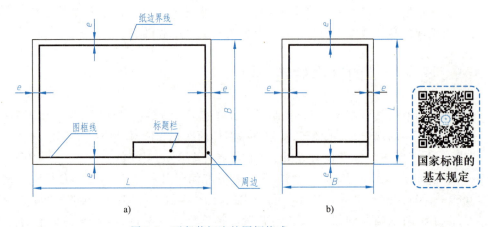

图 1-2 不留装订边的图框格式

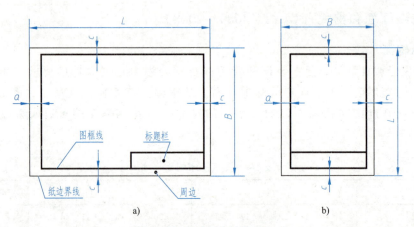

图 1-3 留有装订边的图框格式

4. 对中符号和方向符号

为了使图样复制和缩微摄影时定位方便，应在图纸各边中点处分别画出对中符号。对中符号用粗实线绘制，长度从图纸边界开始至伸入图框内约 5mm，如图 1-5 所示。

当使用预先印制的图纸时，若采用 X 型图纸竖放或 Y 型图纸横放，为了明确绘图与看图时图纸的方向，应在图纸的下边对中符号处画一方向符号，如图 1-5 所示。方向符号是用细实线绘制的等边三角形，其大小和位置如图 1-6 所示。

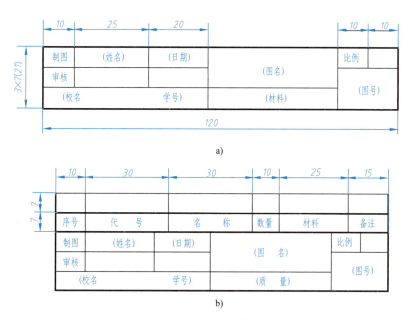

图1-4 制图作业中标题栏的格式
a) 零件图标题栏 b) 装配图标题栏

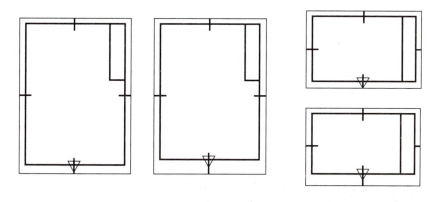

图1-5 对中符号和方向符号

1.1.2 比例（GB/T 14690—1993）

比例是指图样中图形与其实物相应要素的线性尺寸之比。绘图时，应从表1-2的"优先选择系列"中选取适当的比例；必要时，也允许从"允许选择系列"中选取。比例填写在标题栏的比例栏中。

选用比例的原则是有利于图形的清晰表达和图纸幅面的有效利用。为了从图样上直接反映实物的大小，绘图时应优先选用原值比例。根据实物大小和复杂程度的不同，可采用放大或缩小比例绘制。

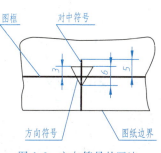

图1-6 方向符号的画法

表 1-2 比例系列（摘自 GB/T 14690—1993）

种 类	优先选择系列			允许选择系列				
原值比例	1:1			—				
放大比例	5:1 $5\times10^n:1$	2:1 $2\times10^n:1$	$1\times10^n:1$	4:1 $4\times10^n:1$	2.5:1 $2.5\times10^n:1$			
缩小比例	1:2 $1:2\times10^n$	1:5 $1:5\times10^n$	1:10 $1:1\times10^n$	1:1.5 $1:1.5\times10^n$	1:2.5 $1:2.5\times10^n$	1:3 $1:3\times10^n$	1:4 $1:4\times10^n$	1:6 $1:6\times10^n$

注：n 为正整数。

注意：不论采用何种比例，图样中所标注的尺寸应是实物的实际大小尺寸，与所选用的比例无关，如图 1-7 所示。

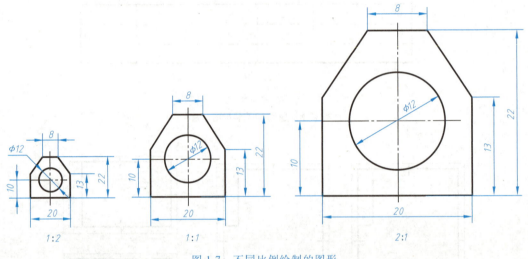

图 1-7 不同比例绘制的图形

1.1.3 字体（GB/T 14691—1993）

1）图样中书写的汉字、数字和字母，必须做到：字体工整，笔画清楚，间隔均匀，排列整齐。

2）字体的高度代表字体的号数，用 h 表示。字体高度的公称尺寸系列为：1.8mm、2.5mm、3.5mm、5mm、7mm、10mm、14mm、20mm。

3）汉字应写成长仿宋体，并采用国家正式公布的简化字。汉字的高度不应小于 3.5mm，字宽一般为 $h/\sqrt{2}$，如图 1-8 所示。

中文字体采用长仿宋体　写仿宋体要领
横平竖直　注意起落　结构匀称　填满方格

图 1-8 汉字示例

4）数字和字母的字体分为 A 型和 B 型。A 型字体的笔画宽度为字高的 1/14，B 型字体的笔画宽度为字高的1/10。数字和字母可写成直体或斜体。斜体字字头向右倾斜,与水平基准线成75°,如图1-9所示。

图 1-9　数字和字母示例

1.1.4　图线（GB/T 4457.4—2002）

1. 图线的线型及应用

绘图时应采用国家标准规定的线型和画法。机械图样中常用的图线名称、线型、宽度见表1-3，图线应用示例如图1-10所示。

表 1-3　图线的线型及应用（摘自 GB/T 4457.4—2002）

图线名称	线型	图线宽度	一般应用
粗实线	———————	d	可见轮廓线、可见棱边线、相贯线
细实线	———————	$d/2$	尺寸线、尺寸界线、剖面线、过渡线
细点画线	— · — · — · —	$d/2$	轴线、对称中心线
细虚线	- - - - - - -	$d/2$	不可见轮廓线、不可见棱边线
波浪线	∿∿∿∿	$d/2$	断裂处的边界线、视图与剖视图的分界线
双折线	─/\─/\─	$d/2$	断裂处的边界线、视图与剖视图的分界线
细双点画线	— ·· — ·· —	$d/2$	相邻辅助零件的轮廓线、可动零件的极限位置的轮廓线、轨迹线、中断线
粗点画线	— · — · — · —	d	限定范围表示线
粗虚线	- - - - - - -	d	允许表面处理的表示线

2. 图线宽度

机械图样中采用粗、细两种图线宽度，它们的比例关系为 2∶1。图线的宽度（d）应按图样的类型和尺寸大小在下列数系中选取：0.13mm、0.18mm、0.25mm、0.35mm、0.5mm、0.7mm、1mm、1.4mm、2mm。粗线的宽度通常采用0.5mm或0.7mm。为了保证图样清晰，便于复制，图样上尽量避免出现线宽小于0.18mm的图线。

3. 图线画法（图1-11）

1）同一图样中，同类图线的宽度、各种线素（长度不同的画和间隔等）应一致。

2）细点画线、细双点画线的首末两端应是画，而不是点。

3）细虚线、细点画线、细双点画线与其他图线相交时，应以画相交。细虚线处于粗实线的延长线上时，细虚线与粗实线之间应有空隙。

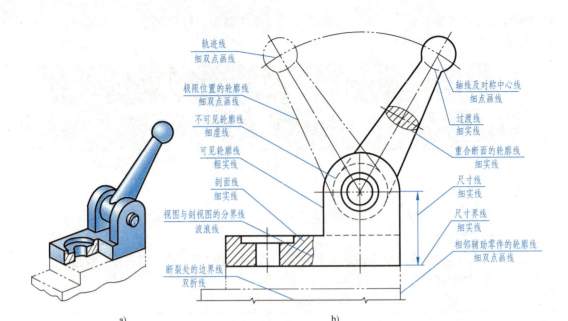

图 1-10 图线应用示例

4）绘制圆的中心线时，圆心应是长画的交点。细点画线的两端应超出圆的轮廓线 2～5mm。当所绘圆的直径较小，画细点画线有困难时，细点画线可用细实线代替。

1.1.5 尺寸注法（GB/T 4458.4—2003）

图样中的图形只能表达机件的结构形状，而其大小是由标注的尺寸确定的。在标注尺寸时，必须严格遵守国家标准的有关规定，做到正确、完整、清晰、合理。

1. 标注尺寸的基本规则

1）机件的真实大小应以图样上所注的尺寸数值为依据，与图形的大小及绘图的准确度无关。

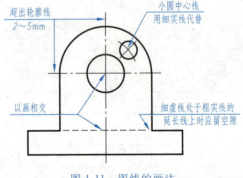

图 1-11 图线的画法

2）图样中的尺寸以 mm 为单位时，不需要标注单位的符号（或名称），如采用其他单位，则必须注明相应的单位符号。

3）图样中所标注的尺寸为该图样所示机件的最后完工尺寸，否则应另加说明。

4）机件的每一尺寸，一般只标注一次，并应标注在反映该结构最清晰的图形上。

5）标注尺寸时，应尽可能使用符号或缩写词。常用的符号或缩写词见表 1-4。

2. 标注尺寸的要素

每个完整的尺寸一般由尺寸界线、尺寸线和尺寸数字三个要素组成，如图 1-12 所示。尺寸线的终端有箭头和斜线两种形式，通常机械图样的尺寸线终端采用箭头的形式，当没有足够位置画箭头时，可用小圆点代替，如图 1-13 所示。

表 1-4　常用的符号或缩写词（摘自 GB/T 4458.4—2003）

名　称	符号或缩写词	名　称	符号或缩写词
直径	ϕ	正方形	□
半径	R	45°倒角	C
球直径	$S\phi$	深度	↓
球半径	SR	沉孔或锪平	⊔
厚度	t	埋头孔	∨
弧长	⌒	均布	EQS
斜度	∠	锥度	◁

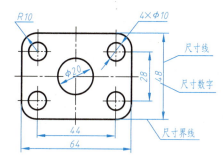

图 1-12　标注尺寸的三个要素

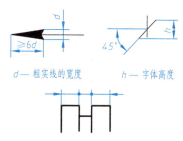

d— 粗实线的宽度　　h— 字体高度

图 1-13　尺寸线终端的形式

3. 尺寸注法示例

常见尺寸的注法见表 1-5。

表 1-5　尺寸注法示例

项目	图　例	说　明
尺寸界线	（图例：$\phi25$、$\phi10$、$\phi50$）	尺寸界线用细实线绘制，并应由图形的轮廓线、轴线或对称中心线处引出。也可利用轮廓线、轴线或对称中心线作尺寸界线
尺寸界线	（图例：$\phi20$、$\phi26$）	尺寸界线一般应与尺寸线垂直，必要时允许倾斜画出 在光滑过渡处标注尺寸时，必须用细实线将轮廓线延长，从它们的交点处引出尺寸线
尺寸线	（图例：30、22、35、10、20、55）	尺寸线必须用细实线单独画出，不能用其他图线代替，也不能与其他图线重合或画在其延长线上。尺寸线间或尺寸线与尺寸界线间应避免相交 标注线性尺寸时，尺寸线应平行于所标注的线段

(续)

项目	图例	说明
尺寸数字	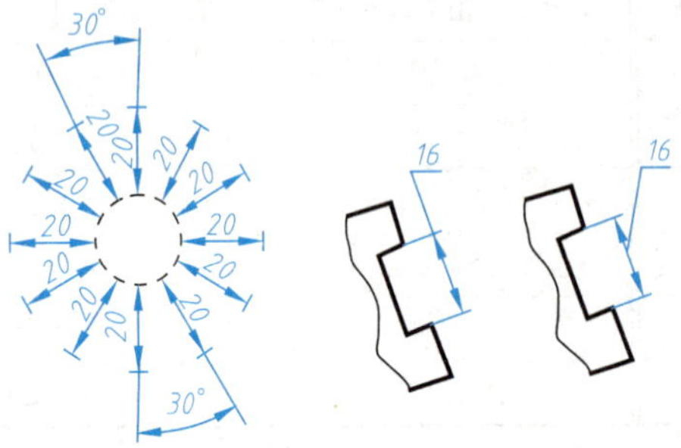	尺寸数字一般应注写在尺寸线的上方或尺寸线中断处，在同一图样中，应尽可能采用同一种形式注写 线性尺寸的数字应按图示的方向注写，并尽量避免在图示30°范围内标注尺寸，当无法避免时可引出标注
	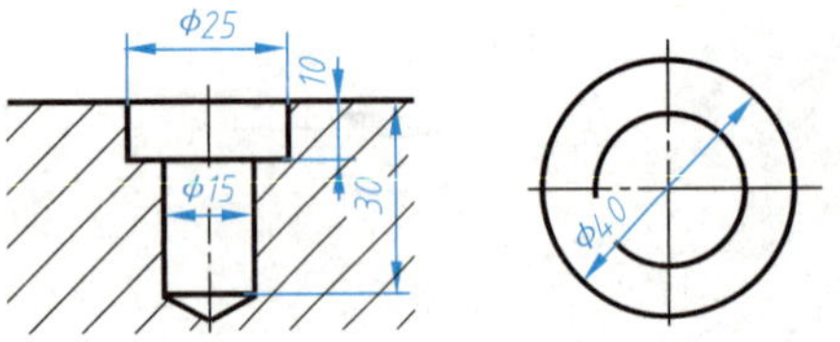	尺寸数字不能被图样上的任何图线通过，当不可避免时，必须将图线断开
角度	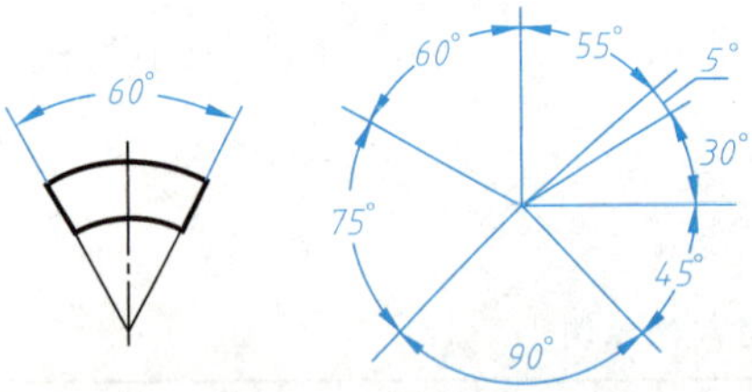	角度尺寸的尺寸界线应沿径向引出，尺寸线是以该角顶点为圆心的圆弧 角度的数字应水平书写，一般注写在尺寸线的中断处，必要时也可注写在尺寸线的上方、外侧或引出标注
直径和半径	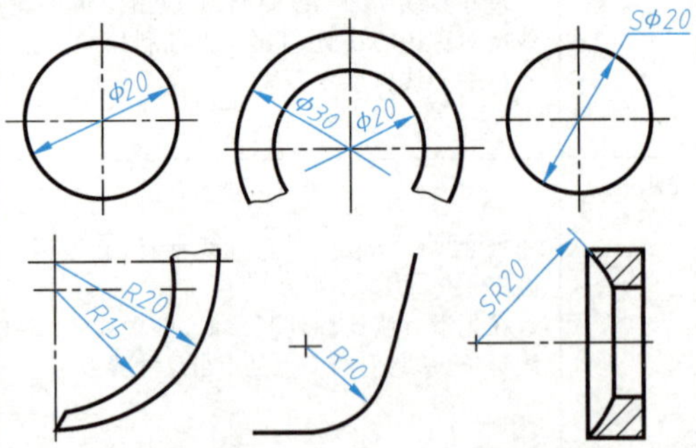	标注直径尺寸时，在尺寸数字前加注直径符号 ϕ；标注半径尺寸时，在尺寸数字前加注半径符号 R；标注球面的直径或半径时，应在 ϕ 或 R 前加注 S 标注整圆的直径时，尺寸线应通过圆心；标注大于半圆的圆弧直径时，其尺寸线应画至略超过圆心，只在尺寸线一端画箭头指向圆弧；标注小于或等于半圆的圆弧半径时，尺寸线应自圆心出发，只在尺寸线一端画箭头指向圆弧
	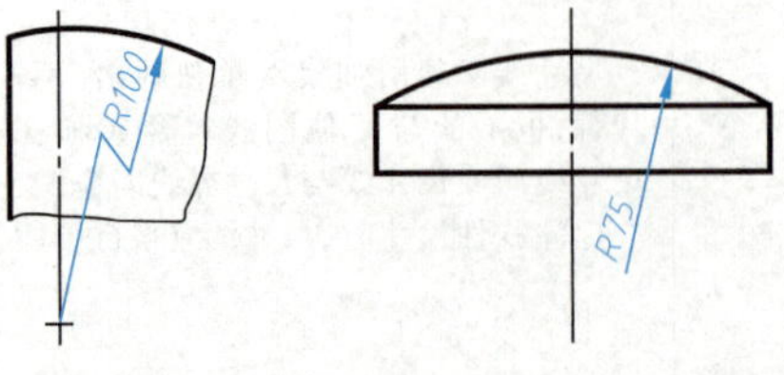	当圆弧的半径过大或在图纸范围内无法标出其圆心位置时，可按图示的形式标注

(续)

项目	图例	说明
小尺寸	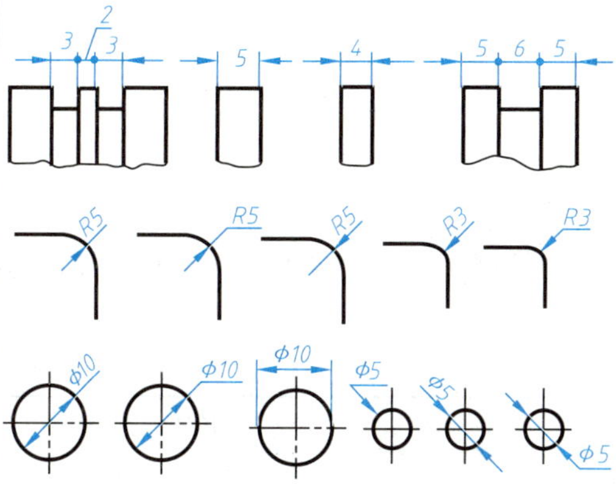	没有足够位置画箭头或注写尺寸数字的小尺寸，可按图示的形式进行标注
对称机件	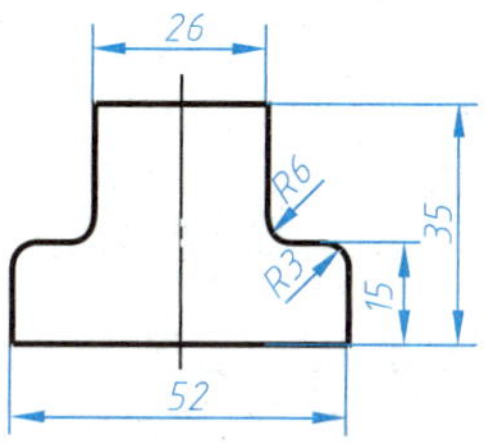	当图形具有对称中心线时，分布在对称中心线两边的相同结构，可仅标注其中一边的结构尺寸
	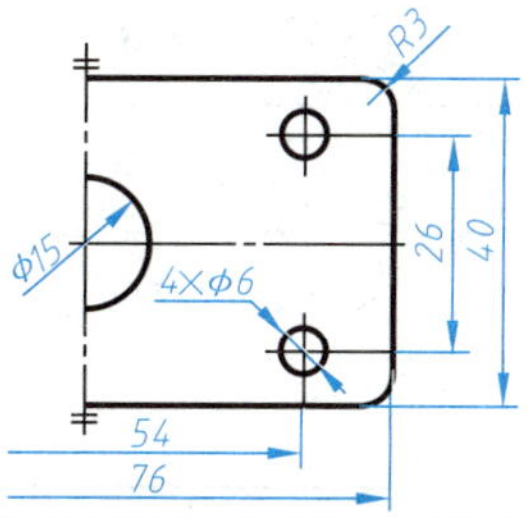	对称机件图形只画一半或略大于一半时，尺寸线应略超过对称中心线或断裂处的边界，此时仅在尺寸线的一端画出箭头

1.1.6 机械工程 CAD 制图规则（GB/T 14665—2012）

《机械工程 CAD 制图规则》规定了机械工程中用计算机辅助设计时的制图规则，适用于在计算机及其外围设备中进行显示、绘制、打印的机械工程图样及有关技术文件。

1. 图线组别

为了便于机械工程的 CAD 制图，将 GB/T 4457.4—2002 中规定的线型分为 5 组，见表 1-6。

表 1-6 图线组别（摘自 GB/T 14665—2012）

组别	1	2	3	4	5	一般用途
线宽/mm	2.0	1.4	1.0	0.7	0.5	粗实线、粗点画线、粗虚线
	1.0	0.7	0.5	0.35	0.25	细实线、波浪线、双折线、细虚线、细点画线、细双点画线

2. 重合图线的优先顺序

当两条以上不同类型的图线重合时，应遵守以下的优先顺序：

1) 可见轮廓线和棱线（粗实线）。
2) 不可见轮廓线和棱线（细虚线）。
3) 剖切线（细点画线）。
4) 轴线和对称中心线（细点画线）。
5) 假想轮廓线（细双点画线）。
6) 尺寸界线和分界线（细实线）。

3. 图线的颜色

屏幕上显示图线，一般应按表 1-7 中提供的颜色显示，并要求相同类型的图线应采用同样的颜色。

表 1-7　图线的颜色（摘自 GB/T 14665—2012）

图线名称	图线类型	屏幕上的颜色
粗实线		白色
细实线		绿色
波浪线		绿色
双折线		绿色
细虚线		黄色
粗虚线		白色
细点画线		红色
粗点画线		棕色
细双点画线		粉红色

4. 字体

机械工程的 CAD 制图所使用的字体应做到字体端正、笔划清楚、排列整齐、间隔均匀。字体高度与图纸幅面之间的关系见表 1-8。

表 1-8　字体高度与图纸幅面的关系（摘自 GB/T 14665—2012）　　（单位：mm）

图幅	A0	A1	A2	A3	A4
字母与数字	5	5	3.5	3.5	3.5
汉字	7	7	5	5	5

5. 图层管理

图层是用户组织、管理图形的非常有效的工具。图层就像没有厚度的透明纸，图样的不同部分可以放在不同的图层上。将这些图层叠加起来，就构成了一张完整的图样。每一个图层都有自己的名称、颜色和线型等，图层中对象的属性都继承了图层的属性。熟练应用图层，可提高图形的清晰度和工作效率。图样中各种线型的分层标识见表 1-9。

表1-9 图层管理（摘自 GB/T 14665—2012）

层号	描述	图例
01	粗实线	
02	细实线	
	波浪线	
	双折线	
03	粗虚线	
04	细虚线	
05	细点画线	
06	粗点画线	
07	细双点画线	
08	尺寸线、投影连线、尺寸终端与符号细实线、尺寸和公差	
09	参考圆,包括引出线及其终端(如箭头)	
10	剖面符号	
11	文本(细实线)	ABCD
12	文本(粗实线)	KLMN
13、14、15	用户选用	

1.2 常用的绘图工具

为了保证绘图质量和提高绘图效率，必须正确地使用各种绘图工具。

1. 图板、丁字尺和三角板

1）图板用作画图时的垫板，板面要求平整，左侧为导边，必须平直。

2）丁字尺由尺头和尺身组成，主要用来画水平线。使用时，应使尺头内侧紧靠图板左侧的导边，沿尺身工作边自左向右画水平线，如图1-14所示。

3）一副三角板由45°和30°/60°两块组成。三角板配合丁字尺使用，可画垂直线以及与水平线成30°、45°、60°的倾斜线，如图1-15所示。两块三角板配合可画与水平线成15°、75°的倾斜线，以及任意已知直线的平行线或垂直线，如图1-16所示。

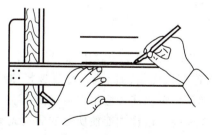

图1-14 用丁字尺画水平线

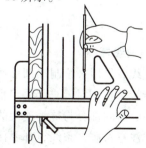

图1-15 丁字尺、三角板配合画垂直线

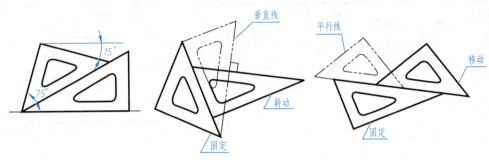

图 1-16　两块三角板配合使用

2. 圆规和分规

1）圆规用来画圆和圆弧。画圆时，圆规的钢针应使用有台阶的一端，以避免图纸上的针孔不断扩大，并使笔尖与纸面垂直。圆规的使用方法如图 1-17 所示。

2）分规用来量取尺寸和等分线段。分规的两个针尖并拢时应对齐，如图 1-18 所示。

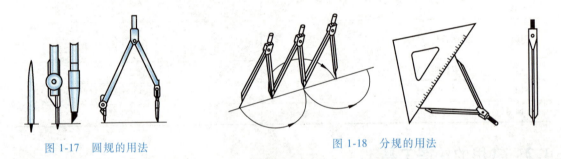

图 1-17　圆规的用法　　　　　　　图 1-18　分规的用法

3. 铅笔

绘图铅笔分软（B）、硬（H）、中性（HB）三种。画粗线常用 B 或 HB，画细线常用 H 或 2H，写字常用 HB 或 H。一般将画粗线的铅笔磨成矩形，画细线和写字的铅笔削成圆锥状，如图 1-19 所示。

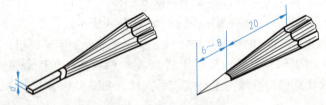

图 1-19　铅笔的磨削形状

4. 曲线板

曲线板是用来绘制非圆曲线的工具，其轮廓线由多段不同曲率半径的曲线组成，如图 1-20 所示。作图时，先徒手将曲线上各点轻轻地依次连接成光滑的曲线，然后选择曲线板上曲率合适的部分与徒手连接的曲线贴合，并将曲线加深。每次连接应至少通过曲线上三个点，并注意每画一条线，都要比曲线板贴合的部分稍短一些，这样才能使所画的曲线光滑地过渡。

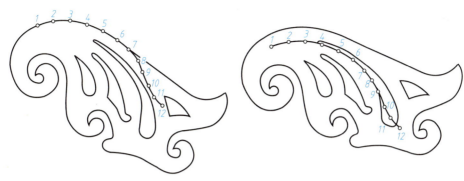

图 1-20 曲线板及其使用

1.3 几何作图

1.3.1 正多边形

正六边形可以使用 30°/60°三角板与丁字尺配合作出，如图 1-21a 所示。也可利用外接圆半径用圆规作图得出，如图 1-21b 所示。

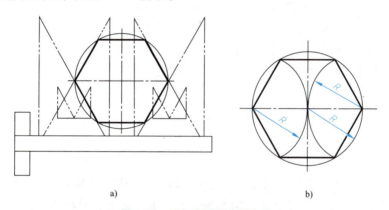

图 1-21 正六边形的作图方法

正五边形的作图方法如图 1-22 所示。先作出半径 OB 的中点 M（图 1-22a）；以 M 为圆心，MC 为半径，画弧交 AO 于 N（图 1-22b）；以 CN 为边长截取圆周，依次连接各等分点即得正五边形（图 1-22c）。

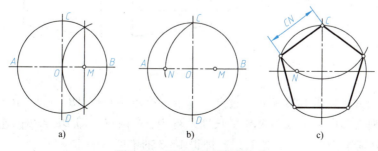

图 1-22 正五边形的作图方法

1.3.2 斜度与锥度

1. 斜度

斜度指一直线对另一直线或一平面对另一平面的倾斜程度，其大小用两直线或两平面间夹角的正切来表示，即斜度 = H/L = $\tan\alpha$。在图样中斜度以 $1:n$ 的形式标注，斜度符号可按图 1-23 绘制（h = 字高，符号的线宽为 $h/10$）。标注时，斜度符号的方向应与所标斜度的方向一致，如图 1-24 所示。

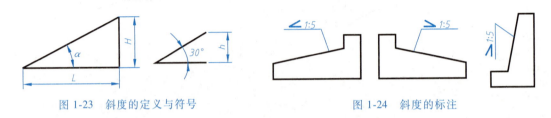

图 1-23 斜度的定义与符号　　　　图 1-24 斜度的标注

斜度的作图方法如图 1-25 所示。过点 A 作水平线，自点 A 在水平线上任取 1 个单位长度 AB，截取 $AC = 5AB$。过点 C 作垂线，使 $CD = AB$，连接 AD，即得斜度为 $1:5$ 的直线。

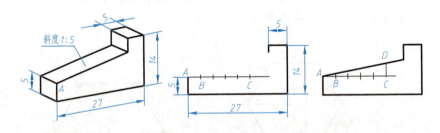

图 1-25 斜度的作图方法

2. 锥度

锥度是正圆锥体底圆直径与圆锥高度之比，即锥度 = D/L = $(D-d)/L_1$。在图样中锥度以 $1:n$ 的形式标注，锥度符号可按图 1-26 绘制。标注时，锥度符号的方向应与所标锥度的方向一致，如图 1-27 所示。

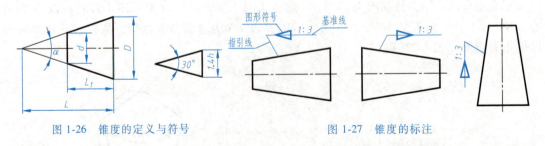

图 1-26 锥度的定义与符号　　　　图 1-27 锥度的标注

锥度的作图方法如图 1-28 所示，过点 A 任取一个单位长度 AB，截取 $AC = 3AB$；过点 C 作垂线，分别向上和向下量取半个单位长度，得 D、E 两点，即 $DE = AB$；连接 AD 和 AE，过 F、G 两点分别作 AD 和 AE 的平行线，即得 $1:3$ 的锥度。

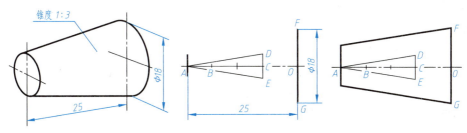

图 1-28　锥度的作图方法

1.3.3　圆弧连接

绘制机械图样时，经常要用一个圆弧来光滑地连接（相切连接）已知直线或圆弧，如图 1-29 所示扳手。用一圆弧光滑地连接相邻两线段的作图方法称为圆弧连接。

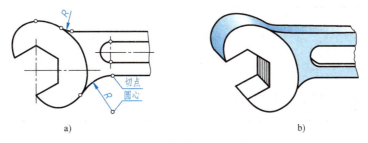

图 1-29　圆弧连接

1. 圆弧连接的作图原理

圆弧连接的关键是相切，为了保证相切，必须准确地作出连接圆弧的圆心和切点。

1) 与已知直线相切的半径为 R 的圆弧，其圆心轨迹是与已知直线平行且距离为 R 的直线，切点是由选定圆心向已知直线所作垂线的垂足。如图 1-30a 所示，当圆心为 O 时，由点 O 向直线作垂线，垂足 K 即为切点。

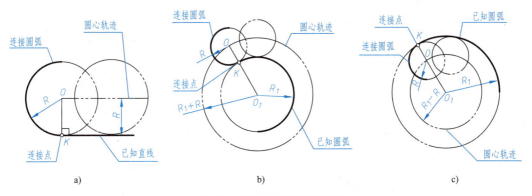

图 1-30　圆弧连接的作图原理

2) 与已知圆弧（圆心为 O_1，半径为 R_1）相切的半径为 R 的圆弧，其圆心轨迹是已知圆弧的同心圆。该圆的半径要根据相切情况而定：当两圆弧外切时，半径为 R_1+R（已知圆弧与连接圆弧的半径之和），如图 1-30b 所示；当两圆弧内切时，半径为 R_1-R（已知圆与连接圆弧的半径之差），如图 1-30c 所示。当圆心为 O 时，连接圆心的直线 O_1O 与已知圆弧的交点 K 即为切点。

2. 圆弧连接的作图方法

实际作图时，根据具体要求，作出的两条轨迹线的交点就是连接圆弧的圆心，然后确定切点，完成圆弧连接。表 1-10~表 1-12 中列出了两直线、直线与圆弧、两圆弧间的圆弧连接的作图方法。

表 1-10　两直线间的圆弧连接

类别	用圆弧连接锐角或钝角的两边	用圆弧连接直角的两边
图例		
作图步骤	1. 作与已知角两边分别相距为 R 的平行线，交点 O 即为连接圆弧的圆心 2. 自点 O 分别向已知角两边作垂线，垂足 M、N 即为切点 3. 以 O 为圆心，R 为半径，在两切点 M、N 之间画连接圆弧即为所求	1. 以直角顶点为圆心，R 为半径画弧，交直线两边于 M、N 2. 以 M、N 为圆心，R 为半径画弧，相交得连接圆弧圆心 O 3. 以 O 为圆心，R 为半径，在 M、N 间画连接圆弧即为所求

表 1-11　直线与圆弧间的圆弧连接

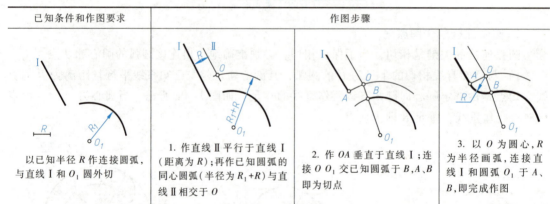

表 1-12　两圆弧间的圆弧连接

类别	已知条件和作图要求	作图步骤		
外连接	以已知半径 R 作连接圆弧，与两圆外切	1. 分别以 R_1+R 及 R_2+R 为半径，O_1、O_2 为圆心，画弧交于 O	2. 连接 OO_1 交已知圆弧于 A，连接 OO_2 交已知圆弧于 B，A、B 即为切点	3. 以 O 为圆心，R 为半径画弧，连接已知圆弧于 A、B，即完成作图

(续)

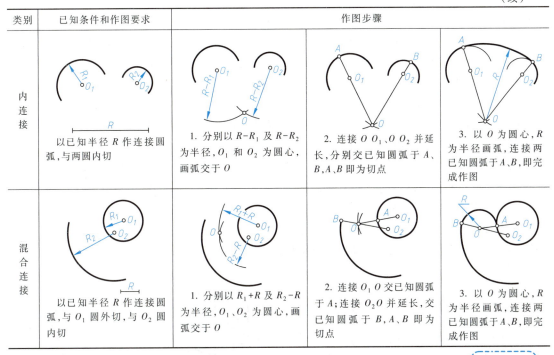

1.4 平面图形的画法

1.4.1 平面图形的分析与作图

平面图形由许多线段（一般为直线和圆弧）连接而成。画平面图形时，要对这些线段之间的尺寸关系和连接关系进行分析，才能确定正确的作图方法和步骤。现以图1-31所示手柄为例进行尺寸分析和线段分析。

1. 平面图形的尺寸分析

根据尺寸在平面图形中所起的作用，可分为定形尺寸和定位尺寸两类。

（1）定形尺寸　确定图形中各线段形状大小的尺寸称为定形尺寸。如图1-31中的 $\phi20$、$\phi5$、15、$R15$、$R10$、$R12$、$R50$ 等。

（2）定位尺寸　确定图形中各线段间相对位置的尺寸称为定位尺寸。标注

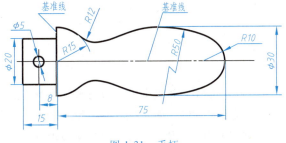

图 1-31　手柄

定位尺寸时，必须先选定基准。图1-31中手柄轴线为圆周方向的尺寸基准，端面为长度方向的尺寸基准，尺寸8是确定 $\phi5$ 小圆位置的定位尺寸。有的尺寸既有定形尺寸的作用，又有定位尺寸的作用，如75是确定手柄长度的定形尺寸，同时又是 $R10$ 圆弧的定位尺寸。

2. 平面图形的线段分析

平面图形中，有些线段具有完整的定形尺寸和定位尺寸，可根据标注的尺寸直接画出；有些线段的定形尺寸和定位尺寸并未完全注出，要根据已注出的尺寸和该线段与相邻线段的连接关系，通过几何作图才能画出。按线段的尺寸是否标注完整可以将线段分为三类。

（1）已知线段　定形尺寸和定位尺寸全部注出的线段称为已知线段。如图 1-31 中的 $\phi 5$ 圆、$R10$ 圆弧和 $R15$ 圆弧。

（2）中间线段　注出定形尺寸和一个方向的定位尺寸，必须根据相邻线段间的连接关系才能画出的线段称为中间线段。如图 1-31 中的 $R50$ 圆弧。

（3）连接线段　只注出定形尺寸，未注出定位尺寸的线段称为连接线段。其定位尺寸必须根据该线段与相邻两线段的连接关系，通过几何作图方法求出。如图 1-31 中的 $R12$ 圆弧。

3. 平面图形的作图步骤

画平面图形时，先进行尺寸分析，分清各线段的性质；再画基准线和定位线；然后画已知线段、中间线段、连接线段。如图 1-32 所示为手柄的作图步骤。

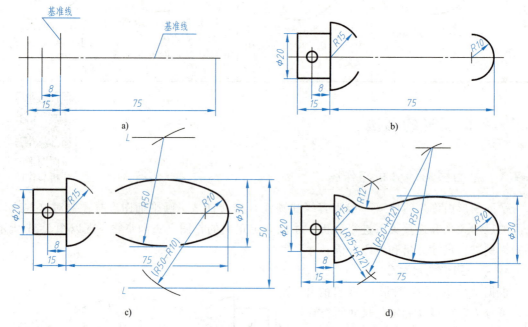

图 1-32　手柄的作图步骤

1）画基准线，并根据定位尺寸画出各定位线，如图 1-32a 所示。

2）画已知线段。如 $\phi 20$、$R10$ 等，如图 1-32b 所示。

3）画中间线段 $R50$。先作一组与 $\phi 30$ 定位线相距为 50 的平行线 L；以 $R10$ 的圆心为圆心、$R40$（$R50-R10$）为半径画弧与 L 线相交，交点即为 $R50$ 的圆心；确定切点，完成圆弧连接，如图 1-32c 所示。

4）画连接线段 $R12$。分别以 $R15$ 的圆心和 $R50$ 的圆心为圆心，以 $R27$（$R15+R12$）和 $R62$（$R50+R12$）为半径画弧交于一点，该点即为 $R12$ 的圆心；再确定切点，完成圆弧连接，如图 1-32d 所示。

5）擦去多余图线，按线型要求描深，标注尺寸，完成全图，如图 1-31 所示。

1.4.2 平面图形的尺寸标注

平面图形的尺寸标注要遵守国家标准有关尺寸注法的基本规定，通常先标注定形尺寸，再标注定位尺寸。通过几何作图可以确定的线段，不要标注尺寸。标注尺寸时应注意布局清晰。尺寸标注完成后应检查是否有重复或遗漏。在作图过程中没有用到的尺寸是重复尺寸，要删除；如果按所注尺寸无法完成作图，说明尺寸标注不完整，应补注所需尺寸。

图 1-33 所示为几种常见平面图形的标注示例，应注意以下几点：

1）整圆或大于半圆的圆弧一般标注直径，小于或等于半圆的圆弧一般标注半径。但当对称或均匀分布的两个或多个圆弧为同一个圆的组成部分时，仍标注直径，如图 1-33b 中的 $\phi44$，图 1-33c 中的 $\phi70$ 和图 1-33e 中的 $\phi56$。

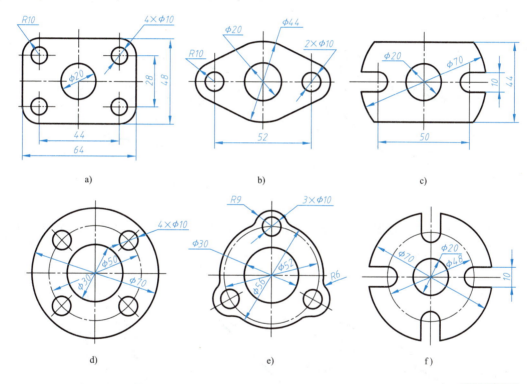

图 1-33 平面图形尺寸标注示例

平面图形的尺寸标注

2）图形中对称或均匀分布的圆角或长槽，一般只标注一个尺寸即可，也不必标注其数量，如图 1-33a 中的 $R10$，图 1-33c 中的槽宽 10 和图 1-33e 中的 $R9$、$R6$。但对称或均匀分布的圆孔，应标注孔的数量，如图 1-33a 中的 $4\times\phi10$，图 1-33b 中的 $2\times\phi10$。

3）对称图形的尺寸，应以对称中心线为基准标注其总尺寸，如图 1-33a 中的 64、44、48、28，图 1-33c 中的 50、44、10。

4）在圆周上均匀分布的孔或带半圆长槽，应标注其圆心所在圆的直径作为其定位尺寸，如图 1-33d 中的 $\phi50$，图 1-33e 中的 $\phi52$ 和图 1-33f 中的 $\phi48$。这时，应以该定位圆及过均布孔圆心并指向定位圆圆心的细点画线作为这些均布孔的对称中心线。

1.4.3 徒手绘图的方法

徒手绘图指不借助绘图仪器和工具,靠目测比例徒手绘制图样。徒手绘制的图样称为草图。在机器测绘、设计方案、现场参观和技术交流时,受到现场条件的限制,经常需要绘制草图。绘制草图时应做到图线清晰、粗细分明。徒手绘图是工程技术人员必须具备的一项基本技能,要经过不断实践才能逐步提高。

1. 直线的画法

画直线时,眼睛要目视运笔的前方和笔尖运行的终点,以保证所画直线的方向。如图 1-34 所示,画水平线 AB 时,自左向右运笔,在画线过程中眼睛应盯住线段的终点 B;在画垂线 AC 时,自上而下运笔,眼睛应注意终点 C。当直线较长时,可通过目测在直线中间定出几点,分段画出。

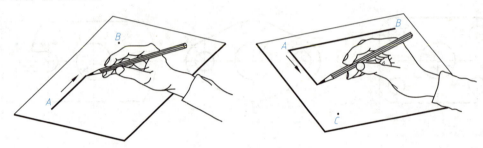

图 1-34 直线的徒手画法

2. 常用角度的画法

画 30°、45°、60°等角度时,可根据两直角边的近似比例关系,在两直角边上定出两端点后连接而成,如图 1-35 所示。

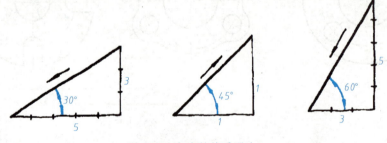

图 1-35 角度的徒手画法

3. 圆的画法

画圆时,先画两条互相垂直的中心线,定出圆心;再根据半径大小,在中心线上定出四点,然后分四段逐步连成圆,如图 1-36a 所示。画较大的圆时,可通过圆心加画两条斜线,按半径在斜线上也定出四点,然后过这些点画圆,如图 1-36b 所示。

4. 椭圆的画法

画椭圆时,先目测定出其长、短轴上的四个端点,过这四点画一矩形,然后作椭圆与此矩形相切,如图 1-37a 所示。也可作出椭圆的外切四边形,然后分别作出四个内切圆弧,即得所需椭圆,如图 1-37b 所示。

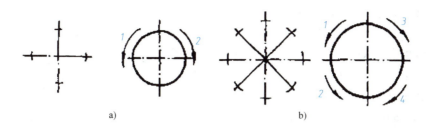

图 1-36 圆的徒手画法

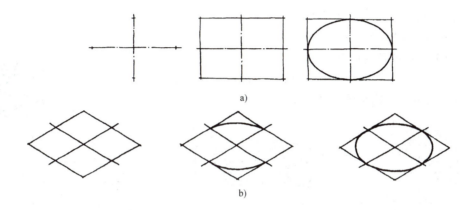

图 1-37 椭圆的徒手画法

5. 平面图形的画法

尺寸较复杂的平面图形，要分析图形的尺寸关系，目测尺寸尽可能准确。初学徒手画图，可在方格纸上进行。如图 1-38 所示，利用方格纸上的线条确定大圆的中心线和主要轮廓线，图形各部分之间的比例可根据方格纸的格数来确定。

1.5 项目案例：垫片的绘制

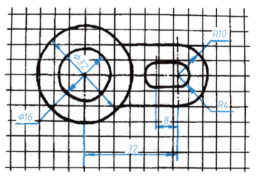

图 1-38 平面图形的徒手画法

如图 1-39 所示垫片，首先应对该平面图形进行尺寸分析，分清各线段的类型，从而确定绘图的步骤。垫片左右对称，以左右对称中心线为长度方向的尺寸基准，底面为高度方向的尺寸基准。2×φ24 圆、R106 圆弧、R24 圆弧等线段可根据图中所标尺寸直接作出，均为已知线段；R14 圆弧已知半径和一个方向的定位尺寸，另一个方向的定位尺寸需要通过与 R24 圆弧的圆弧连接关系确定，R14 圆弧为中间线段；R16 圆弧只注出定形尺寸，未注出定位尺寸，为连接线段，其定位尺寸需根据该圆弧与 R106、R24 两圆弧的圆弧连接关系确定。如图 1-40 所示为垫片的画图步骤。

1）绘制作图基准线和 2×φ24 圆的定位线，如图 1-40a 所示。

2）画已知线段。如 $2×\phi24$、$R106$、$R24$、66、12 等，如图 1-40b 所示。

3）画中间线段 $R14$。$R14$ 圆弧与 $R24$ 圆弧外切，先作与底面相距 27 的平行线；再以 $R24$ 的圆心为圆心、$R38$（$R24+R14$）为半径画弧，所得交点即为 $R14$ 的圆心；连接 $R14$ 圆弧与 $R24$ 圆弧的圆心，确定切点，完成圆弧连接，如图 1-40c 所示。

4）画连接线段 $R16$。分别以 $R14$ 的圆心和 $R106$ 的圆心为圆心，以 $R30$（$R14+R16$）和 $R90$（$R106-R16$）为半径画弧交于一点，该点即为 $R16$ 的圆心；再确定切点，完成圆弧连接，如图 1-40d 所示。

5）擦去多余图线，按线型要求描深，如图 1-40e 所示。

6）标注尺寸，完成全图，如图 1-40f 所示。

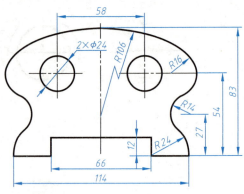

图 1-39 垫片

垫片的绘制

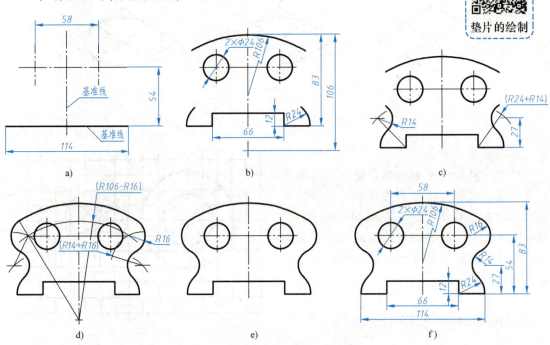

图 1-40 垫片的画图步骤

a）画基准线和定位线　b）画已知线段　c）画中间线段　d）画连接线段　e）整理、加深图线　f）标注尺寸

【素养提升】 绘图时，要严格遵守比例、字体、图线、尺寸注法等国家标准，使学生认识到机械图样的规范性和严谨性，培养学生形成遵守国家标准的意识，养成严谨细致、踏实认真的职业态度，培养爱岗敬业、精益求精的职业素养。

项目二

用AutoCAD绘制平面图形

2.1 AutoCAD 基础知识

2.1.1 AutoCAD 2022 工作环境

1. AutoCAD 2022 的工作空间

AutoCAD 2022 为用户提供了"草图与注释""三维基础""三维建模"三种工作空间，不同的工作空间显示的选项卡不同。"草图与注释"工作空间主要用于绘制和编辑二维图形；"三维基础"工作空间主要用于创建基本的三维模型；"三维建模"工作空间集中了实体、曲面和网格的建模和编辑命令，以及视觉样式、渲染等模型显示工具，为绘制和观察三维模型、附加材质、创建动画、设置光源等操作提供了非常便利的环境。

可以通过菜单"工具"→"工作空间"下一级菜单选项或状态栏的"切换工作空间"按钮 来切换工作空间，如图 2-1、图 2-2 所示。

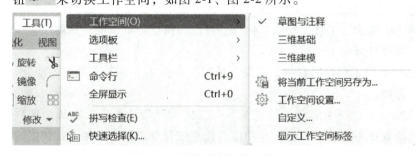

图 2-1 通过菜单栏切换工作空间

图 2-2 通过状态栏切换工作空间

2. AutoCAD 2022 的工作界面

图 2-3 所示为"草图与注释"工作空间。该工作界面是系统提供给用户的交互式工作平台，包括快速访问工具栏、标题栏、菜单栏、选项卡、绘图区域和状态栏等。

（1）标题栏 标题栏位于程序窗口的顶部中间位置，显示 AutoCAD 2022 程序名称和当前打开的图形文件名称。标题栏右端是标准 Windows 应用程序的控制按钮，其功能依次是最小化、最大化（还原）和关闭应用程序窗口。

（2）快速访问工具栏 快速访问工具栏位于标题栏左侧，它提供了常用的命令，用户可以在快速访问工具栏中添加或删除命令按钮。

（3）应用程序按钮 应用程序按钮位于程序窗口的左上角，单击该按钮，可以展开

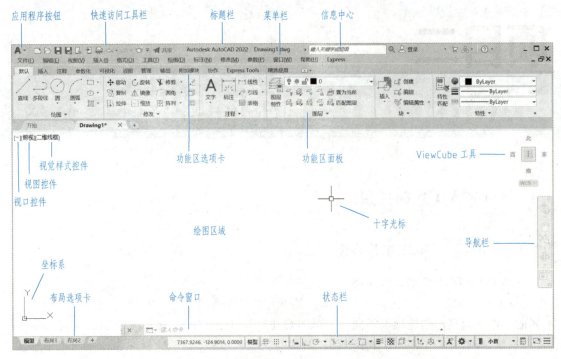

图 2-3 "草图与注释"工作空间

AutoCAD 2022 管理图形文件的命令。

（4）菜单栏　菜单栏位于标题栏的下面，AutoCAD 默认不显示菜单栏，通过快速访问工具栏的 ▼ 按钮，在弹出的列表中选择"显示菜单栏"，即可将菜单栏显示出来。菜单栏包含文件、编辑、视图、插入、格式、工具、绘图、标注、修改、窗口等菜单项。只需在某一菜单项上单击鼠标左键，便可打开一个下拉菜单。

（5）信息中心　信息中心位于标题栏右侧，它是一种用在多个 Autodesk 产品中的功能，可以访问与产品相关的信息源。

（6）功能区　功能区由若干选项卡组成，如"默认""插入"等选项卡。在每个选项卡中，命令按钮又被分类放置在不同的面板中。在功能区任意位置单击鼠标右键，在弹出的快捷菜单中可以控制各选项卡、面板的显示与隐藏。

（7）绘图区域　绘图区域是用户绘制、编辑图形的区域，它没有边界，利用视图缩放功能，可使绘图区域无限增大或缩小。因此，无论多大的图形，都可置于其中。

绘图区域左下角的坐标系图标，表明当前使用坐标系的形式和坐标方位。绘图区域中鼠标光标为十字光标，用于绘制图形和选择图形对象，十字线的中心为鼠标光标当前位置，十字线的方向与当前坐标系的 X 轴、Y 轴方向平行。

绘图区域左下角有"模型"和"布局"选项卡标签 ，可以在模型空间和图纸空间之间进行切换。

（8）命令窗口和文本窗口　命令窗口是 AutoCAD 用来进行人机交互的窗口，是用户输入 AutoCAD 命令和显示命令提示信息的区域。用户可以根据需要，改变命令窗口的大小，还可以通过〈Ctrl+9〉组合键显示或隐藏命令窗口。

AutoCAD 的文本窗口与命令窗口具有相同的信息，该窗口的默认设置是关闭的，通过〈F2〉键可实现命令窗口与文本窗口的切换。

（9）状态栏 状态栏（图 2-4）位于工作界面底部，用于显示光标位置、绘图工具以及影响绘图环境的工具等。如可以进行极轴追踪、对象捕捉等工具的设置，也可以通过单击某些工具的下拉箭头，来访问其他的设置。默认情况下，不会显示所有工具，可以通过状态栏最右侧的 按钮，从"自定义"菜单中选择要显示的工具。状态栏上显示的工具可能会发生变化，具体取决于当前的工作空间以及当前显示的是"模型"选项卡还是"布局"选项卡。

图 2-4 状态栏

（10）ViewCube 工具 ViewCube 是用户在二维模型空间或三维视觉样式中处理图形时显示的导航工具。通过 ViewCube，用户可以在标准视图和等轴测视图间切换。

（11）导航栏 导航栏是一种用户界面元素，用户可以从中访问通用导航工具和特定于产品的导航工具。通用导航工具是指那些可在多种 Autodesk 产品中找到的工具。产品特定的导航工具为该产品所特有。导航栏在当前绘图区域的一个边的上方沿该边浮动。通过导航栏上的按钮，可以启动导航工具。

2.1.2 图形显示控制

在绘制和编辑图形时，经常要对当前图形进行缩放、平移、重生成等操作。图形显示控制命令只改变图形在屏幕上的视觉效果，不改变图形的实际尺寸。

1. 缩放

图形缩放命令能放大或缩小图形的显示大小，方便用户更清楚地观察或修改图形。调用缩放命令有以下方式。

1）菜单命令："视图"→"缩放"，如图 2-5a 所示。

2）导航栏："缩放"按钮，如图 2-5b 所示。

3）命令行：ZOOM（或 Z）。

下面介绍几个常用的选项。

1）实时：按住鼠标左键，向上或向

图 2-5 "缩放"菜单项和导航栏"缩放"下拉列表

下拖动鼠标进行动态缩放。

2）上一个：缩放显示上一个视图，最多可恢复此前的 10 个视图。

3）窗口：通过指定要查看区域的两个对角点，快速缩放图形中的某个矩形区域。

4）全部：缩放显示所有可见对象或显示由 LIMITS 命令设定的图形范围，取两者中较大的。

5）范围：放大或缩小图形以显示图形范围，即以最大尺寸显示图形中的所有对象。

2. 平移

用户可以在不改变图形缩放比例的情况下改变界面的显示位置，便于观察当前视口中图形的不同部位。调用平移命令的方式如下：

1）在绘图区域空白处单击鼠标右键，在弹出的快捷菜单中选择"平移"命令。

2）导航栏："平移"按钮。

3）命令行：PAN（或 P）。

执行命令后，鼠标光标变成一只"小手"，按住鼠标左键并拖动鼠标，当前视口中的图形就会随着光标移动方向移动。按〈Esc〉键或〈Enter〉键可退出实时平移状态。

3. 鼠标滚轮的应用

鼠标滚轮的动作与相应功能见表 2-1，系统变量 ZOOMFACTOR 可以控制向前或向后滚动鼠标滚轮时比例的变化程度。

表 2-1 鼠标滚轮的动作与相应功能

动　作	功　能
滚轮向前滚动	放大显示界面
滚轮向后滚动	缩小显示界面
双击滚轮	等同于范围缩放，图形充满绘图区域
按住滚轮并拖动	平移界面
按住〈Shift〉键及滚轮并拖动	旋转界面
按住〈Ctrl〉键及滚轮并拖动	动态平移

4. 重生成和全部重生成

重生成命令用来重新生成当前视口中的图形对象并重新计算图形对象的屏幕坐标。全部重生成命令用来重新生成所有视口中的图形对象并重新计算所有对象的屏幕坐标。

1）菜单命令："视图"→"重生成"（或"全部重生成"）。

2）命令行：REGEN（或 REGENALL）。

2.1.3 绘图环境设置

1. 修改 AutoCAD 选项

选择菜单"工具"→"选项"，系统将弹出如图 2-6 所示的"选项"对话框，可以对 AutoCAD 的窗口和绘图环境进行设置。关于"选项"对话框的详细内容请参阅 AutoCAD 帮助信息，下面仅简单介绍"显示"选项卡。

项目二 用AutoCAD绘制平面图形 29

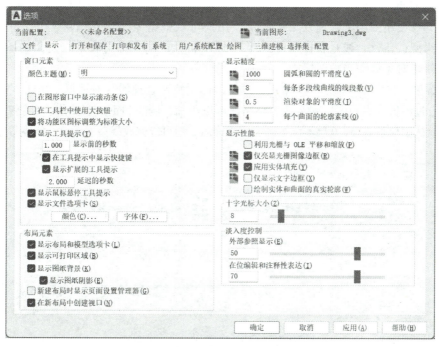

图 2-6 "选项"对话框中的"显示"选项卡

通过"显示"选项卡可以调整应用程序和图形窗口中使用的颜色主题和显示方案。如以明或暗颜色主题控制界面元素（如状态栏、标题栏、功能区等）的颜色设置；指定图形窗口中界面元素的颜色；设置命令窗口文字的字体；调整十字光标的大小等。

2. 设置绘图单位和精度

选择菜单"格式"→"单位"，系统将弹出"图形单位"对话框，如图 2-7 所示。在该对话框中，可以设置长度单位和角度单位的类型和精度。在对话框的下部，单击 按钮，可打开"方向控制"对话框确定基准角度（默认为东），如图 2-8 所示。

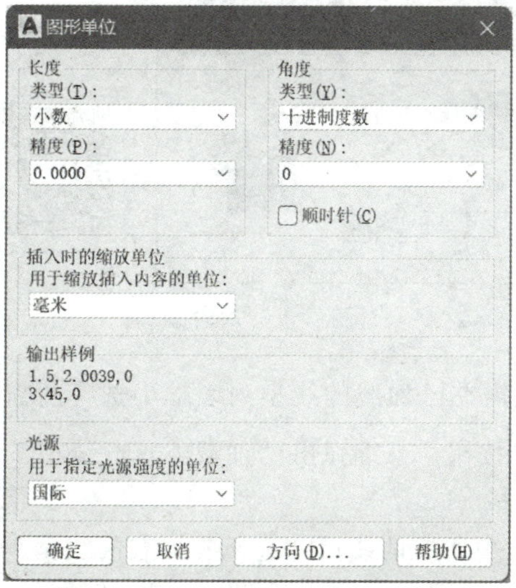

图 2-7 "图形单位"对话框

图 2-8 "方向控制"对话框

3. 图层设置

AutoCAD 使用图层来管理复杂的图形。用户可以根据需要建立图层，并为每个图层设置名称、线型、颜色、线宽和打印样式等。在 AutoCAD 中，将当前正在使用的图层称为当前图层，新建对象放在当前图层中。

选择菜单"格式"→"图层"菜单项，弹出"图层特性管理器"对话框，如图 2-9 所示。该对话框中有过滤器列表和图层列表两个窗格，可以添加、删除和重命名图层，并更改它们的特性。系统默认图层是 0 层，0 层不能被删除或重命名，但可以修改线型、颜色、线宽等属性。

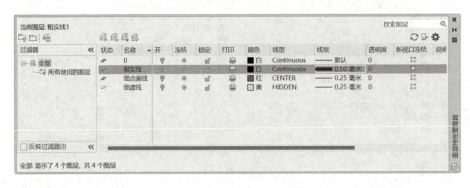

图 2-9 "图层特性管理器"对话框

（1）新建图层　单击对话框中的"新建图层"按钮，AutoCAD 自动建立一个新图层，新图层将继承图层列表中当前选定图层的特性，用户可以根据需要给新建图层命名和修改特性。

（2）设置图层颜色　为了区分不同的图层，可根据需要改变图层的颜色。在"图层特性管理器"对话框中单击图层颜色名，系统弹出"选择颜色"对话框，供用户选择，如图 2-10 所示。

（3）设置图层线型　AutoCAD 的默认线型为 Continuous，用户可以根据需要为图层设置不同的线型。在"图层特性管理器"对话框中单击图层的线型名称，系统弹出"选择线型"对话框，如图 2-11 所示。

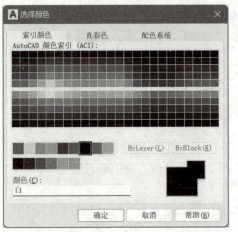

图 2-10 "选择颜色"对话框

如果要用的线型已经加载，那么在"选择线型"对话框中将会列有该线型，用户只需在已加载的线型列表框中选择所需线型即可。如果要用的线型尚未加载，单击 加载(L)... 按钮，系统弹出"加载或重载线型"对话框，如图 2-12 所示。

该对话框列出了默认的线型文件"acadiso.lin"中所有的线型，选择要加载的线型，并单击"确定"按钮，就可以将所选择的线型加载到当前图形的"选择线型"对话框中。

图 2-11 "选择线型"对话框

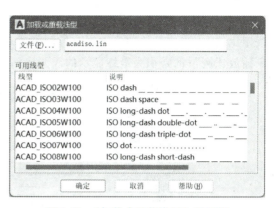

图 2-12 "加载或重载线型"对话框

(4) 设置图层线宽 在"图层特性管理器"对话框中单击线宽名称,系统弹出"线宽"对话框,如图 2-13 所示。该对话框中列有各种线宽,用户从线宽列表中选择所需线宽即可。

(5) 设置当前图层 用户将在当前图层上创建对象。因此,要在一个图层上创建对象,应先将其设置为当前图层。在"图层特性管理器"对话框中选择图层名,然后单击"置为当前"按钮,就可将该图层设置为当前图层。

(6) 删除图层 在绘图过程中,可随时删除一些不用的图层。在"图层特性管理器"对话框中选择要删除的图层,单击"删除"按钮,即可删除选定的图层。必须注意 0 层、当前图层、含有对象的图层和依赖外部参照的图层是不能删除的。

(7) 控制图层的状态

1) 开/关:打开和关闭图层由灯泡图标控制。已关闭图层上的对象不可见并且不能打印。

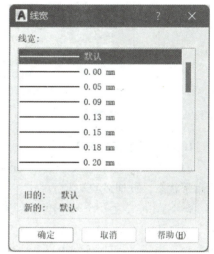

图 2-13 "线宽"对话框

2) 冻结/解冻:太阳图标表示图层解冻,雪花图标表示图层冻结。已冻结图层上的对象不可见、不重生成、不打印。可以冻结不需要的图层来提高性能并减少重生成时间。

3) 锁定/解锁:锁定和解锁图层由挂锁图标控制。锁定图层上的对象仍可见,可以执行不修改这些对象的其他操作。绘制复杂图形时,可以锁定一些不使用的图层,以避免不必要的修改。在锁定图层上可以添加新的图形对象,但比解锁图层上的对象显示淡些(可通过系统变量 LAYLOCKFADECTL 控制锁定图层上对象的淡入程度),且锁定图层的对象上不显示夹点。可以将光标在对象上悬停,查看是否显示锁定图标,以区分对象是否在锁定图层上。

4. 设置线型比例

绘制机械图样时,必须设定合理的线型比例。线型比例用来控制虚线、点画线等线型的间隔与画的长短。线型比例因子的值越小,每个绘图单位中生成的重复图案数就越多。

打开"格式"菜单,选择"线型"菜单项,系统弹出"线型管理器"对话框,单击显示细节(D) 按钮展开对话框，如图 2-14 所示。"全局比例因子"控制现有对象和新建对象的线型比例，"当前对象缩放比例"控制新建对象的线型比例。"全局比例因子"与"当前对象缩放比例"的乘积为最终显示的线型比例。

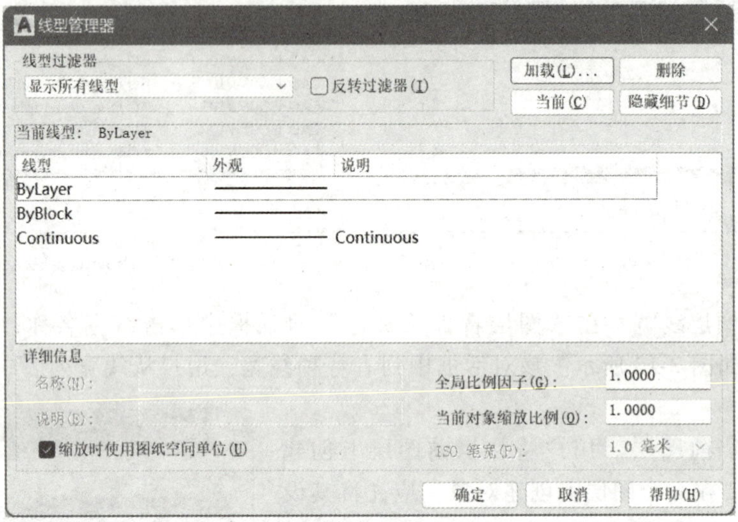

图 2-14 "线型管理器"对话框

2.1.4 常用基本操作

1. 命令和坐标的输入

（1）在命令行中输入命令 AutoCAD 启动后，命令行显示"命令："，表示当前处于接受命令状态，此时就可以输入命令。

命令：line ↙（在输入命令或参数后，需要按〈Enter〉键，命令才能得到执行）

指定第一个点：3，4 ↙（指定直线起始点 A 的绝对直角坐标）

指定下一点或 [放弃(U)]：5，6 ↙（指定第二点 B 的绝对直角坐标）

指定下一点或 [放弃(U)]：@10，0 ↙（指定第三点 C 的相对直角坐标）

指定下一点或 [闭合(C)/放弃(U)]：@10<45 ↙（指定第四点 D 的相对极坐标）

指定下一点或 [闭合(C)/放弃(U)]：C ↙（封闭直线）

图 2-15 中采用了三种坐标形式来输入点的坐标：

1）绝对直角坐标：指相对于坐标原点的直角坐标值，输入格式为：X，Y。如（3，4）表示点 A 的 X 坐标为 3，Y 坐标为 4。

2）相对直角坐标：指相对于前一个点的相对直角坐标值，输入格式为：@X，Y。如点 C 的坐标（@10，0），它定义的点与前一点 B 的 X 坐标之差为 10，Y 坐标之差为 0。这样该点的绝对坐标就为（5，6）。

3）相对极坐标：指输入点相对于前一点

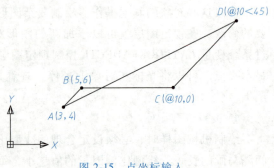

图 2-15 点坐标输入

的距离和角度，输入格式为：@距离<角度。如（@10<45）表示输入点 D 与前一点 C 之间的距离为 10，两点之间的连线与 X 轴正方向的夹角为 45°。在默认状态下，角度以度为单位，输入时不必输入单位符号。

在确定点的位置时，还有一种更简便的方法。当第一点位置确定后，只需移动光标指示出下一点的方向，然后输入距离值就可迅速确定下一点位置，这种方法称为直接距离输入法。直接距离输入法通常在正交或极轴追踪模式打开的状态下使用。

AutoCAD 命令中的符号如下。

1）/：分隔符号。分隔命令选项，大写字母表示该选项的关键字，只要输入此字符即选中该选项。

2）< >：默认值符号。该符号内的数值为默认值或当前值，按空格键或〈Enter〉键，系统将输入该默认值，如果该数值不符合要求，也可以输入新的数值。AutoCAD 一般把最后一次设置的选项保留在尖括号中，留待下一次使用。

3）在命令执行过程中，随时都可以按〈Esc〉键取消和终止命令的执行。

4）一条命令执行完毕后，在命令行中的"命令:"提示下按〈Enter〉键或空格键，可以再次执行该命令。

（2）使用图标按钮输入命令　单击面板或工具栏中的图标按钮，就能执行相应的命令。这与在命令行输入相应的命令，功能完全相同，且方便快捷。

（3）使用下拉菜单输入命令　将鼠标指针置于下拉菜单名上，单击鼠标左键打开该下拉菜单，单击所需的菜单项即可调用该命令。

1）菜单项后有">"符号，表示该菜单项还有下一级的子菜单，可做进一步的选择。

2）菜单项后有"…"符号，表示选取该菜单项后，会弹出一个对话框。

3）有些菜单项右边有字母或数字，配合〈Alt〉键使用，可以通过键盘调用菜单命令。按下〈Alt〉键和下拉菜单右边的字母，可以展开这个菜单；再按下菜单项右边的字母，则选择对应的菜单项。这与鼠标左键单击产生的效果相同，可以快速执行菜单命令。

4）菜单项以黑色字符显示时，表示该菜单项有效；以灰色字符显示时，表示该菜单项无效。

（4）透明命令　透明命令是指在一个命令执行期间插进去执行的命令，透明命令执行完毕，原被暂时中止的命令将继续执行。

可以通过下拉菜单、图标按钮或在命令行中输入命令的方法来调用透明命令。如果在命令行中输入透明命令，要在透明命令前加"′"。执行了透明命令后，命令提示行首出现">>"符号，表示目前正在执行透明命令。如需退出，可按〈Esc〉或〈Enter〉键，或单击鼠标右键显示快捷菜单，选择"退出"命令选项即可。

透明命令可以方便用户设置 AutoCAD 的系统变量、调整屏幕显示范围、快速显示相应的帮助信息和使用辅助绘图功能等。在绘制复杂图形时，灵活熟练地使用透明命令，显得尤为重要。

2. 对象选择

AutoCAD 中，可以在执行编辑命令前先选择对象，再执行命令；也可以先执行命令，再选择对象。执行命令后选择的对象呈虚线显示（图 2-16），在不执行命令的情况下选择对象后，被选中的对象上出现一些称为夹点的小方框（图 2-17）。夹点通常是图形的特殊位置点,如端点、圆心、中点等。

系统变量 SELECTIONEFFECT 指定对象处于选中状态时所使用的视觉效果,SELECTIONEFFECT 为 0 时,显示虚线;SELECTIONEFFECT 为 1 时,当硬件加速处于启用状态时,将显示光晕线亮显效果。

(1) 拾取框选择　执行编辑命令后,十字光标变成拾取框(小正方形框),利用拾取框单击图形对象即可将其选中。利用拾取框一次只能选择单个对象,如图 2-18 所示。拾取框的大小可以通过"工具"→"选项"对话框中的"选择集"选项卡进行修改,如图 2-19 所示。

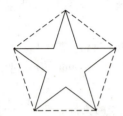 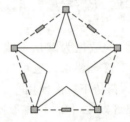 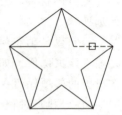

图 2-16　先执行命令再选择对象　　图 2-17　不执行命令时选择对象　　图 2-18　拾取框选择对象

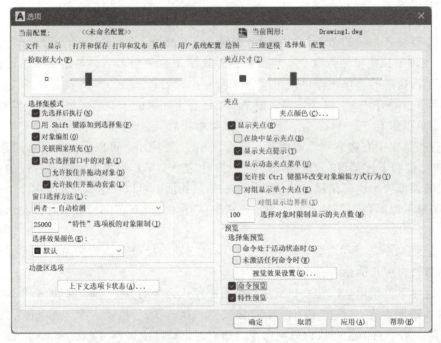

图 2-19　"选项"对话框中的"选择集"选项卡

(2) 窗口方式和窗交方式选择

1) 窗口方式:执行编辑命令后,在选择对象时,先选择第一个对角点,从左向右移动鼠标指针至恰当位置,再单击鼠标左键选取另一个对角点,形成一个实线的矩形框。此时,只有全部包含在该选择框中的对象才会被选中,如图 2-20a 所示。

2) 窗交方式:执行编辑命令后,在选择对象时,先选择第一个对角点,从右向左移动鼠标指针至恰当位置,再单击鼠标左键选取另一个对角点,形成一个虚线的矩形框。此时,不仅在选择框内的对象被选中,与选择框边界相交的对象也被选中,如图 2-20b 所示。

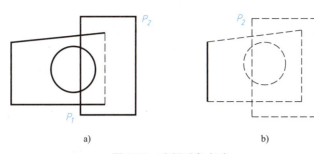

图 2-20 选择对象方式

a) 窗口方式 b) 窗交方式

（3）全部选取 执行编辑命令后，在选择对象时，输入 ALL，则所有可编辑的对象均被选中。

3. 辅助绘图功能

在绘图过程中，为了提高绘图的准确性和绘图效率，AutoCAD 2022 提供了一些辅助绘图功能，来帮助用户精确绘图，如图 2-21 所示。

图 2-21 状态栏中的辅助绘图功能按钮

（1）捕捉和栅格 栅格是一种可见的位置参考图标，类似于坐标纸。打开栅格显示时，栅格布满图形界限之内的范围，栅格不会被打印输出。捕捉是对鼠标光标的移动设定一个单位距离。捕捉常与栅格显示配合使用，打开捕捉功能，将使光标精确地捕捉到栅格点。可以通过图 2-22 所示的"捕捉和栅格"选项卡进行设置，"等轴测捕捉"可用于画正等轴测图。

（2）正交 打开正交模式，光标只能在水平和垂直方向上移动，用于绘制垂直线和水平线。

（3）极轴追踪 通过设置极轴角，来控制极轴追踪的对齐角度。可从图 2-23 所示的增量角列表中选择所需角度，也可以输入任意角度。系统按设置的极轴追踪增量角，在屏幕上显示一条极轴追踪线（虚线），帮助用户按指定的角度和位置绘制图形对象。

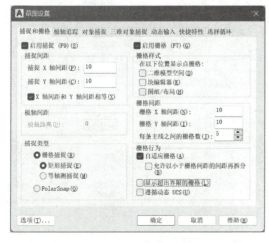

图 2-22 "草图设置"对话框中的
"捕捉和栅格"选项卡

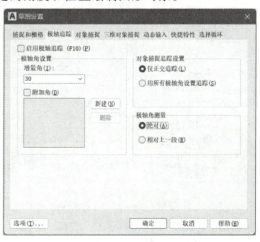

图 2-23 "草图设置"对话框中
的"极轴追踪"选项卡

在图 2-15 中，确定了点 A、B 的位置后，C、D 两点可通过极轴追踪快速确定。如图 2-24a 所示，移动光标给出点 C 的方向（极轴角为 0°），输入 10，按〈Enter〉键，可确定点 C；如图 2-24b 所示，设置增量角为 45°，给出点 D 的方向（极轴角为 45°），输入 10，按〈Enter〉键，即可确定点 D。

（4）对象捕捉　使用对象捕捉可以精确定位图形对象上的一些特征点，如端点、中点、圆心、交点、切点等。用鼠标右键单击状态栏上的"对象捕捉"按钮，弹出快捷菜单，再单击"对象捕捉设置"，打开"草图设置"对话框，可进行对象捕捉的设置，如图 2-25 所示。

AutoCAD 还提供了另一种对象捕捉的操作方式，即在命令要求输入点时，临时调用对象捕捉功能，这种对象捕捉方式只对当前点有效，称为临时捕捉方式。

可采用以下方法设置临时捕捉方式：

1）在命令要求输入点时，输入相应的对象捕捉名称的前三个字符，如圆心（cen）、中点（mid）等，即可打开所对应的对象捕捉模式。

2）在命令要求输入点时，同时按下〈Ctrl+鼠标右键〉或〈Shift+鼠标右键〉，以显示"对象捕捉"快捷菜单，从中选择对象捕捉模式，如图 2-26 所示。

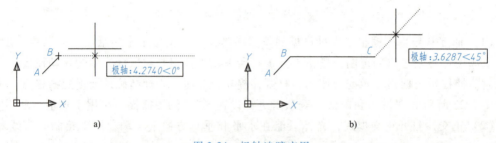

图 2-24　极轴追踪应用

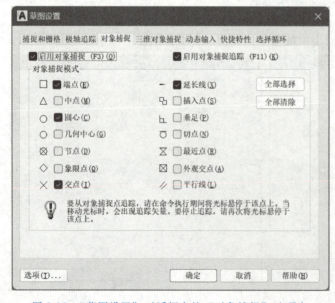

图 2-25　"草图设置"对话框中的"对象捕捉"选项卡

图 2-26　"对象捕捉"快捷菜单

3) 从"对象捕捉"工具栏中单击对象捕捉按钮,如图 2-27 所示。

图 2-27 "对象捕捉"工具栏

(5) 对象捕捉追踪　使用对象捕捉追踪,可以沿着基于对象捕捉点的对齐路径进行追踪。在绘图路径上移动光标时,将显示相对于获取点的水平、垂直或极轴对齐路径。如图 2-28 所示,点 D 需要与点 A 和点 C 对齐。将光标移到点 A 和点 C 附近,出现端点捕捉后离开,到需要绘制的点 D 附近,就会自动捕捉到所需要的点。

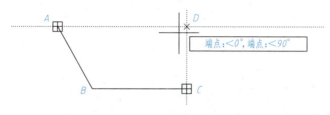

图 2-28　对象捕捉追踪应用

(6) 动态 UCS　使用动态 UCS 功能,可使 UCS(用户坐标系)的 XY 平面自动与实体模型上的某个平面临时对齐。在使用绘图命令时,可以通过在平面的一条边上移动光标来对齐 UCS,结束该命令后,UCS 将恢复到上一个位置和方向,而无须重新定位 UCS。

如图 2-29 所示,使用动态 UCS 在实体模型的一个斜面上创建矩形。在图 2-29a 中,UCS 未与斜面对齐;执行矩形命令,在状态栏上打开动态 UCS,将光标移动到图 2-29b 所示边 L 的上方时,光标更改为显示动态 UCS 轴的方向,单击鼠标左键确定矩形的一个角点;在斜面上确定矩形的另一个角点,如图 2-29c 所示;结束矩形命令,UCS 自动恢复到上一个位置和方向,如图 2-29d 所示;将矩形拉伸为实体,如图 2-29e 所示。使用动态 UCS 功能,可以轻松地在斜面上创建图形对象。

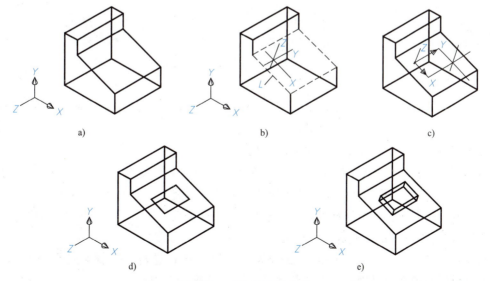

图 2-29　动态 UCS 的应用

（7）三维对象捕捉　三维对象捕捉控制三维对象的对象捕捉模式和点云功能。使用对象捕捉模式，可以在对象上的精确位置指定对象捕捉点。如果多个对象捕捉都处于活动状态，则使用距离靶框中心最近的选定对象捕捉。如果有多个对象捕捉可用，则可以按〈Tab〉键在它们之间循环。

点云是通过三维激光扫描仪或其他技术获取的大型点集合，并且可用于创建现有结构的三维表示。当点云对象捕捉处于启用状态时，平面或圆柱段可能会高亮显示，并且轮廓将显示在检测到的对象捕捉点上。

（8）动态输入　该功能打开时，在鼠标光标附近会出现一个命令界面，显示命令提示和命令输入，帮助用户专注于绘图区域。用鼠标右键单击状态栏上的 按钮，在弹出的快捷菜单中选择"动态输入设置"，可打开"草图设置"对话框中的"动态输入"选项卡，进行动态输入的设置，如图2-30所示。

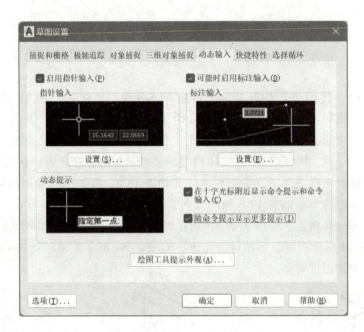

图2-30　"草图设置"对话框中的"动态输入"选项卡

（9）显示/隐藏线宽　通过显示/隐藏线宽功能，可以在图形中打开和关闭线宽显示。在模型空间中，线宽以像素为单位显示，并且在缩放时不发生变化。在图纸空间布局中，线宽以实际打印宽度显示，并随缩放比例而变化。

（10）快捷特性　"快捷特性"选项板列出了每种对象类型或一组对象最常用的特性。选定一个或多个同一类型的对象时，"快捷特性"选项板将显示该对象类型的选定特性。选定两个或两个以上不同类型的对象时，"快捷特性"选项板将显示所有对象的共有特性（如果存在）。用户可以自定义显示在"快捷特性"选项板上的特性。

通过"草图设置"对话框中的"快捷特性"选项卡，进行"快捷特性"选项板的设置，可以根据对象类型启用或禁用"快捷特性"选项板。

2.2 AutoCAD 基本功能

AutoCAD 2022 具有强大的绘图功能和编辑功能。可以通过"绘图"和"修改"下拉菜单、功能区"默认"选项卡中的"绘图"和"修改"面板、在命令行直接输入命令三种方式来调用命令。

2.2.1 基本绘图命令

1. 直线

命令：_line
指定第一个点：　　　　（指定直线第一点）
指定下一个点或 [放弃(U)]：（指定直线第二点或选择放弃选项）
指定下一个点或 [放弃(U)]：（指定直线第三点或按〈Enter〉键结束命令）
指定下一个点或 [闭合(C)/放弃(U)]：（指定直线第四点或选择其他选项）
说明：

1) 在"指定第一个点："提示下直接按〈Enter〉键，AutoCAD 将以上一次 LINE 或 ARC 命令的终点作为新直线的起点。

2) 在"指定下一个点或[闭合(C)/放弃(U)]："提示下输入 C（或 CLOSE），AutoCAD 将当前 LINE 命令中的起点与终点连起来形成一个多边形。

3) 使用"直线"命令可以绘制一系列连续的直线，但每条直线都是一个独立的对象。

【例 2-1】 用"直线"命令绘制图 2-31 所示的图形。

1) 打开极轴追踪功能并设置极轴角增量为 30°，任取一点作为 A 点。
2) 沿 AB 方向拉出极轴追踪线，在追踪角度为 60°时，输入 60，得到 B 点。
3) 沿 BC 方向拉出极轴追踪线，在追踪角度为 330°时，输入 30，得到 C 点。
4) 沿 CD 方向拉出极轴追踪线，在追踪角度为 0°时，输入 30，得到 D 点。
5) 沿 DE 方向拉出极轴追踪线，在追踪角度为 270°时，输入 15，得到 E 点。
6) 在命令行输入 C（闭合），完成图形绘制。

2. 圆

AutoCAD 提供了六种画圆的方式，如图 2-32 所示。

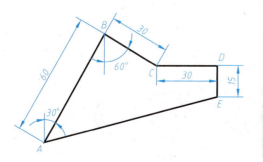

图 2-31　直线命令练习

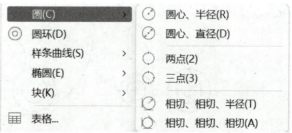

图 2-32　圆子菜单

1)"圆心、半径"方式:指定圆心及半径画圆(图 2-33a)。
2)"圆心、直径"方式:指定圆心及直径画圆(图 2-33b)。
3)"两点"方式:以两点连线为直径画圆(图 2-33c)。
4)"三点"方式:指定圆上三点画圆(图 2-33d)。
5)"相切、相切、半径"方式:绘制与两个图形对象相切的圆,圆的大小由半径确定(图 2-33e)。
6)"相切、相切、相切"方式:绘制与三个图形对象均相切的圆(图 2-33f)。

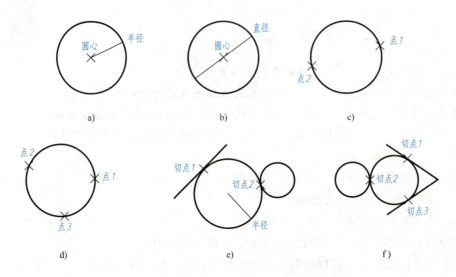

图 2-33 圆的绘制方法

【例 2-2】 绘制图 2-34 所示的图形。
1)用直线命令绘制中心线。
2)捕捉直线交点,用"圆心、半径"方式绘制四个圆,如图 2-35a 所示。
3)用"相切、相切、半径"方式绘制半径为 R25、R94 的两个圆,如图 2-35b 所示。
4)用修剪命令将图形修剪成形,如图 2-35c 所示。半径为 R25 的圆弧也可以用圆角命令直接绘制。

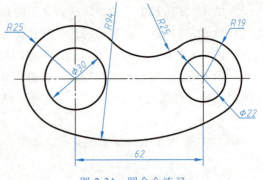

图 2-34 圆命令练习

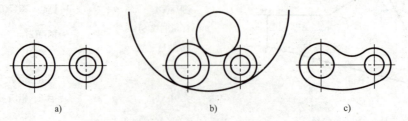

图 2-35 圆命令练习绘图步骤

3. 圆弧

AutoCAD 提供了十一种绘制圆弧的方法，如图 2-36 所示。

1)"三点"方式：根据起点、弧上的一点和端点绘制圆弧（图 2-37a）。

2)"起点、圆心、端点"方式：根据圆弧的起点、圆心及端点绘制圆弧（图 2-37b）。

3)"起点、圆心、角度"方式：根据圆弧的起点、圆心及圆心角绘制圆弧（图 2-37c）。

4)"起点、圆心、长度"方式：根据圆弧的起点、圆心及弦长绘制圆弧（图 2-37d）。

5)"起点、端点、角度"方式：根据圆弧的起点、端点和圆心角绘制圆弧（图 2-37e）。

6)"起点、端点、方向"方式：根据圆弧的起点、端点及圆弧在起点处的切线方向绘制圆弧（图 2-37f）。

7)"起点、端点、半径"方式：根据圆弧的起点、端点及半径绘制圆弧（图 2-37g）。

8)"继续"方式：以上一次绘制的圆弧或直线的端点为起点绘制圆弧，同时使新圆弧与上一次绘制的圆弧或直线相切（图 2-37h）。

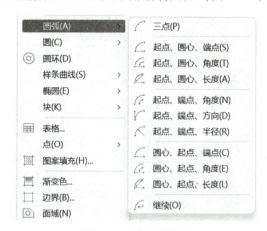

图 2-36 圆弧子菜单

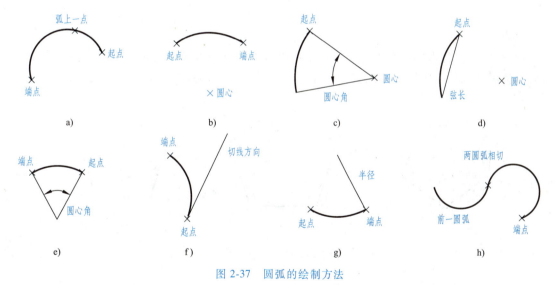

图 2-37 圆弧的绘制方法

【例 2-3】 绘制图 2-38 所示的图形。

1) 用直线命令绘制长 25、82.5 及角度为 77°的三条直线；捕捉直线 25 的端点 A，绘制半径为 62 的圆；捕捉直线 82.5 的端点 B，绘制半径为 81 的圆，如图 2-39a 所示。

2) 以两圆的交点 C 为端点，绘制一水平线，与角度为 77°的斜线相交，如图 2-39b 所示。

3) 将图线修剪成形，如图 2-39c 所示。

4) 用"起点、端点、角度"方式绘制圆弧。圆弧的起点为点 1，端点为点 2，结果如

图 2-39d 所示。

4. 正多边形

在 AutoCAD 中,使用正多边形命令可以很方便地绘制出正多边形。

命令:_polygon

输入侧面数<4>:(输入正多边形的边数,或直接按〈Enter〉键接受默认值)

指定正多边形的中心点或[边(E)]:(选择正多边形的绘制方式)

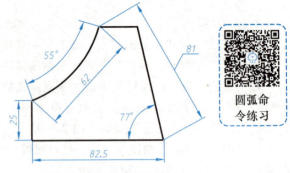

图 2-38　圆弧命令练习

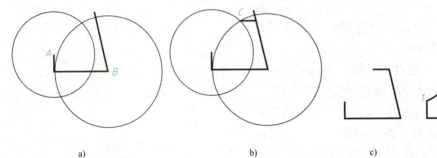

图 2-39　圆弧命令练习绘图步骤

说明:

1) 指定正多边形的中心点:用指定正多边形中心点的方法绘制正多边形,指定中心点后需选择用"内接于圆"还是用"外切于圆"方式绘制正多边形,如图 2-40a、b 所示。

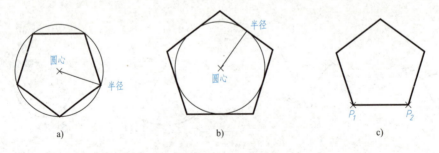

图 2-40　绘制正多边形

输入选项[内接于圆(I)/外切于圆(C)]<I>:(内接于圆是默认方式)

指定圆的半径:(输入圆的半径)

2) 边(E):通过指定边长来绘制正多边形,如图 2-40c 所示。

指定边的第一个端点:(即指定边的第一个端点 P_1)

指定边的第二个端点:(即指定边的第二个端点 P_2)

【例 2-4】　绘制图 2-41 所示图形。

1) 以"圆心、半径"方式绘制直径为 φ22 的圆,指定 φ22 圆的圆心为正六边形的中心点,以"外切于圆"方式绘制圆的外切正六边形,如图 2-42a 所示。

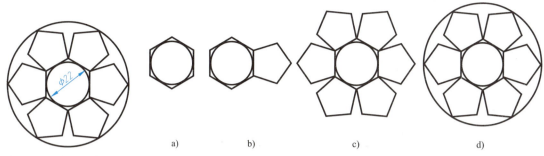

图 2-41 正多边形命令练习   图 2-42 正多边形命令练习绘图步骤

2）通过指定正六边形的两个顶点连线为边来绘制正五边形，如图 2-42b 所示。

3）将正五边形以 $\phi22$ 圆的圆心为中心进行环形阵列，如图 2-42c 所示。

4）通过任意三个正五边形的外侧顶点绘制大圆，如图 2-42d 所示。

5. 矩形

使用矩形命令可以快速创建矩形。

命令：_rectang

指定第一个角点或［倒角(C)/标高(E)/圆角(F)/厚度(T)/宽度(W)］:

指定另一个角点或［面积(A)/尺寸(D)/旋转(R)］:

确定矩形的第一个角点后，然后按提示输入另一个角点即可创建矩形。也可以使用面积、长度和宽度、指定的旋转角度来创建矩形。

其他选项的功能如下。

1）倒角（C）：绘制带有倒角的矩形。选择该选项后，系统提示：

指定矩形的第一个倒角距离<默认值>:（输入第一个倒角距离）

指定矩形的第二个倒角距离<默认值>:（输入第二个倒角距离）

2）标高（E）：绘制带有标高的矩形。

3）圆角（F）：绘制带有圆角的矩形。选择该项后，系统提示：

指定矩形的圆角半径<默认值>:（输入圆角半径）

4）厚度（T）：绘制带有厚度的矩形。

5）宽度（W）：绘制带有线宽的矩形。

【例 2-5】 绘制图 2-43 所示矩形。

1）指定矩形第一个角点和输入长度、宽度来绘制矩形，如图 2-43a 所示。

2）绘制带有圆角的矩形，圆角半径 R5，如图 2-43b 所示。

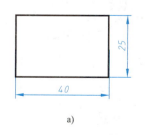   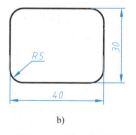   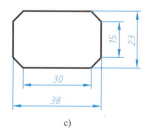

a)   b)   c)

图 2-43 矩形命令练习

3) 绘制带有倒角的矩形，第一个、第二个倒角距离均为 4，如图 2-43c 所示。

6. 椭圆

AutoCAD 提供了三种绘制椭圆的方式，如图 2-44 所示。

1) "圆心"方式：通过定义椭圆的中心点来绘制椭圆。

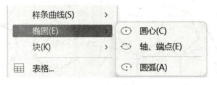

图 2-44 椭圆子菜单

命令：_ellipse
指定椭圆的轴端点或 ［圆弧（A）/中心点（C）］：C↙
指定椭圆的中心点：(指定椭圆中心点)
指定轴的端点：(指定轴端点)
指定另一条半轴长度或 ［旋转（R）］：(指定另一条半轴的长度)
若选择"旋转（R）"选项，则系统提示：
指定绕长轴旋转的角度：(输入旋转角度，通过绕第一条轴旋转来创建椭圆)

2) "轴、端点"方式：通过定义椭圆长、短轴端点来绘制椭圆。
3) "圆弧"方式：该选项用来绘制椭圆弧。

【例 2-6】 绘制图 2-45 所示图形。

1) 绘制中心线。
2) 通过"圆心"方式绘制小椭圆。捕捉中心线交点为椭圆中心点；拉出水平极轴追踪线，输入 64；拉出垂直极轴追踪线，输入 24。
3) 利用偏移命令绘制另一椭圆。将小椭圆向外偏移 16，得到大椭圆，如图 2-46a 所示。
4) 绘制两同心圆。
5) 使用偏移命令绘制相距 120 的直线，捕捉直线与大椭圆的交点和大圆的切点绘制斜线，如图 2-46b 所示。
6) 修剪成形，如图 2-46c 所示。

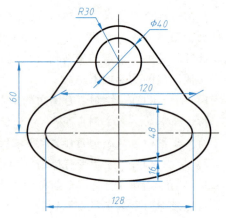

图 2-45 椭圆命令练习

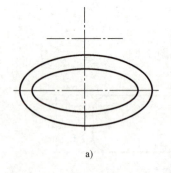
a)

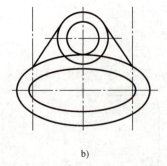
b)

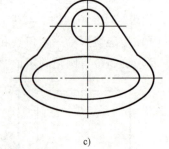
c)

图 2-46 椭圆命令练习绘图步骤

7. 点

该命令可按设定的点样式，在指定位置画点。

(1) 设定点样式　单击"格式"→"点样式"菜单项,打开"点样式"对话框进行设置,如图 2-47 所示。

(2) 等分对象　单击"绘图"→"点"→"定数等分"(或"定距等分"),可等分图形对象,并在等分点处按当前设置的点样式显示点标记或插入块。

【例 2-7】　绘制图 2-48 所示的图形。

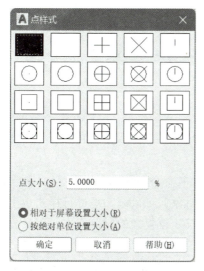

图 2-47　"点样式"对话框

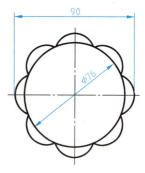

图 2-48　等分对象练习

1) 设置点样式为"×"。
2) 绘制中心线。
3) 绘制 φ76 圆,并将圆周 8 等分,如图 2-49a 所示。
4) 选取 8 个等分点,以圆心为基点旋转 22.5°。
5) 利用偏移命令将竖直中心线向左偏移 45,如图 2-49b 所示。
6) 以三点方式绘制圆弧,并将圆弧进行环形阵列。注意捕捉等分点时用"节点"捕捉模式,如图 2-49c 所示。

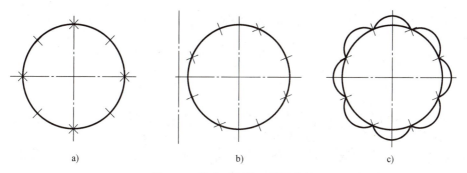

图 2-49　等分对象练习绘图步骤

8. 文字

AutoCAD 提供了两种创建文字的方式,如图 2-50 所示。

(1) 单行文字　创建单行文字对象。利用单行文字命令可以在图形中动态地添加一行或多行文字。通过单击"绘图"→"文字"→"单行文字",单击"注释"面板中的 A 按钮或在命令行输入"TEXT""DTEXT",都将执行单行文字命令。

图 2-50 单行文字和多行文字

命令:_text
当前文字样式:"汉字"文字高度:3.5000 注释性:否 对正:左(显示当前样式信息)
指定文字的起点或 [对正(J)/样式(S)]:(指定文字的起始位置,也可以设定对正方式或选择文字的样式)
指定高度 <5.0000>:(指定文字的高度)
指定文字的旋转角度 <0>:(指定文字的旋转角度)

在命令行输入文字时,屏幕上同步显示正在输入的每个字符。按〈Enter〉键可以换行,但每行文字都是一个独立的对象。

(2) 多行文字 创建多行文字对象。利用多行文字命令一次可输入多行文本,并且各行文本都按指定宽度排列对齐。系统将其认为是一个对象,可以统一地进行样式、字体、颜色等特性的编辑和修改。利用多行文字命令可输入较长、较复杂的段落文本,以及分数、特殊符号等。

单击"绘图"→"文字"→"多行文字",单击"注释"面板中的 A 按钮或在命令行输入"MTEXT",都可执行多行文字命令。

命令:_mtext
当前文字样式:"Standard"   文字高度:3.5   注释性:否
指定第一角点:
指定对角点或 [高度(H)/对正(J)/行距(L)/旋转(R)/样式(S)/宽度(W)/栏(C)]:

指定文本框的对角点（定义多行文字对象的宽度）后,在功能区将显示"文字编辑器"上下文选项卡,如图 2-51 所示,可进行格式设置等;在绘图区域将显示"在位文字编辑器",可输入文字等,如图 2-52 所示。

图 2-51 "文字编辑器"上下文选项卡

(3) 特殊字符输入 在标注文本时,经常需要标注一些特殊符号,可以通过以下方式输入:

1) 单击"文字编辑器"上下文选项卡"插入"面板中的@（符号）按钮,或单击鼠标右键,选择快捷菜单中的"符号"选项来输入特殊符号。

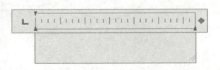

图 2-52 在位文字编辑器

2) 利用"文字编辑器"上下文选项卡"格式"面板中的 $\frac{b}{a}$（堆叠）按钮,输入平方、分数等格式的字符。

格式规定如下:"^"用于标注指数、上下公差、脚码等,"/"用于标注垂直分子式,"#"用于标注对角分式。如图 2-53 所示,输入 mm² 时,先输入"mm2^",然后选取"2^",单击 按钮,可得到 mm²。

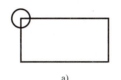

图 2-53 "在位文字编辑器"中的书写格式

2.2.2 图形编辑命令

1. 放弃 与重做

在绘图过程中,有可能执行错误操作,可使用放弃命令来放弃这些错误操作。

重做命令是对放弃命令结果的废除,它只能在放弃命令执行后立即执行。

2. 删除

使用删除命令可以删除指定的图形对象。

3. 复制

使用复制命令可以复制指定的图形对象,避免了重复绘制相同图形对象的麻烦(图 2-54)。

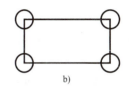

图 2-54 复制操作
a) 复制前 b) 复制后

命令:_copy

选择对象:找到 1 个(选择需复制的图形对象)

选择对象:✓(单击鼠标右键或按〈Enter〉键结束选择)

当前设置: 复制模式=多个(默认复制模式为多重复制)

指定基点或[位移(D)/模式(O)]<位移>:(指定复制的基点或位移,也可以修改复制模式)

指定第二个点或[阵列(A)]<使用第一个点作为位移>:(指定复制对象的终点位置)

若选择"阵列(A)"选项,则系统提示:

输入要进行阵列的项目数:(指定阵列中的项目数,包括原始选择集)

指定第二个点或[布满(F)]:(确定阵列相对于基点的距离和方向。默认情况下,阵列中的第一个副本将放置在指定的位移,其余的副本使用相同的增量位移放置在超出该点的线性阵列中。布满选项是指在阵列中指定的位移放置最终副本,其他副本则布满原始选择集和最终副本之间的线性阵列)

指定第二个点或[阵列(A)/退出(E)/放弃(U)]<退出>:(反复出现这一提示,要求用户确定另一个终点位置,直至按〈Enter〉键或单击鼠标右键结束)

4. 镜像

镜像命令用于按指定的镜像线对所选图形对象创建对称的镜像图像。若图形中包含文字,应进行系统变量 MIRRTEXT 的设置。当 MIRRTEXT = 1 时,文本同时镜像;当 MIRRTEXT = 0 时,文本只是位置镜像,文字没有反转,如图 2-55 所示。

命令:_mirror

选择对象: (选择需镜像的图形对象,单击鼠标右键或按〈Enter〉键结束选择)

指定镜像线的第一点:(指定镜像线上的第一点)

指定镜像线的第二点:(指定镜像线上的第二点)

要删除源对象吗？[是(Y)/否(N)]<N>:(是否删除源对象,默认为否)

5. 偏移

偏移命令用于绘制间距相等、形状相似的图形，如图 2-56 所示。

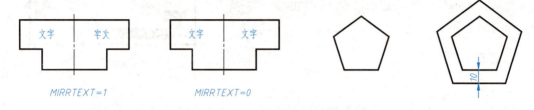

图 2-55　镜像操作　　　　　　图 2-56　"指定偏移距离"方式偏移对象

命令:_offset

当前设置:删除源=否　图层=源　OFFSETGAPTYPE=0

指定偏移距离或[通过(T)/删除(E)/图层(L)]<1.0000>:10↙(输入偏移距离 10)

选择要偏移的对象,或[退出(E)/放弃(U)]<退出>:(选择多边形)

指定要偏移的那一侧上的点,或[退出(E)/多个(M)/放弃(U)]<退出>:(用鼠标左键在多边形的外部单击一下)

选择要偏移的对象,或[退出(E)/放弃(U)]<退出>:↙(结束命令)

若选择"通过(T)"选项，可指定一个通过点，偏移复制的图形对象将通过此点。

6. 阵列

阵列命令可以将选定图形对象复制成规则分布的图形。有三种类型的阵列，分别为矩形阵列、环形阵列和路径阵列。可以通过命令窗口或功能区上下文选项卡进行阵列的相关设置。

(1) 矩形阵列　矩形阵列将对象副本分布到行、列和标高的任意组合，如图 2-57 所示。

命令:_arrayrect

选择对象:找到 1 个(选择要阵列的对象)

选择对象:↙(单击鼠标右键或按〈Enter〉键结束选择)

类型=矩形　关联=是

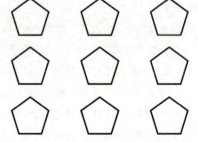

图 2-57　矩形阵列

选择夹点以编辑阵列或[关联(AS)/基点(B)/计数(COU)/间距(S)/列数(COL)/行数(R)/层数(L)/退出(X)]<退出>:(此时被选中的阵列对象会以默认的行、列数将矩形阵列呈现出来)

选项说明如下。

1) 关联(AS):指定阵列中的对象是关联的还是独立的。
2) 基点(B):指定用于在阵列中放置项目的基点。
3) 计数(COU):指定行数和列数。
4) 间距(S):指定行间距和列间距。
5) 列数(COL):设置阵列中的列数。
6) 行数(R):设置阵列中的行数。

7）层数（L）：指定三维阵列的层数。

也可以通过"阵列创建"功能区上下文选项卡来完成相关设置，如图2-58所示。

图2-58 矩形阵列"阵列创建"功能区上下文选项卡

（2）环形阵列 环形阵列是围绕中心点或旋转轴在环形阵列中均匀分布对象副本，如图2-59所示。

命令：_arraypolar

选择对象：找到 1 个（选择要阵列的对象）

选择对象：↙（单击鼠标右键或按〈Enter〉键结束选择）

类型=极轴 关联=是

指定阵列的中心点或［基点（B）/旋转轴（A）］:（指定中心点将显示预览阵列）

选择夹点以编辑阵列或［关联（AS）/基点（B）/项目（I）/项目间角度（A）/填充角度（F）/行（ROW）/层（L）/旋转项目（ROT）/退出（X）］<退出>:（选择相应的选项编辑阵列）

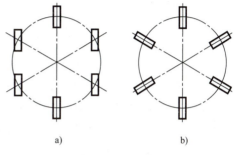

图2-59 环形阵列

选项说明如下。

1）基点（B）：指定阵列的基点。

2）旋转轴（A）：指定由两个指定点定义的自定义旋转轴。

3）关联（AS）：指定阵列中的对象是关联的还是独立的。

4）项目（I）：使用值或表达式指定阵列中的项目数。

5）项目间角度（A）：使用值或表达式指定项目之间的角度。

6）填充角度（F）：使用值或表达式指定阵列中第一个和最后一个项目之间的角度。逆时针旋转输入正数，顺时针旋转输入负数。

7）行（ROW）：指定阵列中的行数、它们之间的距离以及行之间的增量标高。

8）层（L）：指定三维阵列的层数和层间距。

9）旋转项目（ROT）：控制在排列项目时是否旋转项目。不旋转项目的阵列如图2-59a所示，旋转项目的阵列如图2-59b所示。

也可以通过"阵列创建"功能区上下文选项卡来完成相关设置，如图2-60所示。

图2-60 环形阵列"阵列创建"功能区上下文选项卡

(3) 路径阵列　路径阵列沿路径或部分路径均匀分布对象副本，如图 2-61 所示。

命令：_arraypath

选择对象：找到 1 个（选择要阵列的对象）

选择对象：↙（单击鼠标右键或按〈Enter〉键结束选择）

类型＝路径　关联＝是

选择路径曲线：（指定用于阵列路径的对象，路径可以是直线、多段线、三维多段线、样条曲线、螺旋线、圆弧、圆或椭圆）

选择夹点以编辑阵列或［关联（AS）/方法（M）/基点（B）/切向（T）/项目（I）/行（R）/层（L）/对齐项目（A）/z 方向（Z）/退出（X）］＜退出＞：（选择相应的选项编辑阵列）

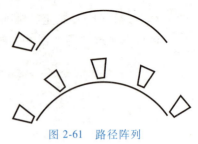

图 2-61　路径阵列

选项说明如下。

1) 关联（AS）：指定阵列中的对象是关联的还是独立的。

2) 方法（M）：控制如何沿路径分布项目，可以选择定数等分或定距等分方式来分布项目。

3) 基点（B）：定义阵列的基点，路径阵列中的项目相对于基点放置。

4) 切向（T）：指定阵列中的项目如何相对于路径的起始方向对齐。

5) 项目（I）：根据"方法"设置，指定项目数或项目之间的距离。

6) 行（R）：指定阵列中的行数、它们之间的距离以及行之间的增量标高。

7) 层（L）：指定沿 Z 轴方向拉伸阵列的行样式和列样式。

8) 对齐项目（A）：指定是否对齐每个项目以与路径的方向相切。对齐相对于第一个项目的方向。

9) z 方向（Z）：控制是否保持项目的原始 Z 方向或沿三维路径自然倾斜项目。

也可以通过"阵列创建"功能区上下文选项卡来完成相关设置，如图 2-62 所示。

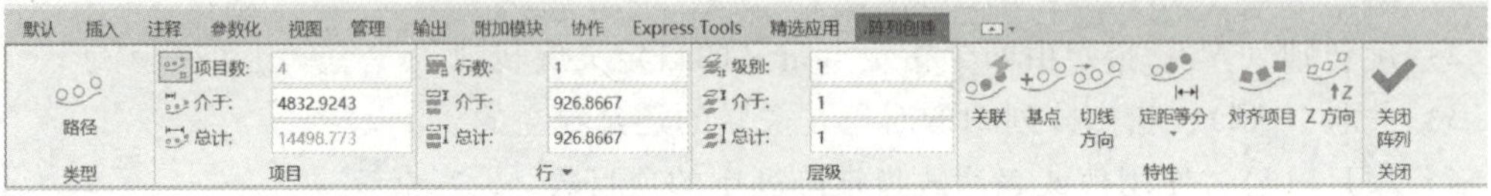

图 2-62　路径阵列"阵列创建"功能区上下文选项卡

【例 2-8】　绘制图 2-63 所示的图形。

1) 绘制中心线和 φ25 圆，并将水平中心线向上下两侧各偏移 4；过 φ25 圆的象限点作垂直切线，并将切线向左偏移 28，如图 2-64a 所示。

2) 将图线修剪成形，并整理线型，如图 2-64b 所示。

3) 绘制 φ50、φ60 圆，并将 φ60 圆 10 等分，将各等分点旋转至图 2-64c 所示位置。

4) 绘制 φ94 圆，将垂直中心线向左偏移 10；用"起点、端点、半径"方式绘制圆弧，如图 2-64d 所示。

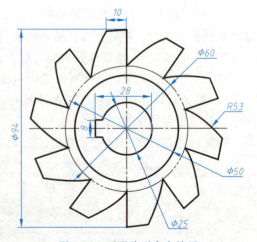

图 2-63　环形阵列命令练习

5）将图线修剪成形，并整理线型，如图 2-64e 所示。

6）将图形进行环形阵列，结果如图 2-64f 所示。

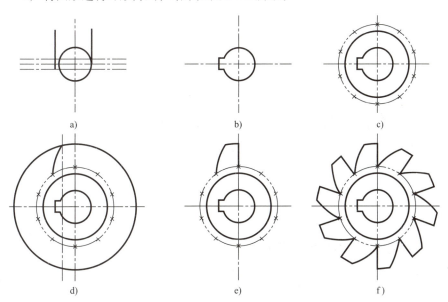

环形阵列命令练习

图 2-64　环形阵列命令练习绘图步骤

7. 移动

移动命令可以将选定的图形对象移动到新的位置，如图 2-65 所示。

命令：_move

选择对象：找到 1 个　　　（选择要移动的对象）

选择对象：↙　　　　　　（单击鼠标右键或按〈Enter〉键结束选择）

指定基点或 [位移(D)] <位移>：（捕捉圆心 O_1 作为基点）

指定第二个点或 <使用第一个点作为位移>：（捕捉圆心 O_2 作为目标点）

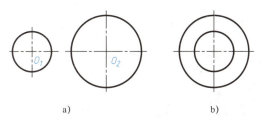

图 2-65　移动对象到新的位置

8. 旋转

旋转命令可以将图形对象按指定的基点和旋转角度进行旋转。如图 2-66 所示，将 A 部分图形旋转到倾斜位置。

命令：_rotate

UCS 当前的正角方向：ANGDIR = 逆时针　ANGBASE = 0

选择对象：找到 7 个　　　（选择 A 部分图形）

选择对象：↙　　　　　　（单击鼠标右键或按〈Enter〉键结束选择）

指定基点： （捕捉交点 B 为基点）
指定旋转角度，或 [复制(C)/参照(R)] <0>:50↙ （输入旋转角度）

选项说明如下。

1）旋转角度：图形对象绕基点旋转的角度，逆时针为正，顺时针为负。

2）参照（R）：按指定的参照角度和新角度来旋转图形对象。

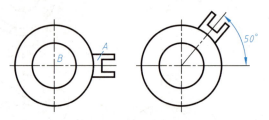

图 2-66　将图形旋转到倾斜位置

9. 缩放

缩放命令可以将选择的图形对象按给定比例进行缩放。

命令：_scale

选择对象： （选择要缩放的图形对象）

指定基点： （指定缩放的基点）

指定比例因子或 [复制(C)/参照(R)] <2>： （指定缩放的比例）

选项说明如下。

1）指定比例因子：按指定的比例缩放选定的对象。

2）参照（R）：按参照长度和指定的新长度缩放选定的对象。当缩放比例未知时，可参照其他图形对象获取比例。如图 2-67a 所示图形，直接绘制比较困难。可先绘制长宽比为 2∶1 的矩形，然后绘制该矩形的外接圆和直径为 φ150 的同心圆（图 2-67b）。使用缩放命令，以圆心为基点，外接圆半径为参照长度，φ150 圆的半径为新长度，即可绘制出符合要求的矩形（图 2-67c）。

【例 2-9】　绘制图 2-68 所示的图形。

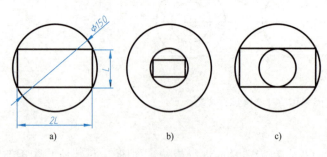

图 2-67　缩放图形

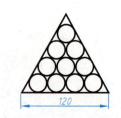

图 2-68　缩放命令练习

1）以半径 R10 绘制图 2-69a 所示的圆。底层的圆可先绘制一个圆后，复制而成；其他的圆可使用"相切、相切、半径"方式绘制。

2）使用"切点"捕捉模式绘制三条直线，并在底部以 A 点为起点绘制一条长 120 的直线 AC，如图 2-69b 所示。

3)以参照方式缩放图形,结果如图2-69c所示。

命令:_scale

选择对象:指定对角点:找到13个(以窗口方式选择圆及三条直线)

选择对象:↵

指定基点:(捕捉图2-69b中的A点)

指定比例因子或[复制(C)/参照(R)]<4.0000>: R↵(以参照方式缩放图形)

指定参照长度<1.0000>:(捕捉图2-69b中的A点)

指定第二点:(捕捉图2-69b中的B点)

指定新的长度或[点(P)]<1.0000>:(捕捉图2-69b中的C点)

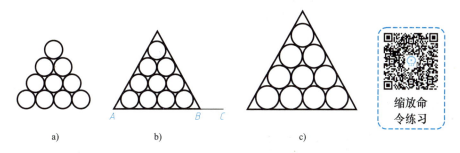

图2-69 缩放命令练习绘图步骤

10. 拉伸

拉伸命令可将所选的图形对象进行拉伸、压缩或移动,改变图形对象之间的相互位置关系。在操作该命令时,必须用窗交方式选择要拉伸的对象,与选择窗口交叉的对象将被拉伸或压缩,完全包含在选择窗口内的对象将发生移动,如图2-70所示。

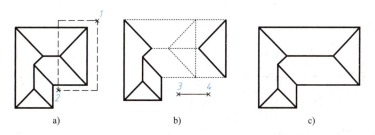

图2-70 拉伸示例

a)指定要拉伸的对象 b)指定用于拉伸的点 c)拉伸结果

命令:_stretch

以交叉窗口或交叉多边形选择要拉伸的对象...

选择对象:指定对角点:找到6个(使用窗交方式选择要拉伸的对象)

选择对象:↵

指定基点或[位移(D)]<位移>:(为拉伸指定一个基点)

指定第二个点或<使用第一个点作为位移>:(指定第二个点)

11. 修剪 和延伸

修剪和延伸命令可以通过缩短或拉长图形对象,使其与其他图形对象的边相接。修剪和延伸命令有两种模式:"快速"模式和"标准"模式。系统变量 TRIMEXTENDMODE 控制 TRIM 和 EXTEND 命令的默认模式。当 TRIMEXTENDMODE = 1 时,默认为"快速"模式;当 TRIMEXTENDMODE = 0 时,默认为"标准"模式。

(1)"快速"模式

使用"快速"模式时,启动 TRIM 或 EXTEND 命令后,只需选择端点附近的对象即可进行修剪或延伸。有三个默认选项可用于选择对象。

1)单个选择:单击要修剪或延伸的端点附近的一个或多个对象即可,如图 2-71 所示的修剪选定直线。

图 2-71　单个选择

2)两点栏选:单击定义穿过对象(靠近要修剪或延伸的端点)的线段两点,如图 2-72 所示的延伸选定直线。

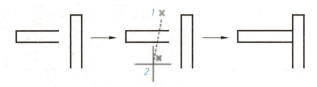

图 2-72　两点栏选

3)徒手选择:在空白区域单击并按住鼠标左键,然后在要修剪或延伸的端点附近的一个或多个对象上拖动光标,如图 2-73 所示的修剪选定直线。

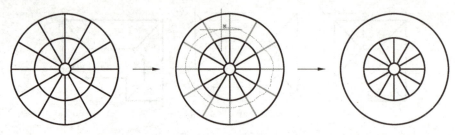

图 2-73　徒手选择

(2)"标准"模式

使用"标准"模式时,启动 TRIM 或 EXTEND 命令后,需先选择作为剪切边或边界边的对象,再选择要修剪或延伸的对象,就可以将选定对象修剪或延伸至指定边界。如果要将所有对象作为边界,在首次出现"选择对象"提示时按〈Enter〉键即可。

【例 2-10】　使用"快速"模式完成图 2-74 所示图形的修剪操作。

命令:_trim

当前设置:投影=UCS,边=无,模式=快速

选择要修剪的对象,或按住 Shift 键选择要延伸的对象或

[剪切边(T)/窗交(C)/模式(O)/投影(P)/删除(R)]:(用拾取框依次单击图 2-74a 中的 P_1、P_2、P_3、P_4 点,修剪结果如图 2-74b 所示)

在该提示下,按住〈Shift〉键可将所选对象延伸到最近的边界。此选项可临时在修剪和延伸命令之间切换。

【例 2-11】 使用"标准"模式完成图 2-75 所示图形的延伸操作。

命令:_extend

当前设置:投影=UCS,边=无,模式=标准

选择边界边...

选择对象或[模式(O)] <全部选择>:(选择图 2-75a 中的圆 C 作为边界对象)

选择对象:↙

选择要延伸的对象,或按住 Shift 键选择要修剪的对象或

[边界边(B)/栏选(F)/窗交(C)/模式(O)/投影(P)/边(E)]:(用拾取框依次单击图 2-75a 中要延伸的对象,也可以使用窗交等其他方式快速选择对象,延伸结果如图 2-75b 所示)

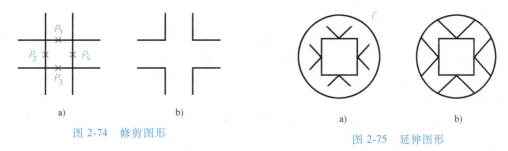

图 2-74 修剪图形   图 2-75 延伸图形

12. 打断 和打断于点

打断命令用于在两点之间打断图形对象。如图 2-76a 所示,将点 1 和点 2 之间的部分删除,从而将直线打断为两段。

图 2-76 打断图形

命令:_break

选择对象:(选择要打断的对象,并将选择对象的点作为第一个打断点)

指定第二个打断点或[第一点(F)]:(指定第二个打断点或重新指定第一个打断点)

打断于点命令用于将图形对象在一点打断。如图 2-76b 所示,将直线在点 2 一分为二,不删除某个部分。

13. 合并

合并命令用于将相似的对象合并为一个对象,如可以合并两条或多条圆弧、椭圆弧、直线、多段线、样条曲线为一个对象。要合并的对象必须位于相同的平面上。

(1)合并直线 要合并的直线必须共线,它们之间可以有间隙。

命令:_join

选择源对象或要一次合并的多个对象:找到 1 个(选择图 2-77a 中的直线 1)
选择要合并的对象: 找到 1 个,总计 2 个(选择图 2-77a 中的直线 2)
选择要合并的对象: 找到 1 个,总计 3 个(选择图 2-77a 中的直线 3)
选择要合并的对象:↵
3 条直线已合并为 1 条直线(合并结果如图 2-77b 所示)

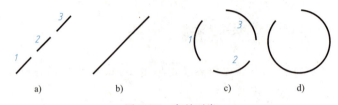

图 2-77 合并对象

（2）合并圆弧 要合并的圆弧对象必须具有相同半径和圆心,它们之间可以有间隙。从源圆弧按逆时针方向合并圆弧。

命令:_join
选择源对象或要一次合并的多个对象:找到 1 个(选择图 2-77c 中的圆弧 1)
选择要合并的对象:找到 1 个,总计 2 个(选择图 2-77c 中的圆弧 2)
选择要合并的对象:找到 1 个,总计 3 个(选择图 2-77c 中的圆弧 3)
选择要合并的对象:↵
3 条圆弧已合并为 1 条圆弧(合并结果如图 2-77d 所示)

14. 倒角

倒角命令可按指定的距离或角度对两条相交（或延伸相交）线倒角,如图 2-78 所示。

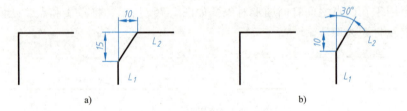

图 2-78 对两条相交直线倒角

命令:_chamfer
（"修剪"模式）当前倒角距离 1 = 0.0000,距离 2 = 0.0000
选择第一条直线或[放弃(U)/多段线(P)/距离(D)/角度(A)/修剪(T)/方式(E)/多个(M)]:D↵ （设置倒角距离）
指定第一个倒角距离 <0.0000>:15↵（输入第一个倒角距离）
指定第二个倒角距离 <15.0000>:10↵（输入第二个倒角距离）
选择第一条直线或[放弃(U)/多段线(P)/距离(D)/角度(A)/修剪(T)/方式(E)/多个(M)]: （选取 L_1）
选择第二条直线,或按住 Shift 键选择直线以应用角点或[距离(D)/角度(A)/方法(M)]: （选取 L_2）
选项说明如下。

1) 多段线（P）：倒角的图形对象为多段线时，该选项可完成整个多段线中的所有倒角。

2) 距离（D）：设置倒角至选定边端点的距离。

3) 角度（A）：用一条边的倒角距离和倒角角度来倒角。

4) 修剪（T）：设置是否修剪掉端点和倒角之间的线段。

5) 方式（E）：设置使用两个距离还是一个距离、一个角度来创建倒角。

6) 多个（M）：为多组对象的边倒角，直到用户按〈Enter〉键结束命令。

15. 圆角

圆角命令是用指定半径的圆弧相切连接两个对象，可以通过"修剪"选项设置是否修剪选定对象，如图2-79、图2-80所示。

（1）对两相交直线倒圆角

命令：_fillet

当前设置：模式=修剪，半径=0.0000

选择第一个对象或[放弃(U)/多段线(P)/半径(R)/修剪(T)/多个(M)]:R↙

指定圆角半径<10.0000>:2↙（输入圆角半径）

选择第一个对象或[放弃(U)/多段线(P)/半径(R)/修剪(T)/多个(M)]:（选择第一条直线）

选择第二个对象,或按住〈Shift〉键选择对象以应用角点或[半径(R)]:（选择第二条直线）

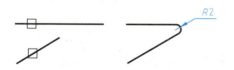

图2-79 对两相交直线倒圆角

图2-80 修剪和不修剪模式倒圆角

选定的对象之间可能存在多个圆角，通过指定不同的位置，可以控制圆角的最终结果。如图2-81所示，光标应选在需保留的对象上。

图2-81 控制圆角位置

（2）对两平行直线倒圆角　当选择两条平行直线倒圆角时，系统自动用半圆光滑连接，而且半圆位置与选取直线的顺序有关，如图2-82所示。

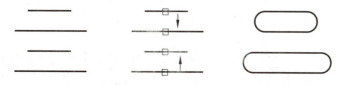

图2-82 对两平行直线倒圆角

【例 2-12】 绘制图 2-83 所示的图形。

1）以"边"方式绘制边长为 30 的正五边形；以"相切、相切、相切"方式绘制正五边形的内切圆，并将正五边形分解为五条直线，如图 2-84a 所示。

2）用圆角命令在正五边形的相应边上创建半径为 $R10$ 的圆角，如图 2-84b 所示。

3）用圆角命令继续创建半径为 $R5$ 的圆角，如图 2-84c 所示。

4）以"相切、相切、半径"方式绘制 $5 \times \phi 20$ 的圆，如图 2-84d 所示。

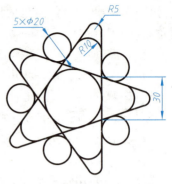

图 2-83 圆角命令练习

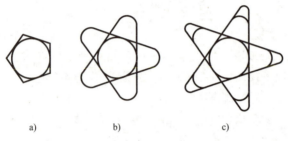

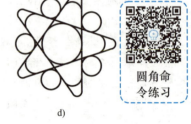

a)   b)   c)   d)

图 2-84 圆角命令练习绘图步骤

16. 分解

分解命令可将组合对象分解成多个单一的图形对象，如可以将一矩形分解为四段直线。

17. 夹点模式

AutoCAD 在图形对象上定义了若干特征点，如图 2-85 所示。在不输入命令的情况下，选中某个对象，在该对象的特征点处会出现一些带颜色的小方块，这些小方块称为夹点。可以拖动夹点来执行拉伸、移动、旋转、缩放、镜像等操作，选择执行的编辑操作称为夹点模式。

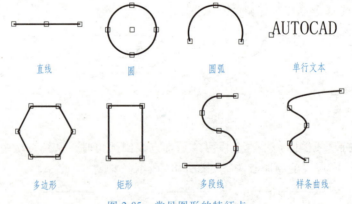

图 2-85 常见图形的特征点

要使用夹点模式，应先选择作为操作基点的一个或多个夹点（基准夹点），然后通过以下方式选择一种夹点模式。

1）直接按〈Enter〉键或空格键，命令行将依次滚动显示各项命令，直到用户选择某一编辑命令为止。

2）单击鼠标右键，弹出快捷菜单，从中选择所需命令。

3）输入各编辑命令的前两个字母，如 ST、MO、RO、SC、MI 等。

2.2.3 尺寸标注命令

可以通过"标注"下拉菜单或"默认"选项卡中的"注释"面板调用尺寸标注命令。

1. 线性尺寸标注

线性标注命令主要用于水平和垂直方向上的长度尺寸标注。该命令会依据尺寸拉伸方向，自动判断标注水平或垂直尺寸。

命令：_dimlinear

指定第一条尺寸界线原点或 <选择对象>：（指定尺寸的起点或直接选择对象。如果直接选择对象，系统自动测量该对象的线性长度）

指定第二条尺寸界线原点：（指定尺寸的终点）

指定尺寸线位置或

[多行文字(M)/文字(T)/角度(A)/水平(H)/垂直(V)/旋转(R)]：（确定尺寸线的位置）

标注文字=157（显示自动测量的尺寸值）

注意：在使用两点定义尺寸的起始、终止位置时，一定要利用对象捕捉，以保证尺寸标注的准确性。

2. 对齐尺寸标注

对齐标注命令用于创建与尺寸界线的原点对齐的线性标注，如图 2-86 中的尺寸 127，标注过程和线性尺寸标注基本相同。

3. 基线标注和连续标注

在标注尺寸时，有时需要标注系列尺寸。基线标注是从同一基线开始的多个尺寸标注，如图 2-87 所示。连续标注是首尾相连的多个连续标注，如图 2-88 所示。在创建基线标注或连续标注之前，必须先创建线性、对齐或角度标注。

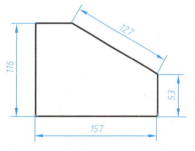

图 2-86 线性尺寸和对齐尺寸标注

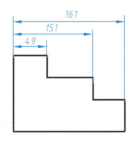

图 2-87 基线标注

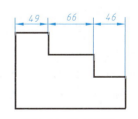

图 2-88 连续标注

命令：_dimbaseline（基线标注）

指定第二个尺寸界线原点或 [选择(S)/放弃(U)] <选择>：（如果系统自动找到尺寸的基线，就可以直接选择要标注的第二个尺寸界线位置，否则需选择基准标注）

4. 径向尺寸标注

径向尺寸标注包括直径标注和半径标注,用来标注圆或圆弧的直径、半径,如图 2-89 所示。

命令:_dimradius(半径标注)

选择圆弧或圆:

标注文字 = 57　　(显示自动测量的半径值)

指定尺寸线位置或 [多行文字(M)/文字(T)/角度(A)]:(指定尺寸线的位置)

在非圆视图上标注直径尺寸时,需先用线性尺寸标注,然后在尺寸文本前添加"φ",如图 2-89c 中的 φ110。

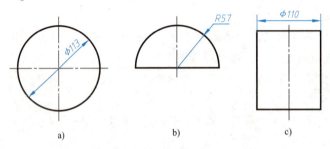

图 2-89　直径和半径标注

5. 角度标注

角度标注用于标注不平行且共面的两直线间夹角或圆弧的圆心角,如图 2-90 所示。

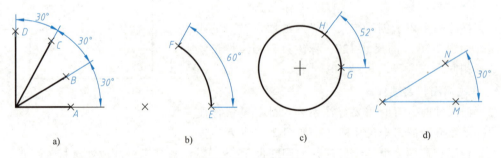

图 2-90　角度标注

a) 标注两条不平行直线间的夹角　b) 标注圆弧的圆心角　c) 标注圆上某一段弧的圆心角　d) 依据三个点标注角度

命令:_dimangular

选择圆弧、圆、直线或 <指定顶点>:(选择圆弧、圆、直线,或按〈Enter〉键通过指定三个点来创建角度标注)

定义要标注的角度之后,将显示下列提示:

指定标注弧线位置或[多行文字(M)/文字(T)/角度(A)/象限点(Q)]:(指定尺寸线位置)

标注文字 = 30(显示标注测量值)

6. 折弯标注

折弯标注用于为圆和圆弧创建折弯标注,如图 2-91 所示。

命令:_dimjogged　　(折弯标注)

选择圆弧或圆： （指定圆、圆弧或多段线上的圆弧段）
指定图示中心位置：（指定折弯半径标注的新圆心，以用于替代圆弧或圆的实际圆心）
标注文字 = 326 　（显示标注测量值）
指定尺寸线位置或 ［多行文字(M)/文字(T)/角度(A)］： （指定尺寸线位置）
指定折弯位置： （指定折弯的中点，折弯的横向角度由"标注样式管理器"确定）

7. 多重引线标注

标注倒角尺寸或一些文字注释、装配图中的零部件序号等，需要用到多重引线命令。标注前，应先设置多重引线的标注样式，下面以图2-92为例，介绍如何进行多重引线标注。

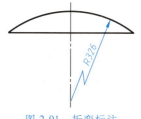

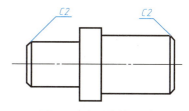

图2-91　折弯标注　　　　　　　　　　图2-92　标注倒角尺寸

（1）设置多重引线的标注样式　单击"格式"→"多重引线样式"，打开"多重引线样式管理器"。单击"新建"按钮，打开"创建新多重引线样式"对话框，将新样式名设置为"倒角"，单击"继续"按钮。弹出"修改多重引线样式：倒角"对话框，在"引线格式"选项卡中，设置"常规"选项组中"类型"为"直线"，"颜色""线型""线宽"均为"ByLayer"；"箭头"选项组的"符号"下拉列表中选择"无"选项，如图2-93所示。

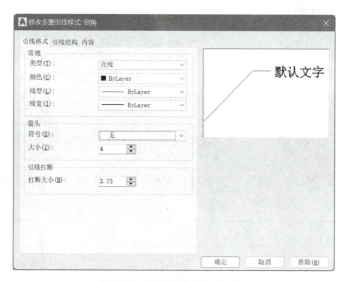

图2-93　"引线格式"选项卡

在"引线结构"选项卡中，设置最大引线点数为"2"，第一段角度为"45°"。在"内容"选项卡中，设置"多重引线类型"为"多行文字"，"文字颜色"为"ByLayer"，"文字高度"为"5"。"引线连接"选项组中"连接位置-左"和"连接位置-右"均设置为"最后一行加下划线"，"基线间隙"为"2"，如图2-94所示。

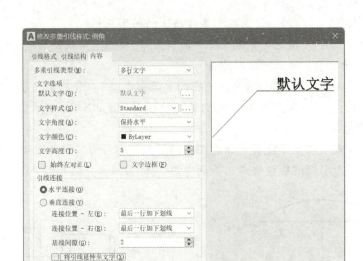

图 2-94 "内容"选项卡

单击"确定"按钮,返回"多重引线样式管理器"对话框,将"倒角"样式设置为当前多重引线样式,单击"关闭"按钮。

(2) 标注倒角尺寸 单击"注释"面板中的"多重引线"命令,对图 2-92 中的两个倒角进行多重引线标注。

2.3 绘图样板的创建

机械图样的绘图环境基本上是相同的,因此可以将绘图环境存储在图形样板(*.dwt)中。创建新的图形文件时,可以直接利用图形样板来初始化绘图环境,而不必每次都重新设置绘图环境。下面以创建一个 A4 图幅的图形样板为例,介绍绘图样板的创建方法。

1. 设置绘图单位

新建一图形文件,用 UNITS 命令设置长度单位和角度单位的类型和精度。

2. 设置图层

单击"格式"→"图层",弹出"图层特性管理器"对话框,按表 2-2 设置常用图层。

表 2-2 常用图层设置 （单位：mm）

图层名称	颜色	线型	线宽
粗实线	白	Continuous	0.5
细实线	绿	Continuous	0.25
细点画线	红	CENTER	0.25
细虚线	黄	HIDDEN	0.25
剖面线	绿	Continuous	0.25
尺寸线	绿	Continuous	0.25

3. 设置文字样式

在创建文字对象之前，首先要进行文字样式的设置。AutoCAD 默认的文字样式是"Standard"。在一个图形文件中可以创建若干个文字样式，AutoCAD 将按当前文字样式创建文字。

单击"格式"→"文字样式"，弹出"文字样式"对话框，如图 2-95 所示。在对话框中，可以创建新的文字样式、修改已有的文字样式或设置图形中文字的当前样式。

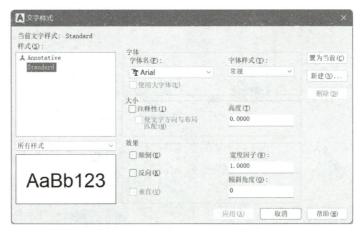

图 2-95 "文字样式"对话框

在"文字样式"对话框中，单击"新建"按钮，弹出"新建文字样式"对话框，如图 2-96 所示，在"样式名"中输入"汉字"，单击"确定"按钮，关闭"新建文字样式"对话框。在"文字样式"对话框中，当前文字样式自动变为"汉字"，设置字体为"仿宋"，宽度因子为"0.7"。用同样方式设置"数字与字母"文字样式，字体为"txt.shx"，宽度因子为"0.7"。如果希望尺寸数字采用斜体，可以在"文字样式"对话框中输入倾斜角度。

4. 设置尺寸标注样式

为了符合国家标准的规定，在标注尺寸前，应对标注的外观进行设置，这些设置存储在标注样式中。在使用过程中，也可以修改已有标注样式中的设置，以满足不同的需要。

图 2-96 "新建文字样式"对话框

（1）标注样式管理器　单击"格式"→"标注样式"，弹出"标注样式管理器"对话框，如图 2-97 所示。对话框中各部分的功能如下：

1)"当前标注样式"：显示当前使用的标注样式，ISO-25 是 AutoCAD 默认的标注样式。

2)"样式"列表：列出图形中的所有标注样式。

3)"预览"窗口：显示在样式列表中选中的标注样式的效果。

4)"置为当前"按钮：将样式列表中选中的样式置为当前标注样式。

5)"新建"按钮：创建新的标注样式。

6)"修改"按钮：修改现有的标注样式。

7)"替代"按钮：替换部分标注样式设置。

8)"比较"按钮：比较标注样式。

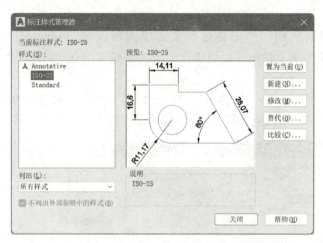

图 2-97 "标注样式管理器"对话框

（2）创建新标注样式　下面以创建新的标注样式"机械制图"为例，介绍创建标注样式的方法和步骤。

1）单击"标注样式管理器"对话框中的"新建"按钮，弹出"创建新标注样式"对话框，如图 2-98 所示。

图 2-98 "创建新标注样式"对话框

在"新样式名"文本框中输入"机械制图"。"基础样式"下拉列表中选择 ISO-25，新样式可以继承它的所有属性，只需要修改与它不同的特性。"用于"下拉列表中可确定新样式的应用范围，选默认选项"所有标注"。

单击"继续"按钮，打开"新建标注样式：机械制图"对话框，如图 2-99 所示。该对话框有七个选项卡，分别用来设置不同的样式属性。每个选项卡中都有一个预览框，可以预

图 2-99 "新建标注样式：机械制图"对话框

览所设置的标注样式的外观。

2)"线"选项卡:该选项卡设置与尺寸线和尺寸界线相关的样式属性。

设置尺寸线和尺寸界线的颜色、线型、线宽均为"ByLayer"。基线间距为"7",尺寸界线超出尺寸线"2",尺寸界线起点偏移量为"0"。

3)"符号和箭头"选项卡:控制符号和箭头的外观。

指定箭头为"实心闭合",箭头大小为"3"。在"圆心标记"选项组中,选择"无"。

4)"文字"选项卡:设置尺寸数字的外观、位置和对齐方式。

在"文字样式"下拉列表中指定尺寸数字的文字样式为"数字与字母"。如果该样式不在下拉列表中,单击右边的按钮,打开"文字样式"对话框定义该样式。指定文字颜色为"ByLayer",文字高度为"3.5"。

在"文字位置"选项组中,指定文字垂直位置为"上",水平位置为"居中"。

在"文字对齐"选项组中,指定文字对齐方式为"ISO 标准"。即当文字在尺寸界线内时,文字与尺寸线平行;当文字在尺寸界线外时,文字水平放置。

5)"调整"选项卡:控制尺寸界线之间如何放置文字和箭头。

设置调整选项为"文字和箭头",即当尺寸界线间没有足够的空间放置文字和箭头时,将文字和箭头都移到尺寸界线之外。设置文字位置为"尺寸线旁边",该选项控制当文字没有在默认位置时,调整到何处。

6)"主单位"选项卡:设置主单位。

设置线性标注单位格式为"小数",角度标注单位格式为"十进制度数",精度可根据需要设定,小数分隔符为"句点"。

7)单击"确定"按钮返回"标注样式管理器"对话框。

8)在"标注样式管理器"对话框中单击"新建"按钮,在弹出的"创建新标注样式"对话框中,输入"角度"为新样式名,选择"机械制图"为"基础样式"。在"用于"下拉列表中选择"角度标注",单击"继续"按钮。

9)在"文字"选项卡中设置文字对齐方式为"水平",文字位置为"外部",单击"确定"按钮。

10)在"标注样式管理器"对话框中,确定"机械制图"为当前标注样式。若不是,选择"机械制图"标注样式,单击"置为当前"按钮,将其设置为当前标注样式,如图2-100所示,单击"关闭"按钮退出。

至此,对标注样式的设置工作全部完成,将图形文件保存为样板文件"A4.dwt"。

5. 绘制图框和标题栏

绘制如图2-101所示的A4图纸边界、图框和标题栏,图纸边界的线宽与细实线一致,图框的线宽与粗实线一致。

1)设置当前图层为0层,绘制一矩形,矩形左下角点坐标为(0,0),右上角点坐标为(210,297),并用视图缩放命令显示全部图形。

命令:_rectang
指定第一个角点或 [倒角(C)/标高(E)/圆角(F)/厚度(T)/宽度(W)]:0,0✓
指定另一个角点或 [面积(A)/尺寸(D)/旋转(R)]:210,297✓

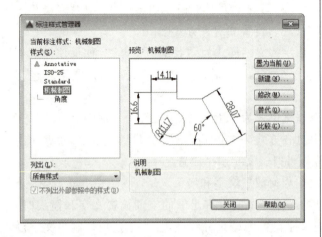

图 2-100　将新建样式设置为当前标注样式

图 2-101　A4 绘图样板

2）使用偏移命令，将矩形向内偏移 5，并将偏移后的矩形使用分解命令分解，如图 2-102a 所示。

命令:_offset(偏移命令)

当前设置:删除源=否　图层=源　OFFSETGAPTYPE=0

指定偏移距离或［通过(T)/删除(E)/图层(L)］<通过>：5✓(输入偏移距离)

选择要偏移的对象,或［退出(E)/放弃(U)］<退出>:(选择矩形)

指定要偏移的那一侧上的点,或［退出(E)/多个(M)/放弃(U)］<退出>:(在矩形内单击鼠标左键指定一点,表示向内偏移)

选择要偏移的对象,或［退出(E)/放弃(U)］<退出>:✓(结束命令)

命令:_explode(分解命令)

选择对象:找到 1 个(选择内部的矩形)

选择对象:✓(结束命令)

3）将分解后的矩形的左边向右平移 20，如图 2-102b 所示。可以使用 MOVE 命令或夹点模式实现平移操作。使用夹点模式时，选中直线中间的夹点，并沿水平方向向右拉出极轴追踪线后，输入 20 即可。

4）修剪多余的图线，结果如图 2-102c 所示。可以使用修剪命令或夹点模式修剪多余的图线。若使用夹点模式，应分别选中两条直线的端点进行拉伸。

5）设置图框线宽为 0.5。

6）绘制图 1-4a 所示标题栏，并填写文字。

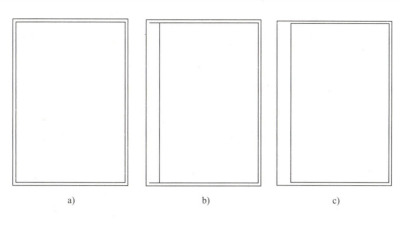

图 2-102 创建 A4 绘图样板

7）保存 A4.dwt 文件。至此，带有装订边的 A4 绘图样板就创建好了。

2.4 项目案例

用 AutoCAD 绘制平面图形时，应先进行尺寸分析和线段分析，分清各线段性质；再画基准线和定位线；然后依次画已知线段、中间线段和连接线段。

2.4.1 起重钩的绘制

绘制如图 2-103 所示起重钩，起重钩的绘制步骤如图 2-104 所示。

（1）分析图形　分析起重钩图形，读懂图中所标尺寸，分别找出已知线段、中间线段和连接线段。

已知线段：$\phi23$、$\phi30$、$\phi40$、$R48$、38、$C2$。

中间线段：$R23$、$R40$。

连接线段：$R4$、$R40$、$R60$、$R3$。

（2）绘制起重钩图形

1）绘制作图基准线，如图 2-104a 所示。

2）绘制所有已知线段，在起重钩顶部用倒角命令完成 $C2$ 的倒角，如图 2-104b 所示。

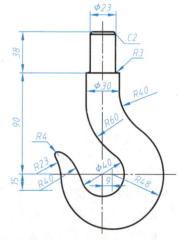

图 2-103 起重钩

3）绘制中间线段 $R23$、$R40$。圆弧 $R23$、$R40$ 的作图关键在于找出圆心。$R40$ 圆弧与 $\phi40$ 圆外切，其圆心在与水平中心线相距 15 的直线 L 上。以 $\phi40$ 圆的圆心为圆心，以 $R60$（$R20+R40$）为半径，画辅助圆，辅助圆与直线 L 的交点即为 $R40$ 圆弧的圆心。同理，可找出 $R23$ 圆弧的圆心，如图 2-104c 所示。

4）用圆角命令创建各连接线段 $R4$、$R40$、$R60$、$R3$，并修剪多余图线，如图 2-104d 所示。

（3）标注尺寸　标注起重钩的全部尺寸，注意尺寸数字不能被图样上的任何图线通过，若无法避免，可将图线断开，如图 2-103 中的尺寸 $\phi40$、$\phi30$。

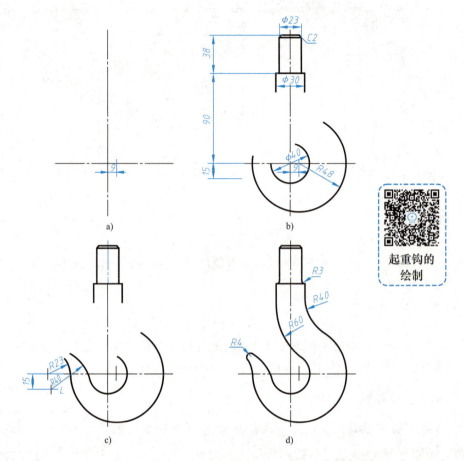

图 2-104 起重钩绘图步骤

2.4.2 交换齿轮架的绘制

（1）分析图形　如图 2-105i 所示，交换齿轮架的绘制难点有两处：顶部 $R30$ 圆弧和右部几个同心圆弧的绘制。顶部 $R30$ 圆弧为中间线段，与上面的 $R4$ 圆弧内切，通过分析圆弧连接关系，可以作图求得其圆心。右部几个同心圆弧的绘制方法有好几种，最简单的方法是通过偏移命令偏移 $R50$ 圆弧，可得其同心圆弧。

交换齿轮架有几处圆角，先用圆角命令完成圆角的绘制，再执行修剪命令剪去多余图线，可以提高绘图效率。

（2）绘制交换齿轮架图形

1）绘制图 2-105a 所示的作图基准线。绘制 45°斜线时要打开极轴追踪功能，并设置极轴角增量为 45°。

2）绘制图 2-105b 所示的已知线段。圆用"圆心、半径"方式绘制，捕捉 $R18$、$R9$ 圆与水平中心线的交点绘制 4 条直线。

3）绘制图 2-105c 所示的右部的几个圆弧。将圆弧 A_1 向右侧偏移 7 得到圆弧 A_2，将圆弧 A_1 向左侧偏移 7 得到圆弧 A_3，将圆弧 A_1 向右侧偏移 14 得到圆弧 A_4。用偏移命令得到的图形对象具有与原对象相同的图层属性,如圆弧 A_2、A_3、A_4 位于中心线层,线型为中心线等。

4)绘制图 2-105d 所示的 3 个圆角。用圆角命令完成 3 个圆角的绘制,并将图 2-105c 中的圆弧 A_2、A_3、A_4 移至粗实线层。

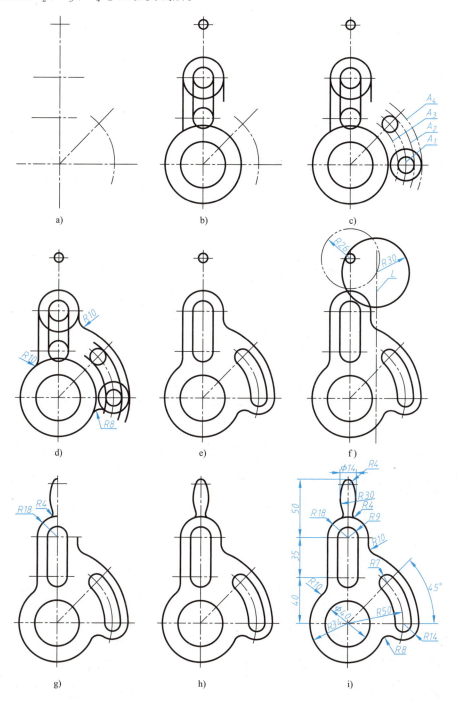

图 2-105 交换齿轮架绘图步骤

5）用修剪命令修剪多余的图线，结果如图 2-105e 所示。因为要修剪的图线较多，可以先将细点画线层关闭，待图线修剪完后再打开细点画线层。

6）绘制中间线段 $R30$。$R30$ 圆弧的作图关键在于找出圆心。$R30$ 圆弧与 $R4$ 圆内切，其圆心在与竖直中心线相距 23（30-7）的直线 L 上。以 $R4$ 圆的圆心为圆心，以 $R26$（$R30-R4$）为半径，画辅助圆，辅助圆与直线 L 的交点即为 $R30$ 圆弧的圆心，如图 2-105f 所示。

7）绘制 $R4$ 的圆角，并用修剪命令修剪多余的图线。因为绘制圆角时 $R18$ 圆弧被修剪掉一小段，用延伸命令将其补全，结果如图 2-105g 所示。

8）用镜像命令将交换齿轮架上部左边的图线镜像，完成右侧对称图线的绘制，结果如图 2-105h 所示。

（3）标注尺寸　标注全部尺寸，注意尺寸数字不能被图样上的任何图线通过，结果如图 2-105i 所示。

【素养提升】　一个平面图形往往有多种绘图方法，只有多想、多练，由易到难地进行绘图实践，逐步加深对所学知识的理解和应用，才能提升分析问题和解决问题的能力。

项目三

点线面投影的绘制

正投影法能准确地表达物体的形状，度量性好，作图简便，所以在工程中得到广泛应用。机械图样主要是用正投影法绘制的，正投影法的基本原理是识读和绘制机械图样的理论基础。

3.1 投影法的基本知识

物体在光线照射下，会在墙壁或地面上形成影子。人们根据这种自然现象加以抽象研究，总结其中规律，提出了投影法的概念。投影法是指投射线通过物体，向选定的面投射，并在该面上得到图形的方法。

3.1.1 投影法的分类

1. 中心投影法

如图 3-1 所示，将矩形 $ABCD$ 放在投影面 P 和投射中心 S 之间，自 S 分别向 A、B、C、D 引投射线并延长与投影面 P 相交，交点 a、b、c、d 即为点 A、B、C、D 在投影面 P 上的投影。这种投射线汇交于一点的投影法，称为中心投影法。

用中心投影法绘制的图样，具有较强的立体感，因而在建筑物、产品的外形设计中经常使用。由图 3-1 可知，如果改变物体和投射中心的距离，则物体投影的大小将发生变化，不能反映物体的真实形状和大小，因此在机械图样中较少使用。

2. 平行投影法

若将投射中心移至无限远处，则投射线相互平行，这种投影法称为平行投影法。在平行投影法中，按投射线是否垂直于投影面，又可分为斜投影法和正投影法。

（1）斜投影法 投射线与投影面倾斜的平行投影法称为斜投影法。根据斜投影法所得的投影称为斜投影（图 3-2a）。

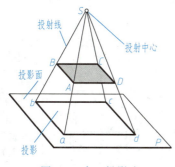

图 3-1 中心投影法

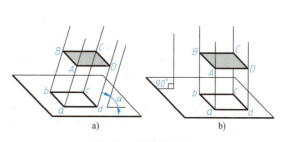

图 3-2 平行投影法

（2）正投影法　投射线与投影面垂直的平行投影法称为正投影法。根据正投影法所得的投影称为正投影（图3-2b）。

由于正投影能准确反映物体的形状和大小，度量性好，作图简便，因此机械图样采用正投影法绘制。

3.1.2　正投影法的基本性质

1. 真实性

当直线或平面平行于投影面时，直线的投影反映实长，平面的投影反映实形，这种投影特性称为真实性，如图3-3a所示。

2. 积聚性

当直线或平面垂直于投影面时，直线的投影积聚成一点，平面的投影积聚成一直线，这种投影特性称为积聚性，如图3-3b所示。

3. 类似性

当直线或平面倾斜于投影面时，直线的投影仍为直线，但小于实长；平面的投影是原图形的类似形，且小于真实形状，这种投影特性称为类似性，如图3-3c所示。

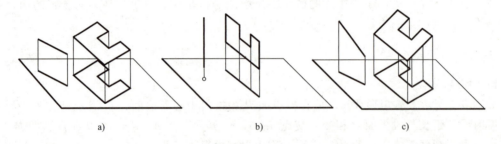

图3-3　正投影法的基本性质

3.2　三视图的形成及其对应关系

3.2.1　三投影面体系的建立

一般情况下，物体的单面投影不能确定其形状。如图3-4所示，三个形状不同的物体在 V 面上的投影都相同，因此要反映物体的完整形状，必须增加由不同投射方向得到的投影，互相补充，才能将物体表达清楚。

  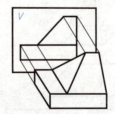 

图3-4　物体的单面投影

如图 3-5a 所示，用三个互相垂直的投影面，正立投影面（简称正面，用 V 表示），水平投影面（简称水平面，用 H 表示），侧立投影面（简称侧面，用 W 表示），构成三投影面体系。三个投影面的交线 OX、OY、OZ 称为投影轴，投影轴互相垂直，三根投影轴交于一点 O，称为原点。

3.2.2 三视图的形成

在机械制图中，把物体放在观察者和投影面之间，将观察者的视线视为一组相互平行且垂直于投影面的投射线，用正投影法绘制的物体的图形称为视图。

将物体放在三投影面体系中，按正投影法向各投影面投射，可分别得到正面投影、水平投影、侧面投影，如图 3-5b 所示。

物体的正面投影称为主视图，即由前向后投射所得到的图形；

物体的水平投影称为俯视图，即由上向下投射所得到的图形；

物体的侧面投影称为左视图，即由左向右投射所得到的图形。

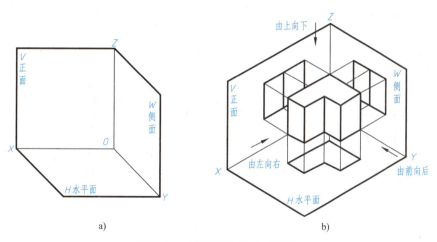

图 3-5 三投影面体系和三视图

为了画图和看图方便，需将三个投影面展开到一个平面上。如图 3-6a 所示，规定正面不动，将水平面绕 OX 轴向下旋转 $90°$，将侧面绕 OZ 轴向右旋转 $90°$，就得到如图 3-6b 所示

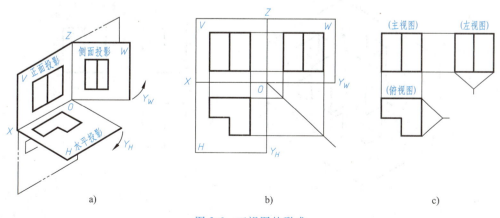

图 3-6 三视图的形成

同一平面上的三个视图。在展开过程中，OY 轴一分为二，随 H 面旋转的 Y 轴用 Y_H 表示，随 W 面旋转的 Y 轴用 Y_W 表示。画图时不必画出投影面和投影轴，所以去掉投影面的边框和投影轴就得到图 3-6c 所示的三视图。工程上常用三视图来表达简单物体的形状。

3.2.3 三视图之间的对应关系

1. 三视图间的位置关系

从三视图的形成过程可以看出，三视图间的位置关系是：俯视图在主视图正下方，左视图在主视图正右方。按此位置配置的三视图，不需要注写视图名称。

2. 三视图间的投影关系

物体有长、宽、高三个方向的尺寸如图 3-7a 所示。通常规定：物体左右方向的距离为长（X），前后方向的距离为宽（Y），上下方向的距离为高（Z）。

从图 3-7b 可看出，一个视图只能反映两个方向的尺寸。主视图反映物体的长和高，俯视图反映物体的长和宽，左视图反映物体的高和宽。由此可归纳出三视图间的投影关系：

主、俯视图长对正（等长）；主、左视图高平齐（等高）；俯、左视图宽相等（等宽），如图 3-7c 所示。

"长对正，高平齐，宽相等"的投影关系是三视图的重要特性，也是画图和读图的依据。

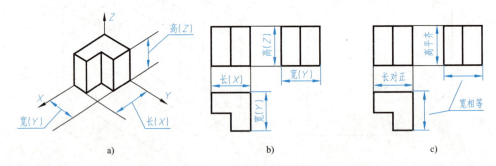

图 3-7 三视图间的投影关系

3. 三视图与物体的方位关系

如图 3-8a 所示，物体有上、下、左、右、前、后六个方位，从图 3-8b 可看出：

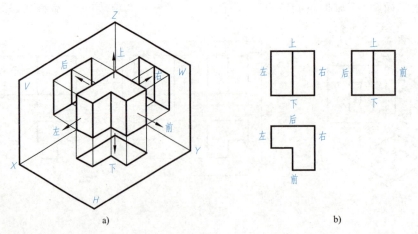

图 3-8 三视图的方位关系

主视图反映物体上、下和左、右的相对位置关系；

俯视图反映物体前、后和左、右的相对位置关系；

左视图反映物体前、后和上、下的相对位置关系。

画图和读图时要注意俯视图与左视图的前后对应关系。由于三个投影面在展开过程中，水平面向下旋转，原来向前的 OY 轴成为向下的 OY_H 轴，即俯视图的下方实际上表示物体的前方，俯视图的上方表示物体的后方；当侧面向右旋转时，原来向前的 OY 轴成为向右的 OY_W 轴，即左视图的右方表示物体的前方，左视图的左方表示物体的后方。在俯、左视图中，靠近主视图一边，表示物体的后面；远离主视图的一边，表示物体的前面。所以俯、左视图不仅宽相等，还应保持前、后位置的对应关系。

3.2.4 三视图的作图方法与步骤

根据物体（或轴测图）画三视图时，首先应分析其结构形状，选择主视图的投射方向，并使物体的主要表面与相应投影面平行。

【例 3-1】 根据图 3-9 所示直角弯板绘制三视图。

分析：直角弯板的左端底板上开了一个方槽，右端竖板上切去一角。根据直角弯板的形状特征，使其 L 形前、后面与正面平行，底面与水平面平行，并选择由前向后的主视图投射方向。画三视图时，先画出反映形状特征的视图，然后按投影关系画出其他视图。

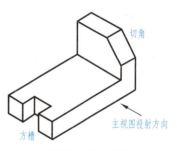

图 3-9 直角弯板

作图步骤：

1）根据直角弯板的长和高画出反映形状特征的主视图，再按投影关系画出俯、左视图（图 3-10a）。

2）在俯视图上画出左端底板的方槽，再按长对正和宽相等的投影关系分别画出主视图中的细虚线和左视图中的图线（图 3-10b）。

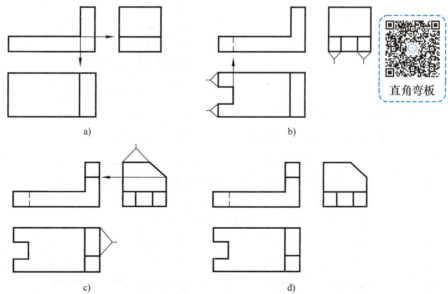

图 3-10 三视图的作图步骤

3) 在左视图上画出右端竖板的切角，再按高平齐和宽相等的投影关系，分别画出主视图和俯视图中的图线。注意俯、左视图上的前后对应关系（图 3-10c）。

4) 检查整理图形，完成直角弯板的三视图（图 3-10d）。

3.3 点、直线、平面的投影

点、直线、平面是构成物体表面的最基本的几何元素。如图 3-11a 所示三棱锥，就是由四个平面、六条棱线和四个顶点组成的。绘制三棱锥的三视图，实际上就是画出构成三棱锥表面的这些点、直线和平面的投影。因此，要准确地绘制物体的三视图，必须掌握这些几何元素的投影特性和作图方法。

3.3.1 点的投影

1. 点的投影规律

如图 3-11b 所示，将 S 点分别向 H 面、V 面、W 面投射，得到点的水平投影 s、正面投影 s' 和侧面投影 s''。

规定：空间点用大写字母（如 S）表示，水平投影用相应的小写字母（如 s）表示，正面投影用相应的小写字母加一撇（如 s'）表示，侧面投影用相应的小写字母加两撇（如 s''）表示。

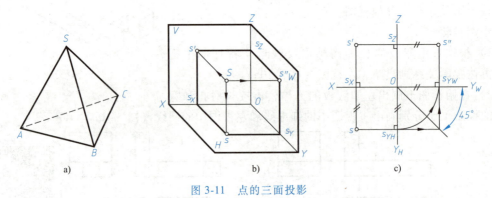

图 3-11 点的三面投影

按前述展开的方法将投影面展开到一个平面上，去掉投影面边框，得到 S 点的三面投影，如图 3-11c 所示。由投影图可看出点的三面投影有以下投影规律：

1) 点的两面投影的连线必垂直于相应的投影轴，即

$$s's \perp OX,\ s's'' \perp OZ,\ ss_{YH} \perp OY_H,\ s''s_{YW} \perp OY_W$$

2) 点的投影到投影轴的距离等于空间点至相应投影面的距离，即

$$s's_X = s''s_{YW} = 点 S 到 H 面的距离 Ss$$
$$ss_X = s''s_Z = 点 S 到 V 面的距离 Ss'$$
$$ss_{YH} = s's_Z = 点 S 到 W 面的距离 Ss''$$

【例 3-2】 已知点 A 的正面投影 a' 和水平投影 a，作出其侧面投影 a''（图 3-12a）。

分析：根据点的投影规律可知，$a'a'' \perp OZ$，过 a' 作 OZ 轴的垂线 $a'a_Z$，a'' 必在 $a'a_Z$ 的延长线上。由 $aa_X = a''a_Z$，可确定 a'' 的位置。

作图：

1）过 a' 作 $a'a_Z \perp OZ$，并延长，如图 3-12b 所示。

2）量取 $aa_X = a''a_Z$，求得 a''，如图 3-12c 所示。

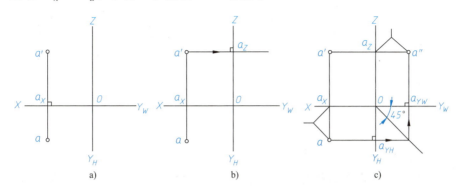

图 3-12 已知点的两面投影求第三面投影

2. 点的投影与直角坐标的关系

如果将三投影面体系看作空间直角坐标系，则 H、V、W 为坐标面，X、Y、Z 轴为坐标轴，O 点为坐标原点。由图 3-13 可知点的投影与点的坐标的关系如下：

点 A 到 W 面的距离 $Aa'' = a'a_Z = aa_Y = Oa_X = x$ 坐标；

点 A 到 V 面的距离 $Aa' = aa_X = a''a_Z = Oa_Y = y$ 坐标；

点 A 到 H 面的距离 $Aa = a'a_X = a''a_Y = Oa_Z = z$ 坐标。

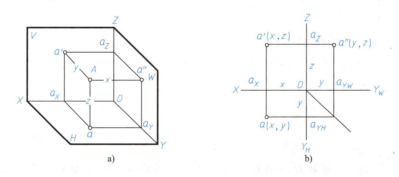

图 3-13 点的投影与直角坐标的关系

空间点 A 的位置可由该点的坐标 $A(x, y, z)$ 确定。A 点三面投影的坐标分别为 $a(x, y)$，$a'(x, z)$，$a''(y, z)$。任一投影都包含了两个坐标，所以一个点的两面投影就包含了确定该点空间位置的三个坐标，即确定了该点的空间位置。

【例 3-3】 已知空间点 $B(15, 10, 20)$，求作 B 点的三面投影。

作图：

1）画投影轴，在 OX 轴上由 O 点向左量取 15mm，定出 b_X（图 3-14a）。

2）过 b_X 作 OX 轴的垂线，在此垂线上向上量取 20mm，得 b'；向下量取 10mm，得 b（图 3-14b）。

3）由 b'、b 作出 b''（图 3-14c）。

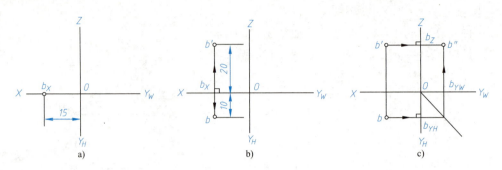

图 3-14 由点的坐标作投影图

3. 两点的相对位置

在投影图中,空间两点的相对位置可由它们同面投影的坐标大小来判别。如图 3-15 所示,A 点的 x 坐标大于 B 点的 x 坐标,A 点在 B 点的左侧;A 点的 y 坐标大于 B 点的 y 坐标,A 点在 B 点的前方;A 点的 z 坐标小于 B 点的 z 坐标,A 点在 B 点的下方。

因此,由两点的三面投影判断它们的相对位置时,可根据正面(或侧面)投影判断上、下位置关系;根据正面(或水平)投影判断左、右位置关系;根据水平(或侧面)投影判断前、后位置关系。

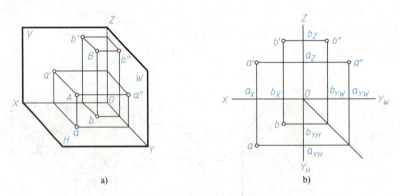

图 3-15 两点的相对位置

如图 3-16 所示,C 点和 D 点的 x、y 坐标相同,C 点的 z 坐标大于 D 点的 z 坐标,则 C、D 两点的 H 面投影 c 和 d 重合在一起,称 C、D 两点为 H 面的重影点。此时,V 面投影 c'

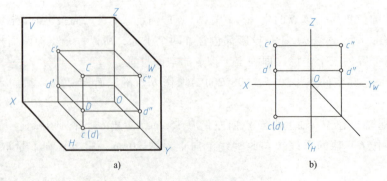

图 3-16 重影点的投影

在 d' 之上，且在同一条 OX 轴的垂线上；W 面投影 c'' 在 d'' 之上，且在同一条 OY_W 轴的垂线上。重影点在标注时，将不可见的投影加括号。C 点在上，遮住了下面的 D 点，所以 D 点的水平投影用 (d) 表示。

3.3.2 直线的投影

直线的投影可由直线上两点的同面投影来确定。如图 3-17 所示，作直线 AB 的三面投影时，可分别作出 A、B 两端点的投影，然后将其同面投影连接起来，即得直线的投影。直线与投影面的夹角，称为直线对投影面的倾角，以 α、β、γ 分别表示直线对 H、V、W 面的倾角。

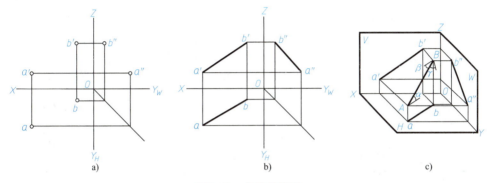

图 3-17 直线的投影

在三投影面体系中，根据直线与投影面的相对位置，直线可分为三种：投影面平行线、投影面垂直线、一般位置直线。前两种又称为特殊位置直线。

1. 投影面平行线

平行于一个投影面，倾斜于另外两个投影面的直线，称为投影面平行线。投影面平行线有三种位置（表3-1）。

1）水平线：平行于 H 面并与 V、W 面倾斜的直线。
2）正平线：平行于 V 面并与 H、W 面倾斜的直线。
3）侧平线：平行于 W 面并与 V、H 面倾斜的直线。

直线的投影

表 3-1 投影面平行线

名称	水平线（//H 面）	正平线（//V 面）	侧平线（//W 面）
实例			
轴测图			

(续)

名称	水平线(//H面)	正平线(//V面)	侧平线(//W面)
投影图			
投影特性	1. 水平投影 ab 反映实长 2. 正面投影 a'b'//OX,侧面投影 a"b"//OY_W,且都小于实长 3. β、γ 反映直线对 V 面和 W 面倾角的真实大小	1. 正面投影 a'b' 反映实长 2. 水平投影 ab//OX,侧面投影 a"b"//OZ,且都小于实长 3. α、γ 反映直线对 H 面和 W 面倾角的真实大小	1. 侧面投影 a"b" 反映实长 2. 水平投影 ab//OY_H,正面投影 a'b'//OZ,且都小于实长 3. α、β 反映直线对 H 面和 V 面倾角的真实大小
	小结:1. 直线在所平行投影面上的投影反映实长 　　　2. 直线的其他两面投影平行于相应的投影轴		

2. 投影面垂直线

垂直于一个投影面,平行于另外两个投影面的直线,称为投影面垂直线。投影面垂直线也有三种位置(表3-2)。

1) 铅垂线:垂直于 H 面并与 V、W 面平行的直线。
2) 正垂线:垂直于 V 面并与 H、W 面平行的直线。
3) 侧垂线:垂直于 W 面并与 V、H 面平行的直线。

表 3-2　投影面垂直线

名称	铅垂线(⊥H面)	正垂线(⊥V面)	侧垂线(⊥W面)
实例			
轴测图			

（续）

名称	铅垂线（⊥H 面）	正垂线（⊥V 面）	侧垂线（⊥W 面）
投影图	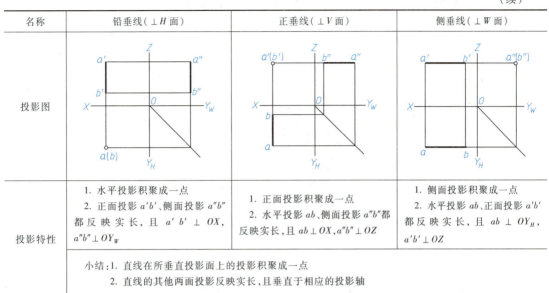		
投影特性	1. 水平投影积聚成一点 2. 正面投影 $a'b'$、侧面投影 $a''b''$ 都反映实长，且 $a'b' \perp OX$，$a''b'' \perp OY_W$	1. 正面投影积聚成一点 2. 水平投影 ab、侧面投影 $a''b''$ 反映实长，且 $ab \perp OX$，$a''b'' \perp OZ$	1. 侧面投影积聚成一点 2. 水平投影 ab、正面投影 $a'b'$ 都反映实长，且 $ab \perp OY_H$，$a'b' \perp OZ$
	小结：1. 直线在所垂直投影面上的投影积聚成一点 2. 直线的其他两面投影反映实长，且垂直于相应的投影轴		

3. 一般位置直线

与三个投影面都倾斜的直线，称为一般位置直线，如图 3-18 所示。一般位置直线的投影特性为：

1）三面投影都倾斜于投影轴，且均小于直线的实长。

2）直线的投影与投影轴的夹角，不反映空间直线对投影面的倾角。

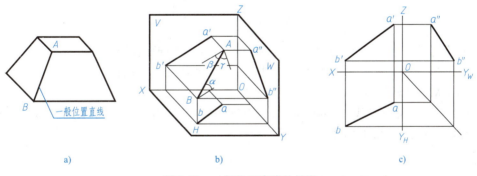

图 3-18 一般位置直线的投影

【例 3-4】 分析图 3-19 所示正三棱锥各棱线与投影面的相对位置。

1）棱线 SB：水平投影和正面投影分别平行于相应的投影轴，可确定 SB 是侧平线，侧面投影反映实长（图 3-19a）。

2）棱线 AC：侧面投影积聚为一点，可判断 AC 是侧垂线（图 3-19b）。

3）棱线 SA：三面投影均倾斜于投影轴，所以必定是一般位置直线（图 3-19c）。

4. 直线上的点

（1）从属性 点在直线上，则点的各投影必在该直线的同面投影上；反之，点的各投影在直线的同面投影上，则点一定在该直线上。

如图 3-20 所示，点 K 在直线 AB 上，则其正面投影 k' 必在 $a'b'$ 上，水平投影 k 必在 ab

上,侧面投影 k'' 必在 $a''b''$ 上。如果已知直线 AB 上点 K 的正面投影 k',则可按图 3-20b 所示方法作出 k 和 k''。

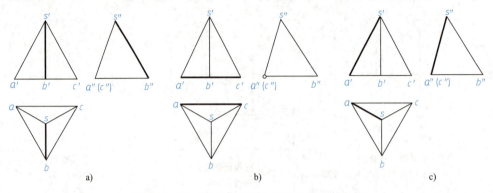

图 3-19 正三棱锥各棱线与投影面的相对位置

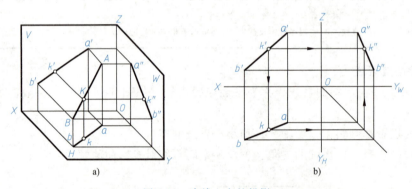

图 3-20 直线上点的投影

（2）定比性 点分割线段成定比,分割两线段的各个同面投影之比等于其两线段之比。

如图 3-20 所示,点 K 在线段 AB 上,把直线分为 AK 和 KB 两段,则线段及其投影的关系为：$AK:KB = a'k':k'b' = ak:kb = a''k'':k''b''$

【例 3-5】 已知侧平线 AB 的两面投影 $a'b'$ 和 ab,以及 AB 上点 C 的正面投影 c',求点 C 的水平投影 c（图 3-21a 和图 3-21b）。

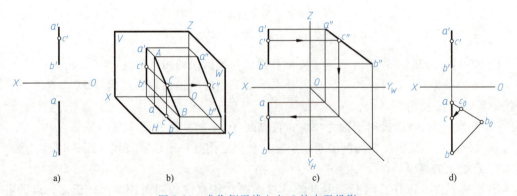

图 3-21 求作侧平线上点 C 的水平投影

方法一（图 3-21c）

分析：AB 是侧平线，由 c' 不能直接作出 c，根据从属性，c'' 必在 $a''b''$ 上。

作图：1）作出 AB 的侧面投影 $a''b''$，同时求出点 C 的 W 面投影 c''。

2）根据点的投影规律，由 c'、c'' 作出 c。

方法二（图 3-21d）

分析：点 C 在直线 AB 上，可利用定比性作图。

作图：1）过 a 作任一辅助线，在辅助线上量取 $ac_0 = a'c'$，$c_0b_0 = c'b'$。

2）连接 $b_0 b$，作 $c_0 c // b_0 b$，交 ab 于 c，即为所求水平投影。

3.3.3 平面的投影

不在同一直线上的三点可确定一个平面。因此，平面可以用图 3-22 中任何一组几何元素的投影来表示。

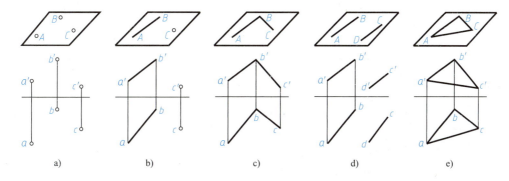

图 3-22 平面的表示法

a）不在同一直线上的三点　b）一直线和直线外一点　c）相交两直线

d）平行两直线　e）任意平面图形

在三投影面体系中，平面与投影面的相对位置也有三种：投影面垂直面、投影面平行面、一般位置平面。前两种称为特殊位置平面。

平面的投影

1. 投影面垂直面

垂直于一个投影面，倾斜于另外两个投影面的平面，称为投影面垂直面。投影面垂直面有三种位置（表 3-3）。

1）铅垂面：垂直于 H 面，并与 V、W 面倾斜的平面。

2）正垂面：垂直于 V 面，并与 H、W 面倾斜的平面。

3）侧垂面：垂直于 W 面，并与 V、H 面倾斜的平面。

表 3-3 投影面垂直面

名称	铅垂面（⊥H 面）	正垂面（⊥V 面）	侧垂面（⊥W 面）
实例	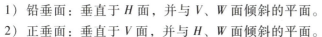		

(续)

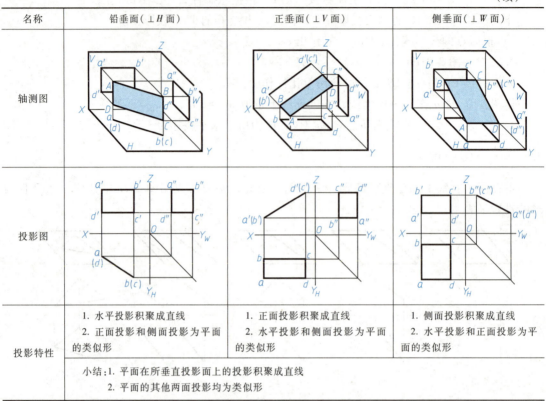

2. 投影面平行面

平行于一个投影面，垂直于另外两个投影面的平面，称为投影面平行面。投影面平行面也有三种位置（表3-4）。

1）水平面：平行于 H 面并与 V、W 面垂直的平面。
2）正平面：平行于 V 面并与 H、W 面垂直的平面。
3）侧平面：平行于 W 面并与 V、H 面垂直的平面。

表3-4 投影面平行面

(续)

名称	水平面（∥H面）	正平面（∥V面）	侧平面（∥W面）
投影图			
投影特性	1. 水平投影反映实形 2. 正面投影积聚成直线，且平行于OX轴 3. 侧面投影积聚成直线，且平行于OY_W轴	1. 正面投影反映实形 2. 水平投影积聚成直线，且平行于OX轴 3. 侧面投影积聚成直线，且平行于OZ轴	1. 侧面投影反映实形 2. 正面投影积聚成直线，且平行于OZ轴 3. 水平投影积聚成直线，且平行于OY_H轴
	小结：1. 平面在所平行投影面上的投影反映实形 2. 平面的其他两面投影均积聚成直线，且平行于相应的投影轴		

3. 一般位置平面

与三个投影面都倾斜的平面称为一般位置平面。

如图 3-23 所示，M 为一般位置平面，对三个投影面都倾斜，因此它的三面投影均具有类似性，不反映实形，皆为缩小的类似形。

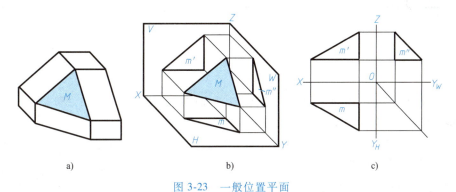

图 3-23 一般位置平面

【例 3-6】 分析图 3-24 所示正三棱锥各棱面与投影面的相对位置。

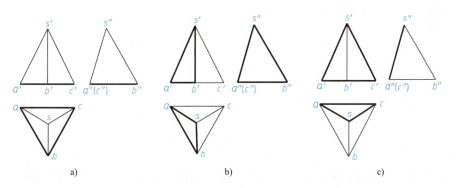

图 3-24 正三棱锥各棱面与投影面的相对位置

1) 底面 ABC：如图 3-24a 所示，正面和侧面投影积聚为直线，分别平行于 OX 轴和 OY_W 轴，可确定底面 ABC 是水平面，水平投影反映实形。

2) 棱面 SAB：如图 3-24b 所示，三面投影 sab、s'a'b'、s"a"b" 都没有积聚性，均为棱面 SAB 的类似形，可判断棱面 SAB 是一般位置平面。

3) 棱面 SAC：如图 3-24c 所示，棱面 SAC 的侧面投影积聚为一斜线，正面投影和水平投影均为缩小的类似形，可判定棱面 SAC 是侧垂面。

4. 平面上的点

（1）特殊位置平面上的点　如图 3-25a、b 所示，已知正垂面上点 K 的水平投影 k，可利用平面的积聚性直接作出点 K 的正面投影 k'，再由正面投影 k' 和水平投影 k 作出侧面投影 k"。如图 3-25c 所示，已知三棱柱棱面上点 M 的正面投影 m' 和点 N 的正面投影 (n')，利用棱面的水平投影具有积聚性，可直接作出水平投影 m 和 n，再由 m、m' 和 n、(n') 作出侧面投影 m" 和 n"。

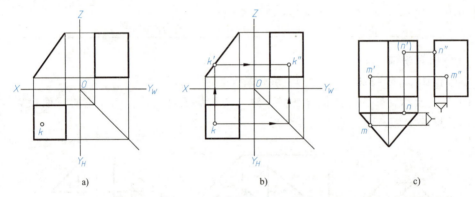

图 3-25　特殊位置平面上的点

（2）一般位置平面上的点　由于一般位置平面的投影没有积聚性，所以在求作平面上点的投影时不能直接作出，必须在平面上作辅助线。

【例 3-7】　如图 3-26 所示，已知属于 △ABC 平面的点 E 的正面投影 e' 和点 F 的水平投影 f，试求它们的另一面投影。

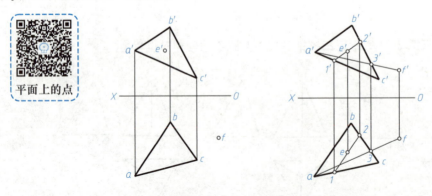

图 3-26　作属于平面的点

分析：判断一点是否在平面上，以及在平面上求作点的投影，需要先作辅助线，然后在辅助线上求作点的投影。因为点 E、F 属于 △ABC 平面，故过 E、F 各作一条属于 △ABC 平面的直线，则点 E、F 的投影必属于相应直线的同面投影。

作图：

1）过 E 作直线ⅠⅡ平行于 AB，即过 e′作 1′2′∥a′b′，再求出水平投影 12；然后过 e′作 OX 轴的垂线与 12 相交，交点即为点 E 的水平投影 e。

2）过 F 和定点 A 作直线，即过 f 作直线的水平投影 fa，fa 交 bc 于 3，再求出正面投影 3′。

3）然后过 f 作 OX 轴的垂线与 a′3′的延长线相交，交点即为点 F 的正面投影 f′。

【例 3-8】 如图 3-27 所示，已知四边形 ABCD 的水平投影 abcd 及正面投影 a′b′c′，完成其正面投影。

分析：四边形 ABCD 是一平面图形，故点 D 可看作平面上的一点。因不在一直线上的三点可以确定平面，故连接 AC 可得此平面。再把点 D 看作平面 ABC 上的点，那么确定点 D 的正面投影 d′就可通过平面上取点的方法求得，然后连接 a′d′、c′d′，即求得四边形的正面投影。

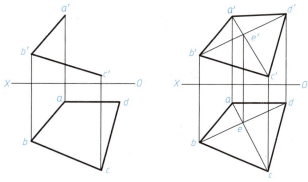

图 3-27 完成四边形的正面投影

作图：

1）连接 AC 的同面投影 a′c′、ac，得辅助线 AC 的两面投影。

2）连接 BD 的水平投影 bd 交 ac 于 e，E 即为两直线的交点。

3）作出点 E 的正面投影 e′。

4）点 D 为该平面上的一点，其水平投影 d 在 be 延长线上，其正面投影 d′必在 b′e′的延长线上。

完成四边形的正面投影

5）连接 a′d′、c′d′，即得四边形 ABCD 的正面投影。

【例 3-9】 已知正三棱锥 SAB 棱面上点 K 的正面投影 k′，求作其水平投影 k，如图 3-28a 所示。

分析：求作点 K 的水平投影，需过点 K 的正面投影 k′作一辅助线。辅助线的作法：可过 k′与平面上的另一点相连；也可过 k′作平面上任一直线的平行线。

作图：

如图 3-28b 所示，过 k′作辅助线 s′k′，延长交 a′b′于 m′，由 m′在 ab 上作出 m，连接 sm，由 k′在 sm 上作出 k。或者如图 3-28c 所示，过 k′作 k′m′∥s′a′，由 m′求出 m；过 m 作直线平行于 sa，在该直线上求出 k。

3.4 项目案例：补全立体的左视图

分析：图 3-29a 所示立体，被正垂面 ABCDE 切去一角，正垂面 ABCDE 的正面投影和水平投影已知，可以根据点的两面投影求得第三面投影。

作图：如图 3-29b 所示，由 a′和 a 作图得到 a″，由 b′、b 和（e′）、e 作图得到 b″、e″，

由 c'、c 和 (d')、d 作图得到 c''、d''；依次连接 a''、b''、c''、d''、e''；最右边棱线的上部分侧面投影不可见，需画成细虚线。

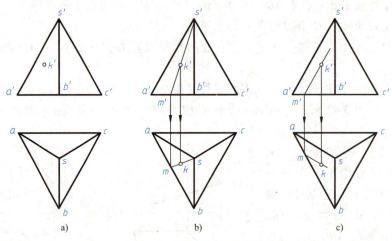

图 3-28 求作棱面上点的投影

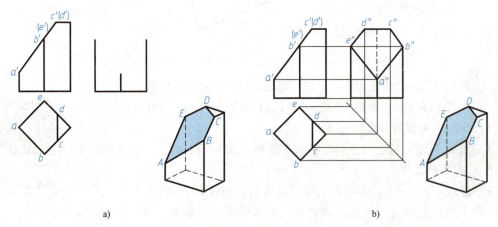

图 3-29 补全立体的左视图

【素养提升】 通过学习投影法和三视图的形成，从认识事物的发展规律入手，鼓励学生探索我国传统建筑结构的形体智慧，激发学生的爱国主义情怀和民族自豪感，培养学生对中华优秀传统文化的传承意识，强化责任意识。

项目四

基本体三视图的绘制

基本体分为平面立体和曲面立体。平面立体的每个表面都是平面，如棱柱、棱锥等；曲面立体至少有一个表面是曲面，常见的曲面立体是回转体，如圆柱、圆锥、圆球等。

4.1 三维实体的创建与编辑

4.1.1 坐标系

1. 世界坐标系和用户坐标系

AutoCAD 提供了两种坐标系统：世界坐标系（WCS）和用户坐标系（UCS）。

世界坐标系是固定的，无法移动或旋转。AutoCAD 允许用户改变坐标系原点的位置及坐标轴的方向来创建用户坐标系。世界坐标系和用户坐标系在新图形中最初是重合的。

用户坐标系定义时要用"右手定则"来确定正轴方向和旋转方向。如图 4-1 所示，将右手大拇指指向 X 轴正方向，食指指向 Y 轴正方向，这时中指所指方向就是 Z 轴的正方向。还可以使用右手定则确定绕坐标轴旋转的正方向，

图 4-1　右手定则

将右手拇指指向轴的正方向，蜷曲其余四指，其余四指所指方向即为绕该轴旋转的正方向。

2. 建立用户坐标系

可以通过单击"工具"→"新建 UCS"菜单项（图 4-2），"常用"选项卡→"坐标"面板（图 4-3），或命令行输入"UCS"方式调用 UCS 命令。

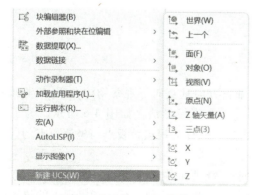

图 4-2　"新建 UCS"菜单项

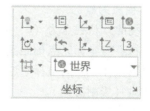

图 4-3　"坐标"面板

常用的定义 UCS 的方式如下。

1）世界：将 UCS 与世界坐标系（WCS）对齐。

2）上一个：恢复上一个 UCS，可以在当前任务中逐步返回最后 10 个 UCS 设置。

3）原点：平移坐标原点产生新的 UCS，X、Y、Z 轴方向保持不变，如图 4-4b 所示。

4）$X/Y/Z$：绕 X（或 Y、Z）轴旋转指定角度建立新的 UCS，根据右手定则可以判定绕轴旋转的正方向。图 4-4c 中的坐标系为前一坐标系绕 X 轴旋转 90°的结果。

5）视图：以垂直于观察方向（平行于屏幕）的平面为 XY 平面，建立新的坐标系。UCS 原点保持不变，但 X 轴和 Y 轴分别变为水平和垂直，如图 4-4d 所示。

6）面：将 UCS 动态对齐到三维对象的面，UCS 的 X 轴与找到的第一个面上最近的边对齐。

7）对象：将 UCS 与选定的二维或三维对象对齐。

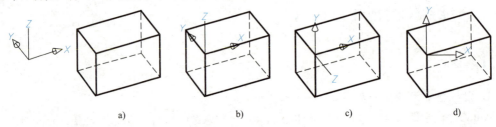

图 4-4 用户坐标系的变换

还可以利用图 4-5 所示选项快速建立一些特殊的坐标系，这些坐标系的 Z 轴指向空间某一基本方向（通常称上、下、左、右、前、后六个方向为基本方向）。

图 4-5 正交 UCS

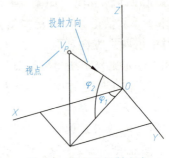

图 4-6 视点及投射方向

4.1.2 视点

1. 视点的概念

系统的默认视点为（0，0，1），即从 Z 轴正方向垂直向下观察物体在 XOY 坐标面上的投影，视点与坐标原点的距离不影响投影图，符合正投影法，如图 4-6 所示。为了便于观察，可以从任一点向坐标原点方向观察图形，这一点称为视点，视点与坐标原点的连线决定观察方向（投射方向）。

观察方向由两个夹角确定：φ_1（观察方向在 XY 平面中的投影和 X 轴之间的夹角）及 φ_2（观察方向和 XY 平面之间的夹角）。可通过改变 φ_1 及 φ_2 的值，任意指定视点的位置。

2. 视点的设置

（1）设置一般视点　单击"视图"→"三维视图"→"视点预设"（图4-7），弹出"视点预设"对话框（图4-8）。左右两边的角度标识分别对应图4-6中的 $φ_1$ 及 $φ_2$ 角，可用鼠标左键单击所标角度或直接输入角度值。

图4-7　"三维视图"菜单

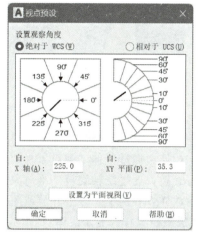

图4-8　"视点预设"对话框

（2）设置特殊视点　单击"视图"→"三维视图"，"三维视图"菜单中还列出了10种特殊视点以备选择，如俯视、左视、西南等轴测等，如图4-7所示。

4.1.3　实体建模概述

三维实体建模通常以某种基本形状作为起点，对其进行修改和重新组合来创建新实体；也可以通过在三维空间中沿指定路径拉伸二维对象来获得三维实体或曲面。可以通过"建模""实体编辑"等面板调用所需命令，如图4-9所示。

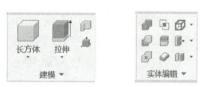

图4-9　"建模""实体编辑"面板

1. 基于实体图元建模

通过调用AutoCAD相关命令可以创建多种基本三维实体（称为实体图元），如长方体、楔体、圆锥、圆台、圆柱、球、圆环和棱锥等，如图4-10所示。通过组合实体图元，可以创建更加复杂的实体。如可以合并两个实体，从一个实体中减去另一个实体，也可以通过两个实体的相交部分来创建新实体。

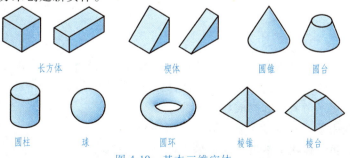

图4-10　基本三维实体

2. 基于二维对象建模

如图 4-11 所示，可以通过扫掠、拉伸、旋转等命令由二维对象来创建三维实体，二维对象可以是圆、椭圆、样条曲线或面域等。

扫掠　　　　　拉伸　　　　　旋转　　　　　放样

图 4-11　基于二维对象建模

1）扫掠：通过沿路径扫掠二维对象来创建三维实体。
2）拉伸：通过拉伸二维对象来创建三维实体。
3）旋转：通过绕轴旋转二维对象来创建三维实体。
4）放样：在两个、多个开放或闭合对象之间进行放样来创建三维实体。

3. 应用视觉样式显示实体

视觉样式用于控制实体对象边界的显示和着色效果。可以通过"可视化"选项卡→"视觉样式"面板（图 4-12），或打开"视觉样式管理器"更改某些常用设置。

AutoCAD 提供以下预定义的视觉样式：

图 4-12　"视觉样式"面板

1）二维线框：使用直线和曲线显示对象（图 4-13a）。默认显示模型的所有轮廓线，如果需要隐藏不可见线条，单击"视觉样式"面板中的"隐藏"按钮。

2）线框：使用直线和曲线显示三维对象，并显示一个已着色的三维 UCS 图标（图 4-13b）。

3）隐藏：使用线框表示显示三维对象，并隐藏不可见的轮廓线（图 4-13c）。

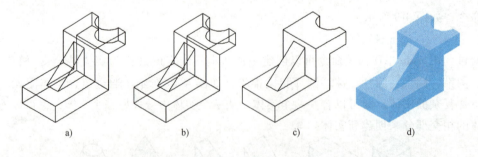

a)　　　　b)　　　　c)　　　　d)

图 4-13　视觉样式显示效果

4）概念：使用平滑着色和古氏面样式显示三维对象。古氏面样式在冷暖颜色而不是明暗效果之间转换，效果缺乏真实感，但是可以更方便地查看模型的细节。

5）真实：使用平滑着色和材质显示三维对象。

6）着色：使用平滑着色显示三维对象（图 4-13d）。

7）带边缘着色：使用平滑着色和可见边显示三维对象。

8）灰度：使用平滑着色和单色灰度显示三维对象。

9）勾画：使用线延伸和抖动边修改器显示手绘效果的二维和三维对象。

10）X 射线：以局部透明度显示三维对象。

4.1.4 创建三维实体

1. 创建实体图元

实体图元的创建过程非常简单，只需调用命令后，按命令行的提示选择所需选项及输入参数就可以得到实体，下面以棱锥为例介绍实体图元的构建方法。

命令：_pyramid
4 个侧面　外切(显示初始设置)
指定底面的中心点或［边(E)/侧面(S)］:(指定底面的中心点)
指定底面半径或［内接(I)］<80>:(指定底面半径)
指定高度或［两点(2P)/轴端点(A)/顶面半径(T)］<30.00>:(指定棱锥的高度)
选项说明如下。

1）边（E）：指定两点来确定棱锥底面一条边的长度。

2）侧面（S）：指定棱锥的侧面数，可以输入 3~32 之间的数。

3）内接（I）：指定棱锥底面外接圆的半径，棱锥底面的所有顶点都在此圆周上。

4）外切（C）：指定棱锥底面内切圆的半径。

5）两点（2P）：将棱锥的高度指定为两个指定点之间的距离。

6）轴端点（A）：指定棱锥轴的端点位置，该端点是棱锥的顶点。

7）顶面半径（T）：指定棱锥的顶面半径，创建棱锥平截面，即创建棱台实体。

2. 创建多段体

创建类似于三维墙体的多段体，也可以将直线、二维多段线、圆弧或圆等对象转换为多段体，如图 4-14 所示。

命令：_polysolid
高度=80.0,宽度=5.0,对正=居中
指定起点或［对象(O)/高度(H)/宽度(W)/对正(J)］<对象>:✓(从现有对象创建多段体)
选择对象:(选择二维对象)

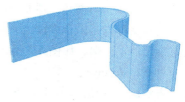

图 4-14　从现有对象创建多段体

选项说明如下。

1）对象（O）：指定要转换为实体的二维对象。

2）高度（H）：指定多段体的高度。

3）宽度（W）：指定多段体的宽度。

4）对正（J）：指定多段体的宽度放置位置在多段体轮廓的中心、左侧或右侧。

3. 拉伸建模

拉伸建模是通过拉伸二维对象来创建三维实体或三维曲面的，若二维对象封闭，则拉伸为三维实体或三维曲面；若二维对象未封闭，则拉伸为三维曲面。

用于拉伸的二维对象可以是圆、椭圆、多边形、样条曲线、多段线或面域等。独立对象（如多条直线或圆弧）必须先转换为单个对象，才能从中创建拉伸实体。可以使用 REGION

命令将二维对象转换为面域，或使用 PEDIT 命令将二维对象合并为多段线。如图 4-15 所示耳板，先绘制出耳板端面图形，将其生成面域，再调用拉伸命令建模。

命令：_extrude

当前线框密度：ISOLINES=4,闭合轮廓创建模式=实体

选择要拉伸的对象或[模式（MO）]：_MO 闭合轮廓创建模式[实体（SO）/曲面（SU）]<实体>：_SO

选择要拉伸的对象或[模式（MO）]：找到 1 个（选择要拉伸的平面图形）

图 4-15 耳板拉伸建模

选择要拉伸的对象或[模式（MO）]：✓

指定拉伸的高度或[方向（D）/路径（P）/倾斜角（T）/表达式（E）]<60.00>:20 ✓（指定拉伸高度）

选项说明如下。

1) 方向（D）：通过指定两点确定拉伸的长度和方向。

2) 路径（P）：沿指定路径拉伸二维对象，如图 4-16 所示。拉伸路径可以是直线、圆、圆弧、椭圆或样条曲线等。拉伸对象始于轮廓所在的平面，止于路径端点处与路径垂直的平面。

3) 倾斜角（T）：设置拉伸的倾斜角度。

4) 表达式（E）：输入公式或方程式以指定拉伸高度。

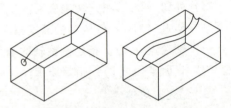

图 4-16 沿指定路径拉伸

4. 旋转建模

旋转建模是创建回转体的一种重要方法。如果旋转闭合轮廓，可创建三维实体或三维曲面。如果旋转开放轮廓，则创建三维曲面。创建实体时，要旋转的对象可以是闭合多段线、多边形、圆、椭圆、闭合样条曲线、面域等。根据右手定则判定旋转的正方向，如图 4-1 所示。

命令：_revolve

当前线框密度：ISOLINES=4,闭合轮廓创建模式=实体

选择要旋转的对象或[模式（MO）]：_MO 闭合轮廓创建模式[实体（SO）/曲面（SU）]<实体>：_SO

选择要旋转的对象或[模式（MO）]：找到 1 个（选取图 4-17a 所示的图形 1）

选择要旋转的对象或[模式（MO）]：✓

指定轴起点或根据以下选项之一定义轴[对象（O）/X/Y/Z]<对象>:✓

选择对象：（选择图 4-17a 中的直线 2 作为旋转轴）

指定旋转角度或[起点角度（ST）/反转（R）/表达式（EX）]<360>:✓（旋转 360°生成回转体）

选项说明如下。

1) 模式（MO）：设定旋转是创建曲面还是实体。

2) 对象（O）：指定现有对象作为旋转轴。

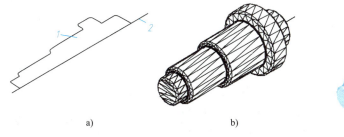

图 4-17 旋转建模

3）X/Y/Z：将当前 UCS 的 X 轴、Y 轴或 Z 轴正向设置为轴的正方向。

4）起点角度（ST）：指定开始旋转的起点角度。

5）反转（R）：更改旋转方向。

6）表达式（EX）：输入公式或方程式来指定旋转角度。

5. 扫掠建模

扫掠建模通过沿指定路径扫掠二维对象来创建三维实体或三维曲面。如果沿一条路径扫掠封闭区域的对象可以设置为创建三维实体或三维曲面；如果沿一条路径扫掠开放的曲线，则将创建三维曲面。扫掠后删除还是保留原轮廓和扫掠路径，取决于 DELOBJ 系统变量的设置。如图 4-18 所示为沿三维路径扫掠圆。

命令：_sweep

当前线框密度：ISOLINES=4,闭合轮廓创建模式=实体

选择要扫掠的对象或[模式(MO)]：_MO 闭合轮廓创建模式[实体(SO)/曲面(SU)]<实体>：_SO

选择要扫掠的对象[模式(MO)]：找到 1 个(选择小圆作为要扫掠的对象)

选择要扫掠的对象：↙

选择扫掠路径或[对齐(A)/基点(B)/比例(S)/扭曲(T)]：(选择螺旋线为路径)

选项说明如下。

1）对齐（A）：指定是否对齐轮廓以使其作为扫掠路径切向的法向。

2）基点（B）：指定要扫掠对象的基点。

3）比例（S）：指定扫掠操作的比例因子。

4）扭曲（T）：设置扫掠对象的扭曲角度，扭曲角度指定沿扫掠路径全部长度的旋转量。

6. 放样建模

通过放样创建实体或曲面时，必须至少指定两个横截面轮廓。如果对一组闭合的横截面曲线进行放样，则创建三维实体或三维曲面（具体取决于指定的模式）；如果对一组开放的横截面曲线进行放样，则创建三维曲面。放样时使用的横截面必须全部开放或全部闭合，如图 4-19 所示。

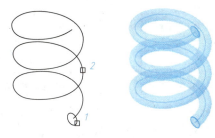

图 4-18 扫掠建模

命令：_loft

当前线框密度：ISOLINES=4,闭合轮廓创建模式=实体

按放样次序选择横截面或[点(PO)/合并多条边(J)/模式(MO)]：_MO 闭合轮廓创建模

式［实体(SO)/曲面(SU)］<实体>：_SO
按放样次序选择横截面或［点(PO)/合并多条边(J)/模式(MO)］：找到 1 个(按照实体或曲面将要通过的顺序选择横截面轮廓)
按放样次序选择横截面或［点(PO)/合并多条边(J)/模式(MO)］：找到 1 个,总计 2 个
按放样次序选择横截面或［点(PO)/合并多条边(J)/模式(MO)］：找到 1 个,总计 3 个
按放样次序选择横截面或［点(PO)/合并多条边(J)/模式(MO)］：找到 1 个,总计 4 个
按放样次序选择横截面或［点(PO)/合并多条边(J)/模式(MO)］：↙
选中了 4 个横截面
输入选项［导向(G)/路径(P)/仅横截面(C)/设置(S)］<仅横截面>：↙(使用选定的横截面轮廓定义三维实体的形状,如图 4-19a 所示)

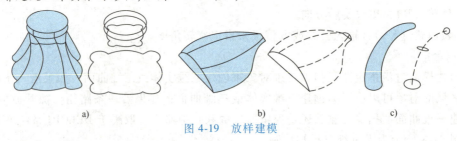

图 4-19　放样建模

选项说明如下。

1) 点 (PO)：确定放样操作的第一个点或最后一个点。如果以"点"选项开始,接下来必须选择闭合曲线。

2) 合并多条边 (J)：将多个端点相交的边处理为一个横截面。

3) 模式 (MO)：控制放样建模创建的是实体还是曲面。

4) 导向 (G)：指定控制放样实体或曲面形状的导向曲线。使用导向曲线控制点如何匹配相应的横截面,以防出现意外结果,如三维实体对象中出现皱褶等 (图 4-19b)。

5) 路径 (P)：指定放样操作的路径,以更好地控制放样对象的形状。为获得最佳结果,路径曲线应始于第一个横截面所在的平面,止于最后一个横截面所在的平面 (图 4-19c)。

6) 设置 (S)：打开"放样设置"对话框,修改用于控制新对象形状的选项。

7. 剖切建模

通过剖切或分割现有对象来创建新的三维实体或三维曲面。可以保留剖切对象的一半,或两半均保留。剖切平面可以通过多种方法定义,如三个点、一个轴、一个曲面或一个平面对象等。如图 4-20 所示,使用三个点定义剖切平面来剖切实体。

命令：_slice
选择要剖切的对象：找到 1 个(选择要剖切的三维实体)
选择要剖切的对象：↙
指定切面的起点或［平面对象(O)/曲面(S)/Z 轴(Z)/视图(V)/XY(XY)/YZ(YZ)/ZX(ZX)/三点(3)］<三点>：↙(通过三点确定剖切平面)
指定平面上的第一个点：(指定剖切平面上的第 1 点)
指定平面上的第二个点：(指定剖切平面上的第 2 点)

指定平面上的第三个点:(指定剖切平面上的第 3 点)

在所需的侧面上指定点或[保留两个侧面(B)]<保留两个侧面>:(使用一个点来确定要保留剖切对象的哪个侧面,该点不能位于剖切平面上)

8. 创建面域

面域是具有物理特性(如质心)的二维封闭区域,使用闭合的二维对象来创建,如图 4-21 所示。面域可以进行布尔运算,作为建立三维实体的基础或用来计算质量特性。

命令:_region

选择对象:找到 1 个(选择对象以创建面域)

选择对象:找到 1 个,总计 2 个

选择对象:↙

已提取 1 个环。

已创建 1 个面域。

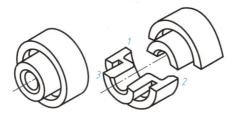

图 4-20 剖切建模

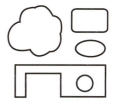

图 4-21 构成面域的图形

9. 创建复合对象

在 AutoCAD 中,可以对两个或两个以上的三维实体进行合并、求差或求交,从而创建出复杂的形体。

1)并集:将两个或两个以上的面域、实体合并为组合面域或复合实体(图 4-22a)。

2)差集:从具有公共部分的两个或两个以上的实体、面域中减去一个或多个实体、面域,从而得到一个新的实体或面域(图 4-22b)。

3)交集:由两个或多个重叠实体、面域的公共部分创建组合实体或面域(图 4-22c)。

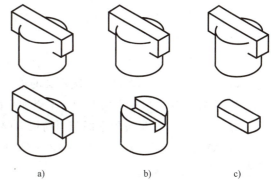

图 4-22 创建复合对象

a)并集 b)差集 c)交集

4.1.5 编辑三维实体

1. 三维阵列

三维阵列分为矩形阵列与环形阵列两种。对于矩形阵列,可以控制行和列的数目及其间距;对于环形阵列,可以控制对象副本的数目并决定是否旋转副本,如图 4-23 所示。

命令:_3darray

选择对象:找到 1 个(选择要阵列的对象)

选择对象:↙

输入阵列类型[矩形(R)/环形(P)]<矩形>:P↙(执行环形阵列)

输入阵列中项目的数目：3✓（输入阵列中的项目个数）
指定填充角度（+=逆时针，-=顺时针）<360>:✓（输入环形阵列的填充角度）
是否旋转阵列中的对象？[是(Y)/否(N)] <Y>:✓（阵列对象时使对象发生相应的旋转）
指定阵列的中心点：（捕捉轴左端面的圆心）
指定旋转轴上的第二点：（捕捉轴右端面的圆心）

2. 三维镜像

三维镜像可以将三维对象以指定的镜像平面进行镜像复制，从而创建对称的对象，如图4-24所示。

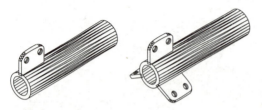

图 4-23　三维环形阵列

图 4-24　三维镜像

命令：_mirror3d
选择对象:找到1个(选择要镜像的对象)
选择对象:✓
指定镜像平面（三点）的第一个点或
[对象(O)/最近的(L)/Z轴(Z)/视图(V)/XY平面(XY)/YZ平面(YZ)/ZX平面(ZX)/三点(3)]<三点>:✓（捕捉3个小圆圆心，确定镜像平面）
在镜像平面上指定第一点：在镜像平面上指定第二点：在镜像平面上指定第三点：
是否删除源对象？[是(Y)/否(N)] <否>:✓（镜像的同时不删除源对象）
选项说明如下。

1）对象（O）：使用选定对象的平面作为镜像平面。
2）最近的（L）：将最后一次定义的镜像平面作为当前镜像平面。
3）Z轴（Z）：根据平面上的一个点和平面法线上的一个点定义镜像平面。
4）视图（V）：将镜像平面与当前视口中通过指定点的视图平面对齐。
5）XY平面（XY）/YZ平面（YZ）/ZX平面（ZX）：将镜像平面与一个通过指定点的标准平面（*XY*、*YZ*或*ZX*）对齐。
6）三点（3）：通过三个点定义镜像平面。如果通过指定点来选择此选项，将不显示"在镜像平面上指定第一点"的提示。

3. 三维旋转

三维旋转可以将三维模型绕某个轴旋转一定的角度，如图4-25所示。
命令：_3drotate
UCS 当前的正角方向： ANGDIR=逆时针 ANGBASE=0
选择对象:找到1个(选择要旋转的对象)
选择对象:✓（在选定对象上显示三维旋转小控件）
指定基点：（设置旋转的中心点）

拾取旋转轴:(将光标悬停在小控件的旋转路径上,在旋转路径变为黄色并显示表示旋转轴的矢量时,单击该路径,可以指定旋转轴)

指定角的起点或键入角度:90↵（输入旋转角度）

4. 三维移动

在三维视图中,可以自由移动对象,也可以通过三维移动小控件在指定方向上移动对象,如图4-26所示。

命令:_3dmove

选择对象:找到1个(选择要移动的对象)

选择对象:↵(在选定对象上显示三维移动小控件)

指定基点或[位移(D)]<位移>:(将光标悬停在小控件的轴控制柄上,直至变为黄色并显示与轴对齐的矢量,然后单击轴控制柄)

** MOVE **

指定移动点或[基点(B)/复制(C)/放弃(U)/退出(X)]:(单击或输入值以指定移动的距离)

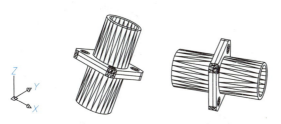

图4-25 三维旋转

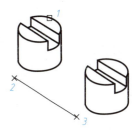

图4-26 三维移动

5. 三维对齐

通过移动、旋转或倾斜对象来使该对象与另一个对象对齐,如图4-27所示。

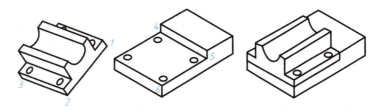

图4-27 三维对齐

命令:_3dalign

选择对象:找到1个(选择要对齐的对象)

选择对象:↵

指定源平面和方向...

指定基点或[复制(C)]:(指定基点1)

指定第二个点或[继续(C)]<C>:(指定源对象的X轴上的点2)

指定第三个点或[继续(C)]<C>:(指定源对象的XY平面上的点3)

指定目标平面和方向...

指定第一个目标点:(指定第一个目标点4,源对象的基点将被移动至该点)

指定第二个目标点或[退出(X)]<X>:(指定目标对象 X 轴上的点5)

指定第三个目标点或[退出(X)]<X>:(指定目标对象 XY 平面上的点6)

【例4-1】 根据图4-28所示立体的三视图,创建三维实体模型。

1)建立新的 UCS,使当前用户坐标系的 XY 平面平行于左视图所在的平面。

2)绘制立体的端面图形,并转换为面域,如图4-29a 所示。

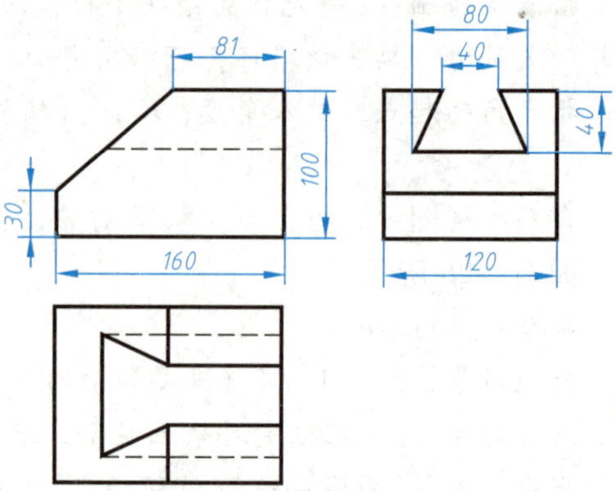

3)执行 EXTRUDE 命令,将面域拉伸160mm,形成拉伸体,如图4-29b 所示。

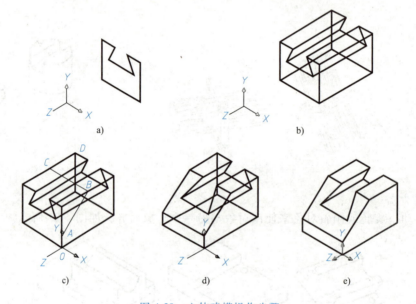

图 4-28 立体的三视图

图 4-29 立体建模操作步骤

4)执行 UCS 命令,将坐标原点移到 O 点,如图4-29c 所示。

5)执行 SLICE 命令,以 A(0,30,0)、B(0,100,-79)、C(-120,100,-79)三点确定的平面为截平面,截切拉伸体,如图4-29c、d 所示。

命令:_slice

选择要剖切的对象:找到1个(选择要剖切的实体)

选择要剖切的对象:↵

指定切面的起点或[平面对象(O)/曲面(S)/Z 轴(Z)/视图(V)/XY(XY)/YZ(YZ)/ZX(ZX)/三点(3)]<三点>:↵(通过三点确定截切面)

指定平面上的第一个点:0,30,0↵(指定截切面上的第一点,即 A 点)

指定平面上的第二个点:0,100,-79↵(指定截切面上的第二点,即 B 点)

指定平面上的第三个点：-120,100,-79↙（指定截切面上的第三点，即 C 点）
在所需的侧面上指定点或 [保留两个侧面(B)] <保留两个侧面>：(捕捉 D 点)

6）以"隐藏"视觉样式显示立体，如图 4-29e 所示。

4.2 基本体的投影

4.2.1 平面立体的投影

1. 棱柱

棱柱的棱线互相平行，常见的棱柱有三棱柱、四棱柱、五棱柱和六棱柱等。下面以图 4-30 所示正五棱柱为例，分析棱柱三视图和棱柱表面上点的投影绘制方法。

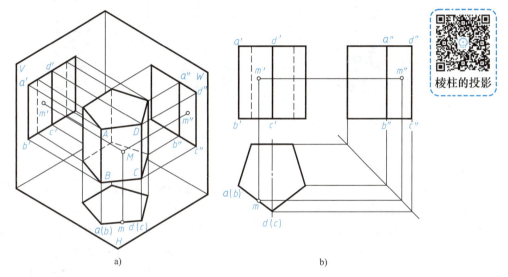

图 4-30 正五棱柱的三视图及其表面上点的投影

（1）棱柱的投影分析　正五棱柱的顶面和底面是互相平行的正五边形，五个棱面均为矩形，且与顶面和底面垂直。为作图方便，选择正五棱柱的顶面和底面平行于水平面，并使后棱面与正面平行。

正五棱柱的投影特征为：顶面和底面的水平投影重合，并反映实形（正五边形）；五个棱面的水平投影分别积聚为正五边形的五条边；后棱面平行于正面，所以正面投影反映实形，侧面投影积聚为一条直线；其余棱面的正面投影和侧面投影均为缩小的类似形。

（2）棱柱三视图的绘制　作正五棱柱的对称中心线及底面基线，并画出具有投影特征的俯视图（正五边形）。按长对正的投影关系和正五棱柱的高画出主视图，不可见棱线的投影画细虚线。再按高平齐、宽相等的投影关系画出左视图，如图 4-30b 所示。

（3）棱柱表面上点的投影　如图 4-30b 所示，已知正五棱柱棱面上的点 M 的正面投影 m'，求作点 M 的水平投影和侧面投影。根据 m' 的位置和可见性，可判定点 M 在棱面 ABCD 上。棱面 ABCD 是铅垂面，水平投影积聚成直线，因此点 M 的水平投影必在该直线上，即可由 m' 直接作出 m，再由 m' 和 m 作出 m''。因为棱面 ABCD 的侧面投影可见，所以 m'' 可见。

图 4-31 所示为一些常见棱柱及其三视图。由此可知：棱柱是由两个平行且相等的多边形底面和若干个与其相垂直的矩形侧面所组成的；其三视图中，一个为多边形，其他两个视图的外形轮廓均为矩形线框。

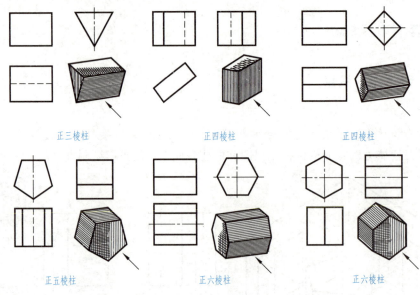

图 4-31 常见棱柱及其三视图

2. 棱锥

棱锥的棱线交于一点，常见的棱锥有三棱锥、四棱锥和五棱锥等。下面以图 4-32 所示正三棱锥为例，分析棱锥三视图和棱锥表面上点的投影绘制方法。

（1）棱锥的投影分析　正三棱锥的底面△ABC 为水平面，其水平投影反映实形（正三角形），正面及侧面投影积聚为直线。棱面△SAC 为侧垂面，侧面投影积聚为一直线，水平投影和正面投影为类似形。棱面△SAB 及△SBC 为一般位置平面，在三个投影面上的投影均为类似形。

（2）棱锥三视图的绘制　画正三棱锥的三视图时，先画对称中心线及底面的三面投影。然后作锥顶 S 的三面投影，将它与底面各顶点的同面投影连接起来，即可完成三视图。

（3）棱锥表面上点的投影　如图 4-32b 所示，已知正三棱锥棱面△SAB 上点 M 的正面投影 m′和棱面△SAC 上点 N 的水平投影 n，求作 M、N 两点的其余两面投影。

由于点 N 所在棱面△SAC 为侧垂面，其侧面投影积聚为一直线，故可直接求得 n″。再由 n 和 n″求得 n′。由于点 N 所在棱面的正面投影不可见，所以 n′不可见。

点 M 所在棱面为一般位置平面，可通过在该面作辅助线的方法求解。过锥顶 s′和点 m′作一辅助线 s′1′，由 s′1′作出 s1，再根据直线上点的从属性，求出水平投影 m。最后由 m′和 m 作出 m″，由于棱面 SAB 可见，所以 m″可见。

图 4-33 所示为一些常见正棱锥及其三视图。由此可知：正棱锥由一个正多边形底面和若干个具有公共顶点的等腰三角形侧面所组成，且锥顶位于过底面中心的垂直线上；其三视图中，一个视图的外形轮廓为正多边形，其他两视图的外形轮廓均为三角形线框。

棱锥被平行于底面的平面截去其上部，所得部分称为棱台，如图 4-34 所示。棱台的三

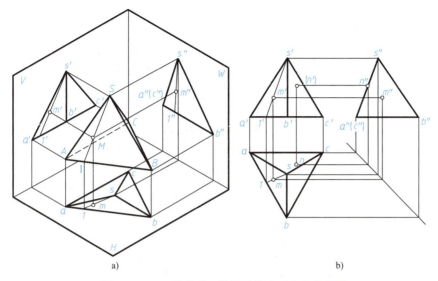

图 4-32 正三棱锥的三视图及其表面上点的投影

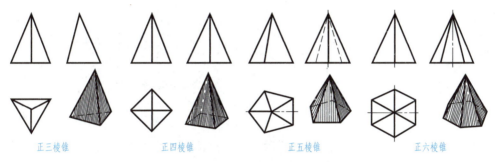

图 4-33 常见正棱锥及其三视图

视图中,一个视图为两个相似的正多边形(分别反映两个底面的实形),其他两个视图均为一个或多个可见与不可见的四边形线框。

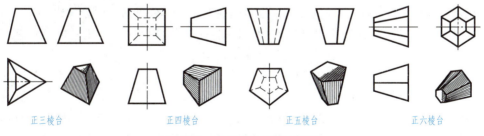

图 4-34 常见棱台及其三视图

4.2.2 曲面立体的投影

1. 圆柱

圆柱由圆柱面和上、下底面围成。圆柱面可看作是由一条直母线绕平行于它的轴线回转而成的。圆柱面上任意一条平行于轴线的直母线,称为圆柱面的素线,如图 4-35a 所示。

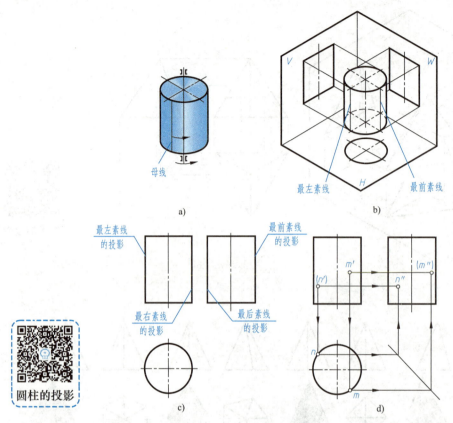

图 4-35 圆柱的三视图及其表面上点的投影

（1）圆柱的投影分析　如图 4-35b 所示，圆柱轴线垂直于水平面，圆柱上、下底面的水平投影反映实形，正面、侧面投影积聚成直线。圆柱面的水平投影积聚为一圆周，与两底面的水平投影重合。

正面投影及侧面投影均为矩形线框。在正面投影中，矩形的两条竖线分别是圆柱面最左、最右素线的投影，也是圆柱面前、后分界的转向轮廓线。在侧面投影中，矩形的两条竖线分别是圆柱面最前、最后素线的投影，也是圆柱面左、右分界的转向轮廓线。

（2）圆柱三视图的绘制　画圆柱的三视图时，先画各投影的中心线，再画具有积聚性圆的俯视图，然后根据圆柱的高度完成其他视图，如图 4-35c 所示。

（3）圆柱表面上点的投影　如图 4-35d 所示，已知圆柱面上的点 M 和点 N 的正面投影 m' 和（n'），求它们的另外两面投影。因 m' 在中心线右边且可见，故点 M 在前半圆柱面的右半部分；（n'）在中心线的左边且不可见，故点 N 在后半圆柱面的左边。根据圆柱面水平投影的积聚性作出两点的水平投影 m、n。最后根据点的投影规律由两点的正面投影及水平投影分别求出它们的侧面投影 m'' 及 n''。因为点 M 在右半圆柱面上，所以 m'' 不可见。

2. 圆锥

圆锥由圆锥面和底面围成。圆锥面可看作由一条直母线绕与它斜交的轴线回转而成。圆锥面上任意一条与轴线斜交的直母线称为圆锥面的素线，如图 4-36a 所示。

（1）圆锥的投影分析　图 4-36b 所示为轴线垂直于水平面的正圆锥。圆锥底面平行于水平面，底面的水平投影反映实形，正面和侧面投影积聚成直线。圆锥面的三面投影都没有积

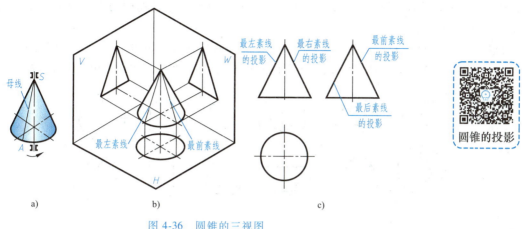

图 4-36 圆锥的三视图

聚性,其水平投影与底面的水平投影重合,全部可见。

正面投影和侧面投影均为等腰三角形。在正面投影中,等腰三角形的两腰分别是圆锥面最左、最右素线的投影,也是圆锥前、后分界的转向轮廓线。在侧面投影中,等腰三角形的两腰分别是圆锥面最前、最后素线的投影,也是左、右分界的转向轮廓线。

(2) 圆锥三视图的绘制 画圆锥的三视图时,先画各投影的中心线和底面圆的各投影,然后作出锥顶的各投影,最后画出特殊位置素线的投影(即等腰三角形的两腰),就完成了圆锥的三视图,如图 4-36c 所示。

(3) 圆锥表面上点的投影 如图 4-37 所示,已知圆锥表面上点 M 的正面投影 m',求点 M 的另外两面投影。根据 m' 的位置和可见性,可判定点 M 应在前、左圆锥面上,因此点 M 的三面投影均为可见。由于圆锥面的投影没有积聚性,必须过点 M 在圆锥面上作辅助线。

辅助线法:如图 4-37a 所示,过锥顶 S 和点 M 作辅助线 SA,即在投影图中连接 $s'm'$,并延长与底面的正面投影相交于 a',作出 sa 和 $s''a''$;再由 m' 根据点在直线上的投影特性,作出 m 和 m''。

辅助圆法:如图 4-37b 所示,过点 M 在圆锥面上作垂直于圆锥轴线的水平辅助圆,点 M 的各投影必在该圆的同面投影上。过 m' 作圆锥轴线的垂直线,交圆锥左、右轮廓线于 a'、

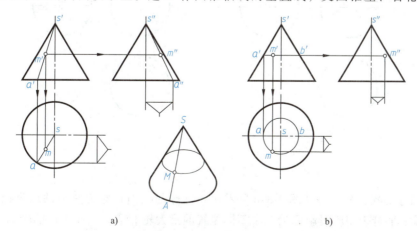

图 4-37 圆锥表面上点的投影

b'，$a'b'$ 即为辅助圆的正面投影，以 s 为圆心，$a'b'$ 为直径，作辅助圆的水平投影。由 m' 求得 m，再由 m' 和 m，求出 m''。

圆锥被平行于底面的平面截去其上部，所得部分称为圆台，如图 4-38 所示。圆台的三视图中，一个视图为同心圆（分别反映两个平面的实形），其他两个视图均为相等的等腰梯形。

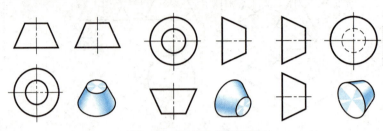

图 4-38　圆台及其三视图

3. 圆球

圆球的表面可看作由一条圆母线绕直径回转而成，如图 4-39a 所示。

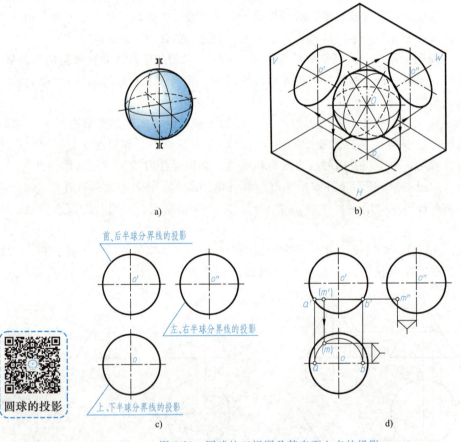

图 4-39　圆球的三视图及其表面上点的投影

（1）圆球的投影分析　从图 4-39b 可看出，圆球的三面投影都是与圆球直径相等的圆，并且是圆球上平行于相应投影面的三个不同位置的最大轮廓圆。正面投影的轮廓圆是前、后两半球面可见与不可见的分界线；水平投影的轮廓圆是上、下两半球面可见与不可见的分界线；侧面投影的轮廓圆是左、右两半球面可见与不可见的分界线。

（2）圆球三视图的绘制 先画出各投影的中心线，然后过球心分别画出与球等直径的圆，如图 4-39c 所示。

（3）圆球表面上点的投影 如图 4-39d 所示，已知球面上点 M 的正面投影（m'），求 m 和 m''。由于球面的三面投影都没有积聚性，需利用辅助圆法求解。过（m'）作水平圆的正面投影 $a'b'$；再作出其水平投影（以 o 为圆心，$a'b'$ 为直径画圆）。在该圆的水平投影上求得 m，由于（m'）不可见，所以点 M 在后半球面上。再由（m'）、（m）求得 m''。由于点 M 在左半球面上，所以 m'' 可见。也可作平行于正面或侧面的辅助圆求作圆球表面上点的投影。

立体作为物体的组成部分不都是完整的，也并非总是直立的。图 4-40、图 4-41 所示为常见的不完整回转体及其三视图，熟悉其形体特征和视图特征，丰富其形象储备，是深入学习复杂图形绘制与识读的基础。

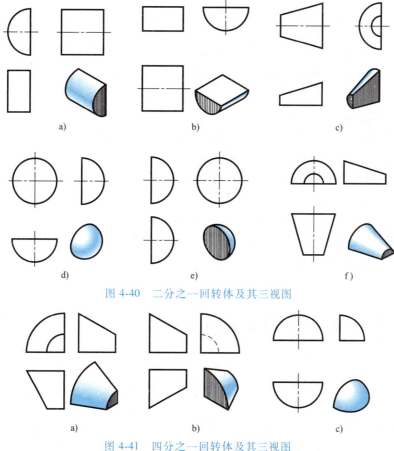

图 4-40 二分之一回转体及其三视图

图 4-41 四分之一回转体及其三视图

4.3 立体表面交线

在立体表面常见到一些交线。在这些交线中，有的是平面与立体表面相交而产生的交线，称为截交线；有的是两立体表面相交而形成的交线，称为相贯线，如图 4-42 所示。

 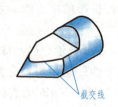 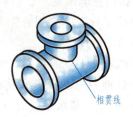

图 4-42　立体表面交线实例

4.3.1　平面与立体相交

用平面切割立体，平面与立体表面的交线称为截交线，该平面称为截平面。由于立体有各种不同的形状，平面与立体相交时又有各种不同的相对位置，因此截交线的形状也各不相同，但都具有以下两个基本性质：

1）截交线为封闭的平面图形。

2）截交线既在截平面上，又在立体表面上，因此截交线是截平面与立体表面的共有线，截交线上的点都是截平面与立体表面的共有点。所以求截交线就是求截平面与立体表面的共有点和共有线。

1. 平面立体的截交线

平面立体的截交线为一平面多边形，此多边形的各顶点是截平面与平面立体各棱线的交点，多边形的每一条边，是截平面与平面立体各棱面的交线。

【例 4-2】　如图 4-43a 所示，正六棱柱被正垂面 P 切割，已知主、俯视图，完成左视图。

分析：正六棱柱被正垂面 P 切割，截平面 P 与正六棱柱的六条棱线都相交，截交线是一个六边形。六边形的顶点 Ⅰ、Ⅱ、Ⅲ、Ⅳ、Ⅴ、Ⅵ 为各棱线与截平面 P 的交点，其正面投影在正垂面 P 的积聚性投影 p' 上，其水平投影与正六棱柱六条棱线的水平投影重合。

作图：

1）先画出被切割前正六棱柱的左视图（图 4-43b）。

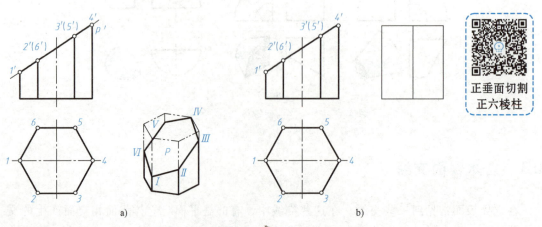

图 4-43　正垂面切割正六棱柱

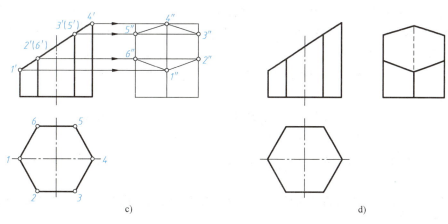

图 4-43 正垂面切割正六棱柱（续）

2）根据截交线各顶点的正面投影和水平投影作出其侧面投影 1″、2″、3″、4″、5″、6″，依次连接各点，即为截交线的侧面投影。(图 4-43c)。

3）擦去多余作图线并描深。注意左视图中右棱线的上部分不可见，应画成细虚线（图 4-43d）。

【例 4-3】 如图 4-44a 所示，正三棱锥被正垂面 P 切割，求作切割后正三棱锥的三视图。

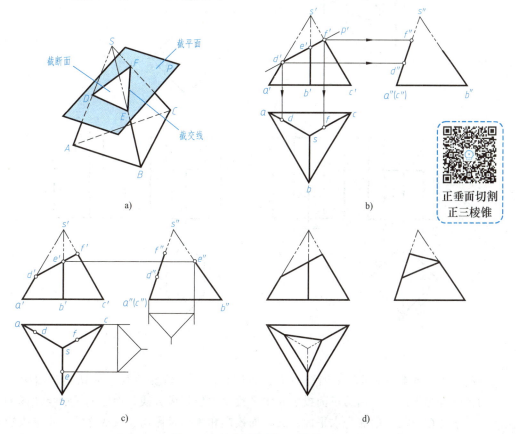

图 4-44 正垂面切割正三棱锥

分析：正三棱锥被正垂面 P 切割，截平面 P 与正三棱锥的三条棱线都相交，所以截交线是一个三角形，三角形的顶点 D、E、F 是各棱线与截平面 P 的交点。如图 4-44b 所示，截交线的正面投影积聚在 p' 上。d'、e'、f' 分别为各棱线的正面投影与 p' 的交点。利用直线上点的投影特性，可由截交线的正面投影求得其水平投影和侧面投影。

作图：

1）作出正三棱锥的三视图及截平面 P 的正面投影 p'；由 $s'a'$ 和 $s'c'$ 与 p' 的交点 d'、f'，分别在 sa、sc 和 $s''a''$、$s''c''$ 上作出 d、f 和 d''、f''（图 4-44b）。

2）由于 SB 是侧平线，先由 $s'b'$ 与 p' 的交点 e' 在 $s''b''$ 上作出 e''，再根据宽相等的投影关系作出 e（图 4-44c）。

3）连接 D、E、F 各点的同面投影，即为所求截交线的三面投影。擦去多余作图线并描深（图 4-44d）。

【例 4-4】 如图 4-45 所示，在正四棱柱上切割一个矩形通槽，已知其正面投影和正四棱柱切割前的水平投影和侧面投影，完成矩形通槽的水平投影和侧面投影。

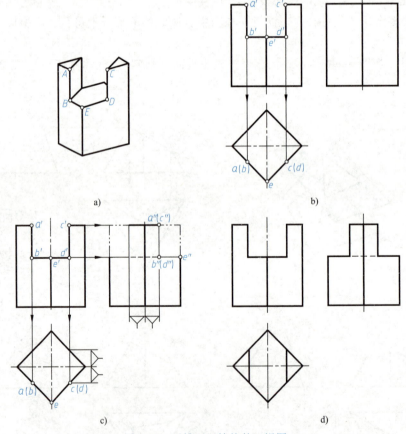

图 4-45 开槽正四棱柱的三视图

分析：如图 4-45a 所示，正四棱柱上的通槽是由三个特殊位置平面切割正四棱柱而形成。两侧壁是侧平面，它们的正面投影和水平投影均积聚成直线，而侧面投影反映两侧壁的实形，并重合在一起。槽底是水平面，其正面投影和侧面投影均积聚成直线，水平投影反映实形。可利用积聚性作出通槽的水平投影和侧面投影。

作图：

1）由通槽的主视图，在俯视图上作出两侧壁的积聚性投影，它是侧平面与水平面交线（正垂线）的水平投影。槽底是水平面，其水平投影反映实形（图4-45b）。

2）按高平齐、宽相等的投影关系，作出通槽的侧面投影（图4-45c）。

3）擦去多余作图线并描深，注意左视图中的一段细虚线不要漏画（图4-45d）。

2. 曲面立体的截交线

曲面立体的截交线一般情况下为封闭的平面曲线，特殊情况下是直线。作图时，先求出曲面立体表面上若干个共有点的投影，然后光滑连接而成。

（1）圆柱的截交线 根据截平面与圆柱轴线的相对位置不同，截交线有三种不同的形状，见表4-1。

表4-1 圆柱的截交线

截平面的位置	与轴线平行	与轴线垂直	与轴线倾斜
轴测图			
投影图			
截交线的形状	矩形	圆	椭圆

【例4-5】 如图4-46所示，圆柱被正垂面斜切，已知主、俯视图，求作左视图。

分析：截平面 P 与圆柱轴线倾斜，截交线为椭圆。P 面是正垂面，所以截交线的正面投影积聚在 p' 上。圆柱面的水平投影具有积聚性，所以截交线的水平投影积聚在圆周上。截交线的侧面投影一般情况下仍为椭圆。

作图：

1）求特殊点：如图4-46a所示，最低点 A、最高点 B 是椭圆长轴的两个端点，分别位于圆柱最左、最右素线上。最前点 C、最后点 D 是椭圆短轴的两个端点，分别位于圆柱最前、最后素线上。A、B、C、D 四点的正面投影和水平投影可直接作出，然后再由正面投影和水平投影作出侧面投影，如图4-46b所示。

2）求中间点：在适当位置作出中间点 E、F、G、H。可先作出它们的水平投影和正面投影，然后再作出侧面投影，如图4-46c所示。

3）依次光滑连接 a''、e''、c''、g''、b''、h''、d''、f''、a'' 各点，即为所求截交线椭圆的侧面投影，圆柱的轮廓线在 c''、d'' 处与椭圆相切，如图4-46d所示。

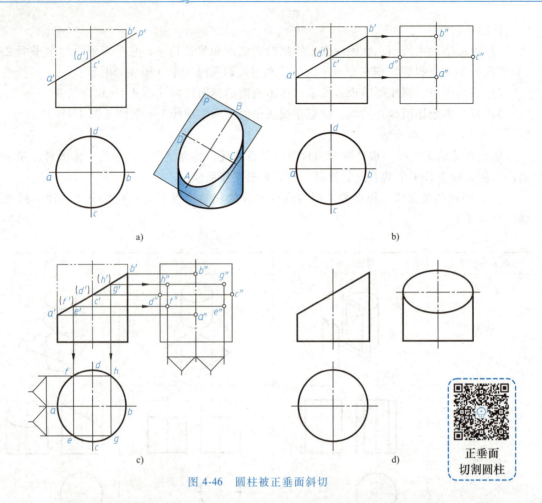

图 4-46 圆柱被正垂面斜切

思考：如图 4-47 所示，随着截平面与圆柱轴线夹角 θ 的变化，所得截交线椭圆长轴的投影也相应变化（短轴投影不变）。当截平面与轴线成 45°时，截交线的侧面投影是圆。

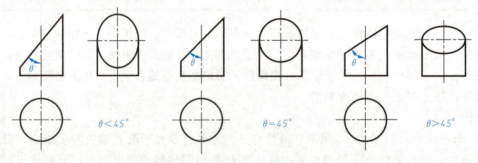

图 4-47 截交线椭圆长轴的变化

【例 4-6】 如图 4-48a 所示，作带切口圆柱的侧面投影。

分析：圆柱切口由水平面 P 和侧平面 Q 切割而成，由截平面 P 所产生的交线是一段圆弧，其正面投影是一段水平线（积聚在 p' 上）；水平投影是一段圆弧（积聚在圆柱的水平投影上）。截平面 P 与 Q 的交线是一条正垂线 BD，其正面投影 $b'(d')$ 积聚成点，水平投影 $(b)(d)$ 重合于侧平面 Q 的积聚性投影 q 上。由截平面 Q 所产生的交线是两段铅垂线 AB 和

项目四 基本体三视图的绘制

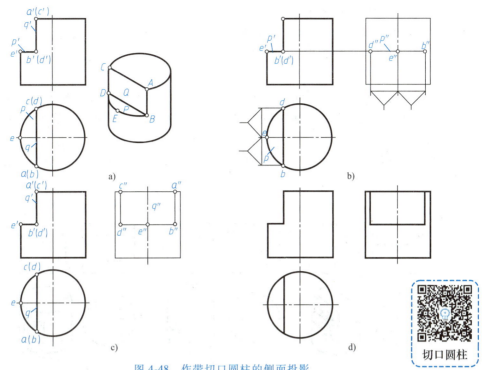

图 4-48 作带切口圆柱的侧面投影

CD（圆柱面上两段素线）。它们的正面投影 $a'b'$ 与 $(c')(d')$ 积聚在 q' 上，水平投影分别为圆周上两个点 a (b)、c (d)。Q 面与圆柱顶面的交线是一条正垂线 AC，其正面投影 a' (c') 积聚成点，水平投影 ac 与 $(b)(d)$ 重合，也积聚在 q 上。

作图：

1）由 p' 向右引投影连线，再从俯视图中量取宽度定出 b''、d''（图 4-48b）。

2）由 b''、d'' 分别向上作竖线，与顶面交于 a''、c''，即得由截平面 Q 所产生的截交线 AB、CD 的侧面投影 $a''b''$、$c''d''$（图 4-48c）。

3）擦去多余作图线，描深（图 4-48d）。

【例 4-7】 如图 4-49a、b 所示，完成开槽圆柱的水平投影和侧面投影。

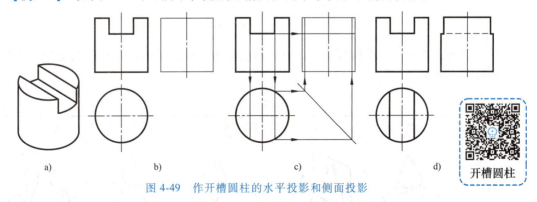

图 4-49 作开槽圆柱的水平投影和侧面投影

分析：如图 4-49b 所示，圆柱开槽部分由两个侧平面和一个水平面截切而成，圆柱面上的截交线分别位于被切出的各个平面上。由于这些面均为投影面平行面，其投影具有积聚性或真实性，因此截交线的投影在这些面的投影上，不需要另行求出。

作图：根据开槽圆柱的主视图，先在俯视图中作出两侧平面的积聚性投影，再按"高平齐、宽相等"的投影规律作出通槽的侧面投影（图 4-49c）。擦去多余作图线，描深（图 4-49d）。

注意：圆柱的最前、最后素线均在开槽处被切去，左视图中的外轮廓线在开槽处向内收缩；其收缩程度与槽宽有关，槽越宽收缩越大；槽底侧面投影积聚成直线，中间一段不可见，应画成细虚线。

图 4-50、图 4-51 所示为带切口、开槽、穿孔的圆柱和空心圆柱的三视图，熟悉它们的三视图对提高读图能力非常有益。

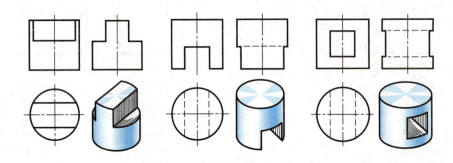

图 4-50 带切口、开槽、穿孔圆柱的三视图

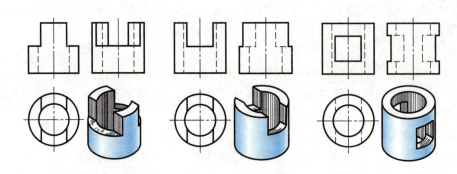

图 4-51 带切口、开槽、穿孔空心圆柱的三视图

（2）圆锥的截交线　根据截平面与圆锥轴线的相对位置不同，圆锥的截交线有五种不同的形状，见表 4-2。

表 4-2　圆锥的截交线

截平面的位置	与轴线垂直	过圆锥顶点	平行于任一素线	与轴线倾斜	与轴线平行
轴测图					

（续）

截平面的位置	与轴线垂直	过圆锥顶点	平行于任一素线	与轴线倾斜	与轴线平行
投影图					
截交线的形状	圆	等腰三角形	抛物线加直线	椭圆	双曲线加直线

【例 4-8】 如图 4-52a 所示，画出圆锥被正垂面切割后的投影。

分析：截平面与圆锥轴线倾斜，所得截交线为一椭圆。截平面为正垂面，所以截交线的正面投影积聚在 q' 上，水平投影和侧面投影均为椭圆。

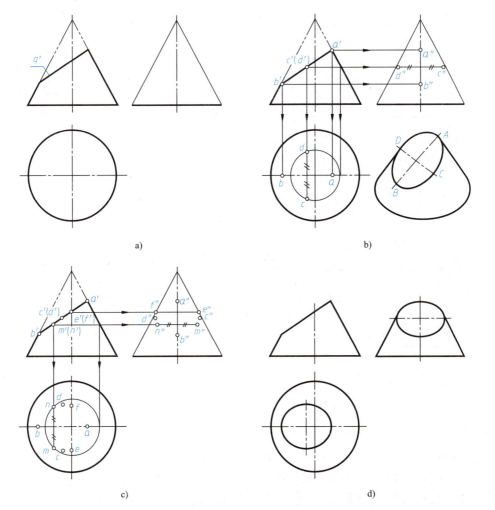

图 4-52 正垂面切割圆锥

作图：

1）求特殊点：如图 4-52b 所示，椭圆长轴上的两个端点 A、B 是截交线上最高、最低和最右、最左点，也是圆锥转向轮廓线上的点，可利用投影关系由 a'、b' 求得 a、b 和 a''、b''。椭圆短轴上的两个端点 C、D 是截交线上的最前、最后点，其正面投影 c'、(d') 与 $a'b'$ 的中点重合，利用辅助圆法可求得 c、d 和 c''、d''。如图 4-52c 所示，椭圆上的 E、F 点也是转向轮廓线上的点，可由 e'、f' 求得 e''、f'' 和 e、f。

2）求中间点：如图 4-52c 所示，用辅助圆法在特殊点之间再作出若干中间点。

3）依次连接各点的水平投影和侧面投影，即为所求，如图 4-52d 所示。

【例 4-9】 如图 4-53a 所示，补全圆锥被正平面切割后的投影。

分析：正平面 P 与圆锥轴线平行，截交线为双曲线加直线。截交线的正面投影反映实形，水平投影和侧面投影积聚成直线。可用辅助圆法或辅助线法求截交线的正面投影。

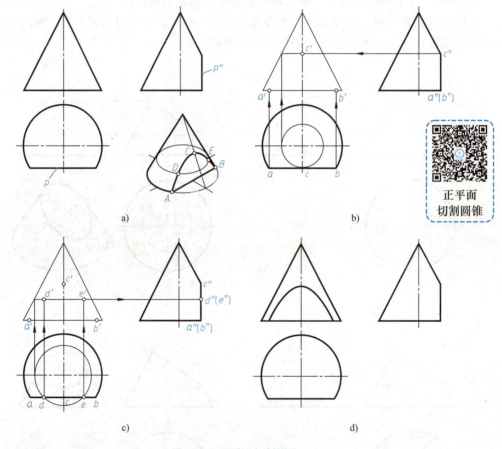

图 4-53 正平面切割圆锥

作图：

1）求特殊点：最高点 C 是圆锥最前素线与 P 面的交点，利用积聚性可直接作出侧面投影 c'' 和水平投影 c，由 c'' 和 c 作出正面投影 c'。最低点 A、B 是圆锥底面圆与 P 面的交点（也是最左、最右点），直接作出 a、b 和 a''、(b'')，再作出 a'、b'（图 4-53b）。

2）求中间点：在适当位置作水平圆，该圆的水平投影与 P 面的水平投影的交点 d、e

即为截交线上两点的水平投影，再作出 d'、e' 和 d''、e''（图 4-53c）。

3）依次光滑连接 a'、d'、c'、e'、b'，即为截交线的正面投影（图 4-53d）。

(3) 圆球的截交线　平面切割圆球时，截交线为圆，圆的大小取决于平面与球心的距离。当截平面平行于投影面时，截交线在该投影面上的投影反映实形，另外两面投影分别积聚为直线；当截平面为投影面垂直面时，截交线在该投影面上的投影积聚成直线，另外两面投影为椭圆；当截平面倾斜于三个投影面时，截交线的三面投影均为椭圆，如图 4-54 所示。

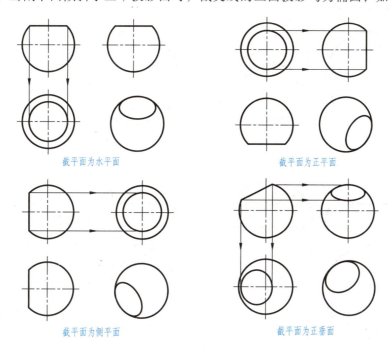

图 4-54　圆球的截交线

【例 4-10】　如图 4-55a 所示，补全半球被截平面 P、Q 切割后的俯视图，并画出左视图。

分析：截平面 P 是水平面，截半球所得的截交线是一段平行于水平面的圆弧 $\overparen{ABC}$，其正面投影积聚在 p' 上。截平面 Q 是侧平面，截半球所得的截交线是一段平行于侧面的圆弧 $\overparen{ADC}$，其正面投影积聚在 q' 上。截平面 P 和 Q 的交线 AC 是正垂线，其正面投影为 a' (c')，水平投影 ac 和侧面投影 $a''c''$ 反映实长。

作图：

1）作 P 面与半球的截交线圆弧 $\overparen{ABC}$ 的水平投影和侧面投影：圆弧 $\overparen{ABC}$ 的水平投影为圆弧 $\overparen{abc}$，其半径从正面投影中量取；侧面投影为直线段 $a''b''c''$（图 4-55b）。

2）作 Q 面与半球的截交线圆弧 $\overparen{ADC}$ 的侧面投影和水平投影：由 d' 作出 d'' 后，以 o'' 为圆心，$o''d''$ 为半径作出圆弧 $\overparen{a''d''c''}$（图 4-55c）。

3）擦去多余作图线，描深（图 4-55d）。

思考：如图 4-56a 所示，半球被两个对称的侧平面和一个水平面切割，两个侧平面与球面的截交线各为一段平行于侧面的圆弧（半径 R_1），其侧面投影反映实形，正面投影和水平投影各积聚为一直线段。水平面与球面的交线为两段平行于水平面的圆弧（半径 R_2），其水平投影反映实形，正面投影和侧面投影各积聚为一直线段。作图过程如图 4-56b、c 所示。

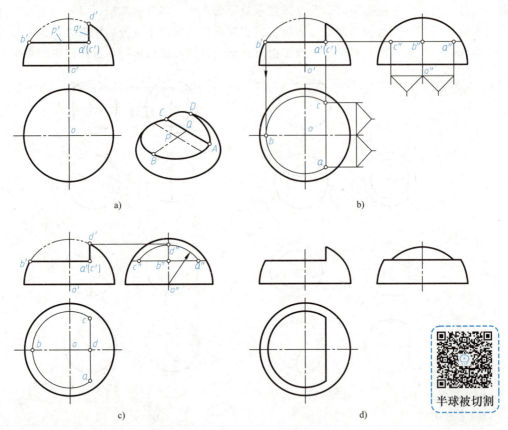

图 4-55 半球被水平面和侧平面切割

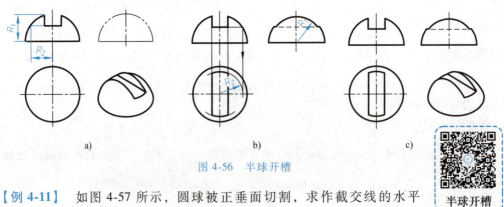

图 4-56 半球开槽

【例 4-11】 如图 4-57 所示，圆球被正垂面切割，求作截交线的水平投影。

分析：圆球被正垂面切割，截交线的正面投影积聚为直线，水平投影（侧面投影）为椭圆。

作图：

1) 求特殊点：如图 4-57a 所示，截交线的最低点 A 和最高点 B 也是最左点和最右点，并且是截交线水平投影椭圆短轴的两端点,其正面投影 a'、b' 是截平面与球的正面投影轮廓线的交点。水平投影 a、b 在其正面投影轮廓线的水平投影(与中心线重合)上。$a'b'$ 的中点 $c'(d')$ 是截交线的水平投影椭圆长轴两端点的正面投影,过 c'(d')作水平圆求得 c、d。

如图 4-57b 所示,在正面投影上截平面与水平中心线相交处定出 $e'(f')$,由 e'、(f')在球面水平投影的转向轮廓线(即球面的上下分界圆的水平投影)上作出 e、f,即为球面被切割后的水平投影转向轮廓线的切点。

2)求中间点:如图 4-57c 所示,在截交线的正面投影上适当位置定出 g'(h'),作水平圆求得 g、h。

3)光滑连接 a、e、c、g、b、h、d、f、a 即为截交线椭圆的水平投影,如图 4-57c 所示。

注意:在俯视图上,椭圆长轴两端点 c、d 是截交线的最前、最后点,e、f 是球面被切割后的水平投影转向轮廓线的端点。

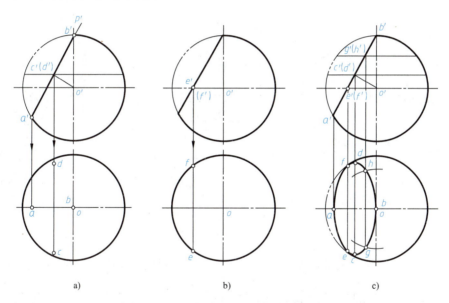

图 4-57 圆球截交线的作图步骤

4.3.2 立体与立体相交

两立体相交,在其表面上产生的交线称为相贯线。相贯线具有以下性质:相贯线是两立体表面上的共有线,也是两立体表面的分界线,相贯线上的点是两立体表面的共有点;相贯线一般为封闭的空间曲线,特殊情况下可能是平面曲线或直线。

1. 圆柱与圆柱正交

(1)表面取点法求相贯线 当相交两立体中,一立体表面具有积聚性投影时,相贯线在该投影面上的投影与此积聚性投影重合。利用这个积聚性投影,就可用表面取点法求出相贯线的其他投影。

【例 4-12】 求作轴线垂直相交的两圆柱的相贯线。

分析: 如图 4-58a 所示为不同直径两圆柱垂直相交,直立圆柱的直径小于水平圆柱的直径,相贯线为封闭的空间曲线,且前后、左右对称。由于直立圆柱的水平投影与水平圆柱的侧面投影都有积聚性,所以相贯线的水平投影和侧面投影分别积聚在它们有积聚性的圆周上。因此,只需作出相贯线的正面投影即可。因为相贯线前后、左右对称,在其正面投影中,可见的前半部分与不可见的后半部分重合,且左右对称。

作图: 如图 4-58b 所示。

1) 作特殊点:水平圆柱的最高素线与直立圆柱的最左、最右素线的交点 A、E 是相贯线上的最高点,也是最左、最右点,a'、e' 可直接作出。点 C 是相贯线上的最低点,也是最前点,c 和 c'' 可直接作出,再由 c''、c 求出 c'。

2) 作一般点:利用积聚性,在相贯线的水平投影上,定出左右对称的两个点 b、d,由此作出两点的侧面投影 b''、d'',再由 b、d 和 b''、d'' 作出其正面投影 b'、d'。

3) 光滑连接各点,即为相贯线的正面投影。

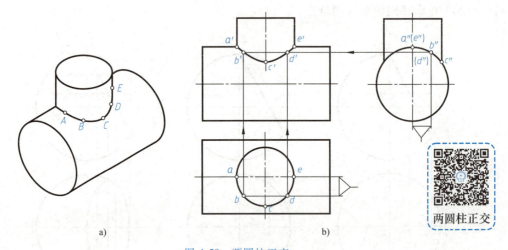

图 4-58 两圆柱正交

在圆柱上开孔或两圆柱孔相交,其作图方法与两外圆柱面相交时相同,如图 4-59 所示。

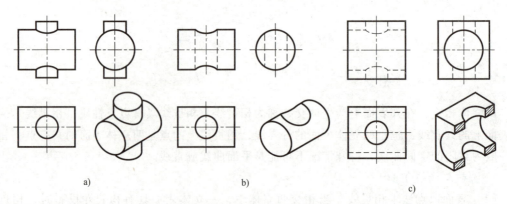

图 4-59 内、外圆柱表面相交

(2) 相贯线的简化画法 当两圆柱正交且直径不等时,相贯线的投影可采用简化画法。如图 4-60 所示,相贯线的正面投影以大圆柱的半径为半径画圆弧来代替,并向大圆柱的轴

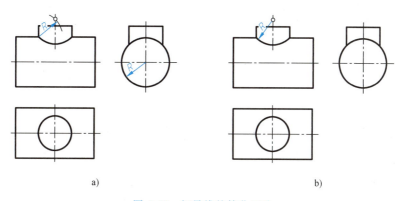

图 4-60 相贯线的简化画法

线弯曲。

（3）相贯线的变化趋势　两圆柱轴线垂直相交，它们的相贯线随两圆柱相对大小的变化而变化。如图 4-61a、c 所示，相贯线投影的弯曲方向总是朝向大圆柱的轴线；如图 4-61b 所示，两圆柱直径相等时，相贯线为两个相交的椭圆，当椭圆所在平面与投影面垂直时，相贯线的投影为两条相交直线。

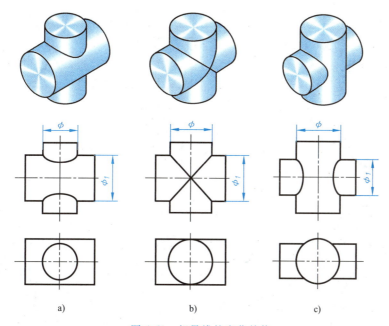

图 4-61 相贯线的变化趋势

2. 圆柱与圆锥正交

如图 4-62a 所示，圆柱和圆锥正交，由于圆锥面的投影没有积聚性，所以不能用表面取点法求得相贯线，需用辅助平面法求取。选取辅助平面时，应选取特殊位置平面（一般为投影面平行面），使得到的截交线为直线或圆。

【例 4-13】　求作圆柱与圆锥正交时相贯线的投影，如图 4-62 所示。

分析：圆柱与圆锥轴线垂直相交，其相贯线是封闭的空间曲线，并且前后对称。由于圆柱的轴线垂直于侧面，所以相贯线的侧面投影与圆柱面的侧面投影重合，相贯线的正面投影和水平投影采用辅助平面法求作。

作图：

1）求特殊点：如图 4-62b 所示，由侧面投影可知 a''、b'' 是相贯线上最高点和最低点的投影，它们是两回转体正面投影外形轮廓线的交点，可直接定出 a'、b'，并由此投影确定水平投影 a、b；而 c''、d'' 是相贯线上最前点、最后点的投影，它们在圆柱水平投影外形轮廓线上。过圆柱轴线作水平面 P 为辅助平面，求出平面 P 与圆锥面截交线圆的水平投影，该圆与圆柱面水平投影外形轮廓线交于 c、d 两点，并由此求出 c'、(d')。

圆柱与圆锥正交

2）求一般点：如图 4-62c 所示，作水平面 Q 为辅助平面，画出平面 Q 与圆锥面截交线圆的水平投影，并画出 Q 与圆柱面的截交线的水平投影，则圆与两条直线的交点 e、k 即为一般点 E、K 的投影。在 Q_V 上作出 e'、(k')。同理，再作一水平辅助平面 R，可求出一般点 G、H 的水平投影 (g)、(h) 及正面投影 g'、(h')。

3）判断可见性并光滑连接各点：如图 4-62d 所示，按顺序光滑连接各点，正面投影中，相贯线前半部分与后半部分重合；水平投影中，c、d 为相贯线可见与不可见的分界点。

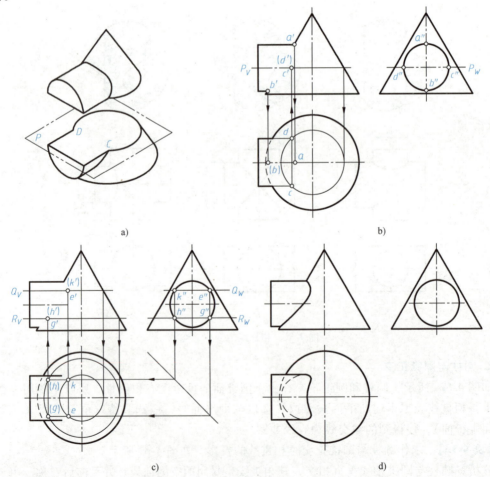

图 4-62 圆锥与圆柱相交

3. 相贯线的特殊情况

（1）相贯线为平面曲线

1）两同轴回转体相交时，其相贯线为垂直于轴线的圆。当回转体的轴线平行于某投影面时，相贯线在该投影面上的投影为垂直于轴线的直线，如图 4-63 所示。

2）两回转体轴线相交且公切于一个球面时，其相贯线为平面曲线——两个相交的椭圆，如图 4-64 所示。

（2）相贯线为直线　当两圆柱轴线平行或两圆锥共锥顶时，相贯线为直线，如图 4-65 所示。

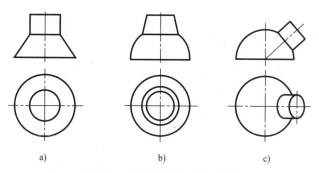

图 4-63　同轴回转体的相贯线

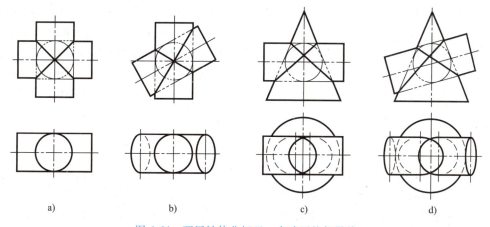

图 4-64　两回转体公切于一个球面的相贯线

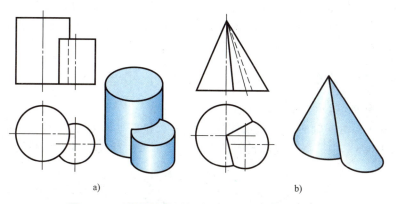

图 4-65　两圆柱轴线平行或两圆锥共锥顶的相贯线

4.4 项目案例

4.4.1 相贯体三视图的绘制

任务：已知相贯体的俯、左视图，求作主视图，如图 4-66a 所示。

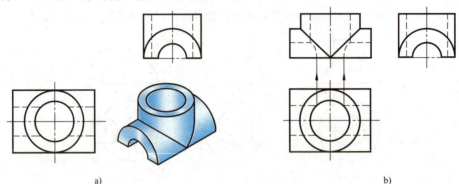

图 4-66 作相贯体的主视图

分析：该相贯体由一直立圆筒与一水平半圆筒正交而成，内外表面都有交线。外表面为两个等径圆柱面相交，相贯线为两条平面曲线（椭圆），其水平投影和侧面投影都积聚在它们所在圆柱面有积聚性的投影上，正面投影为两段直线。内表面的相贯线为两段空间曲线，水平投影和侧面投影也都积聚在圆柱孔有积聚性的投影上，正面投影为两段曲线。

作图：作等径圆柱外表面相贯线的正面投影，为两段斜线；作圆孔内表面相贯线的正面投影，采用简化画法作两段圆弧，圆弧弯向直径较大的圆孔的轴线，如图 4-66b 所示。

4.4.2 接头三视图的绘制

任务：如图 4-67a 所示，补全接头的三面投影。

分析：接头由圆柱左端开槽、右端切肩而成。圆柱左端开槽由前、后两个平行于圆柱轴线且对称的正平面以及一个垂直于圆柱轴线的侧平面共同切割而成。圆柱右端切肩由上、下两个平行于圆柱轴线且对称的水平面及两个垂直于圆柱轴线的侧平面共同切割而成。所得的截交线为直线和平行于侧面的圆弧。

作图：根据槽口的水平投影画出其侧面投影（两条竖线），再按投影关系画出正面投影（图 4-67b）。作出切肩的侧面投影（两条细虚线），再按投影关系画出切肩的水平投影（图 4-67c）。擦去多余作图线，并描深（图 4-67d）。

4.4.3 顶针三视图的绘制

任务：如图 4-68a 所示，求作顶针的截交线。

分析：顶针头部由同轴的圆锥和圆柱被水平面 P 和正垂面 Q 切割而成。顶针的主视图和左视图（图 4-68b）中，截交线的投影都有积聚性，可由截交线的正面投影和侧面投影作出水平投影。

作图：

1) 如图 4-68c 所示，作出水平面 P 与圆锥表面的交线。

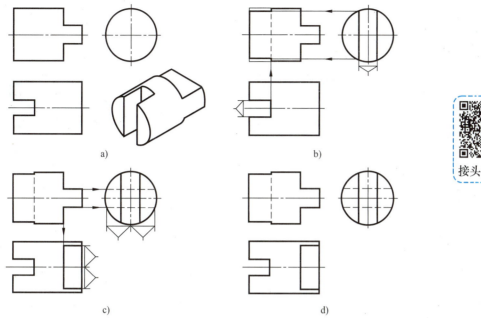

接头三视图

图 4-67 补全接头的三面投影

2) 如图 4-68d 所示，水平面 P 与圆柱表面的交线为两条直线，直接作出 ab 和 cd。正垂面 Q 与圆柱表面的交线为椭圆的一部分，椭圆曲线的最右点可由 e' 作出 e，在椭圆曲线正面投影的适当位置定出 $f'(g')$，作出 f''、g''，按宽相等作出 f、g。光滑连接 b、f、e、g、d，即为正垂面 Q 与圆柱表面交线的水平投影。

注意：俯视图上 ac 一段细虚线不要漏画。

顶针的截交线

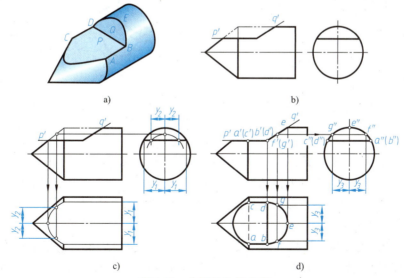

图 4-68 作顶针的截交线

【素养提升】 从基本体的投影特征入手，学会透过现象看本质，认清客观规律和尊重客观规律，准确地绘制立体的投影，在绘图过程中感受严谨细致的工匠精神，培养科学精神。

项目五

组合体三视图的识读与绘制

从形体的角度来分析,任何复杂的机械零件都可以看成是由若干基本形体按一定方式组合而成的。由两个或两个以上的基本形体组合构成的形体称为组合体。

5.1 组合体的构形

5.1.1 组合体的形体分析

1. 组合体的组合形式

组合体的组合形式,通常分为叠加型和切割型两种。叠加型组合体是由若干基本形体叠加而成的,如图 5-1a 所示形体由两个 L 形的形体叠加而成。切割型组合体是由基本形体经过切割、开槽或穿孔后形成的,如图 5-1b 所示形体是由四棱柱经过两次切割后再开槽形成的。大多数组合体是两种形式的综合,如图 5-1c、d 所示的形体。

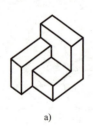 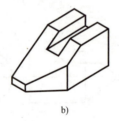  

a)　　　　　　　　b)　　　　　　　　c)　　　　　　　　d)

图 5-1　组合体的组合形式

2. 形体分析法

在分析组合体时,通常按照组合体的结构特点和各组成部分的相对位置,将其划分为若干基本形体,通过分析各基本形体的形状、组合形式及相对位置,综合起来想象出其形状或画出视图,这种分析方法称为形体分析法。在组合体的构形、画图、读图、标注尺寸等过程中都要运用形体分析法。

如图 5-2 所示的支座,根据其形体特点,可分解为圆筒、底板、肋板、耳板和凸台。底板的两侧面与圆筒相切;肋板和耳板的侧面均与圆筒相交,肋板的底面与底板的顶面叠合,耳板顶面与圆筒顶面共面;凸台与圆筒轴线垂直相交,两通孔连通。

3. 组合体相邻表面间的连接关系

组合体上相邻表面间的连接关系有不共面、共面、相切和相交等几种情况。

(1) 不共面　两形体邻接表面不共面时,两表面间有分界线,在视图中应画出该分界

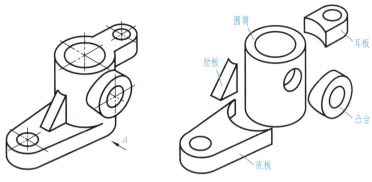

图 5-2 支座的形体分析

线，如图 5-3a 所示。

（2）共面　两形体邻接表面共面时，在共面处不应有邻接表面的分界线，如图 5-3b、c 所示。

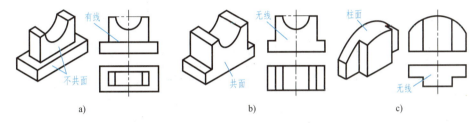

图 5-3 形体表面不共面或共面

（3）相切　两形体邻接表面相切时，由于相切是光滑过渡，所以在视图中不画出切线的投影。如图 5-4 所示，耳板前后平面与圆筒表面相切，相切处不画线；耳板上表面的投影应画至切点处。

有一种特殊情况必须注意，如图 5-5 所示的两个压铁：两圆柱面相切，当圆柱面的公共切平面倾斜或平行于

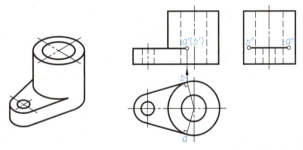

图 5-4 形体表面相切

投影面时，在该投影面上不画出两个圆柱面的分界线；当圆柱面的公共切平面垂直于投影面时，在该投影面上应画出两个圆柱面的分界线。

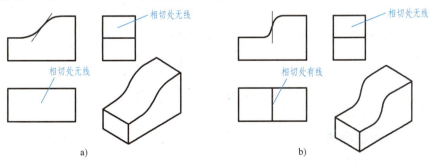

图 5-5 相切的特殊情况

（4）相交　两形体相交时，其相邻表面产生交线，在相交处应画出交线的投影，如图 5-6 所示。

如图 5-7 所示，无论是两实心形体表面相交，还是实心形体与空心形体表面相交，只要形体的大小和相对位置一致，其交线就相同。两实心形体相交时，两实心形体已融为一体，圆柱面上如图 5-7a 所示的原来的一段轮

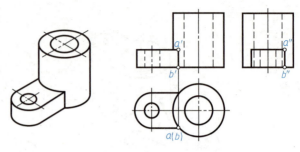

图 5-6　形体表面相交

廓线已不存在；圆柱被穿矩形孔后，圆柱面上如图 5-7b 所示的原来的一段轮廓线已被切掉。

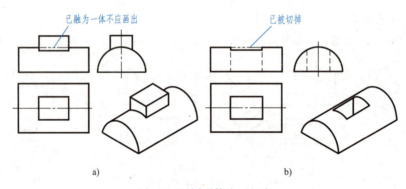

图 5-7　不同形体表面相交

如图 5-8 所示的支座，由于支座底板的前、后侧面与圆筒的外圆柱表面相切，在主、左视图上相切处不画线，底板顶面在主、左视图上的投影应画到切点处。支座的耳板和肋板前、后面均与圆筒的外圆柱表面相交，要画出交线。耳板顶面与圆筒顶面共面，俯视图中不画分界线，但应画出耳板底面与圆柱面的交线（细虚线）。圆筒与凸台垂直相交，内外表面都有相贯线，其中两个圆柱孔相交形成的相贯线画细虚线。

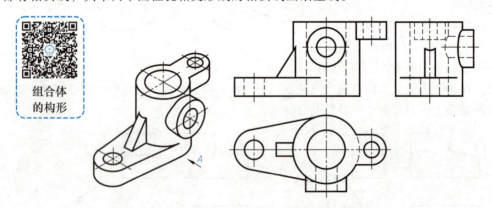

图 5-8　支座相邻表面间的连接关系分析

5.1.2　组合体的建模方法

由于组合体是由若干个基本形体通过一定的组合方式组合而成的，因此在 AutoCAD 中，

要创建组合体,首先必须创建出各基本形体,然后将这些基本形体按其组合方式进行布尔运算,最终形成组合体。下面以图 5-9 所示轴承座为例,介绍构建组合体实体模型的方法。

1. 形体分析

轴承座由底板、圆筒、支承板、肋板及凸台五部分组合而成。具体分析如下:

1)底板:底板是由 260×130×30 的长方体经底部切去 130×130×10 的小长方体,前端左、右对称穿孔 2×φ30 并倒圆角 R30 而成的。

2)圆筒:圆筒由 φ140×110 的水平圆柱体挖去 φ80 的同轴通孔而成,圆筒轴线距底板底面 160,圆筒后端面与支承板后面相距 10。

3)支承板:支承板后面与底板后端面共面,底面与底板顶面叠合,左、右斜面与圆筒外圆柱面相切。支承板厚 30,底面长 260。

4)肋板:肋板顶面与圆筒外圆柱面相交,后面和底面分别与支承板前面、底板顶面叠合。肋板底面宽 100,顶面宽 65,厚 30。

5)凸台:凸台顶面距底板底面 250,外径为 φ60,φ30 孔穿过凸台及圆筒上部。

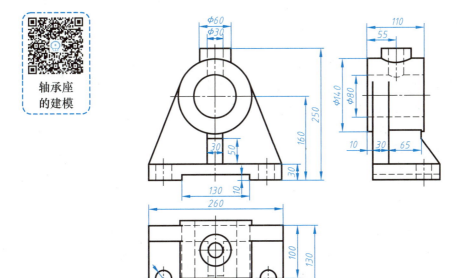

图 5-9 轴承座三视图

2. 设置视点

进入"三维建模"工作空间,单击"视图"面板"西南等轴测"按钮 ,将视点设置为西南等轴测,如图 5-10 所示。

3. 底板造型

1)绘制底板端面图形:用直线命令绘制 260×130 的长方形,用圆角命令倒两个 R30 的圆角;分别捕捉两个圆角的圆心绘制两个 φ30 的圆,如图 5-11a 所示。

2)创建面域:单击"绘图"面板的"面域"按钮,选取图 5-11a 中的所有图形,创建三个面域;单击"实体编辑"面板的"差集"按钮,从

图 5-10 设置视点

长方形面域中减去两个小圆面域，结果如图 5-11b 所示。

3) 拉伸成形：单击"建模"面板的"拉伸"按钮，将上述面域拉伸 30，结果如图 5-11c 所示。

4) 创建底板凹槽：单击"建模"面板的"长方体"按钮，在底板左下角绘制一个 130×130×10 的长方体，并用移动命令将长方体移至底板底面中点处（捕捉中点）；单击"实体编辑"面板"差集"按钮，从大长方体中减去小长方体，完成底板造型，结果如图 5-11d 所示。

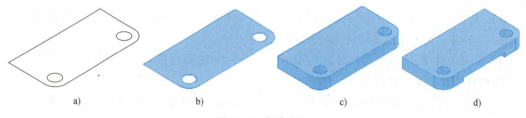

图 5-11 创建底板

4. 支承板、圆筒造型

1) 绘制支承板端面图形：单击"坐标"面板"绕 X 轴旋转"按钮，将坐标系绕 X 轴旋转 90°。捕捉底板顶面后边中点绘制一条长 130 的辅助线 L_1，捕捉 L_1 的上端点绘制 $\phi140$ 的圆；然后分别绘制斜线 L_2、L_3 和直线 L_4；修剪成形，结果如图 5-12a 所示。

2) 创建支承板：删去辅助线 L_1，将支承板端面图形生成面域，并沿 Z 轴正方向拉伸 30，生成支承板，结果如图 5-12b 所示。

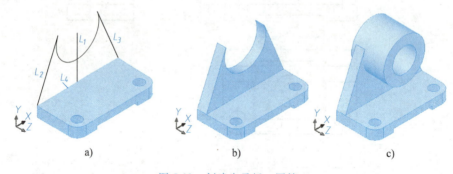

图 5-12 创建支承板、圆筒

3) 创建圆筒：捕捉支承板后端面圆心，绘制 $\phi140$ 和 $\phi80$ 的圆，并沿 Z 轴正方向分别拉伸 100；单击"差集"按钮，从大圆柱中减去小圆柱；单击"实体编辑"面板"拉伸面"按钮，将圆筒后端面沿 Z 轴负方向拉伸 10，结果如图 5-12c 所示。

5. 肋板造型

1) 绘制肋板端面图形：单击"坐标"面板"绕 Y 轴旋转"按钮，将坐标系绕 Y 轴旋转 -90°。捕捉支承板前端面底边中点，绘制图 5-13a 所示图形。

2) 创建肋板：将肋板端面图形创建成面域，并沿 Z 轴正方向拉伸 30；将肋板沿 Z 轴负方向移动 15，结果如图 5-13b 所示。

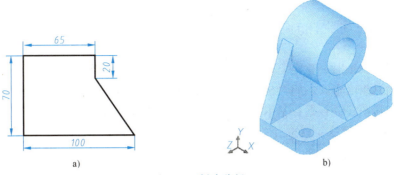

图 5-13 创建肋板

6. 凸台造型

1）绘制凸台端面图形：捕捉圆筒前、后端面的圆心绘制一辅助线，并将其沿 Y 轴正方向向上移动 90；单击"坐标"面板"世界坐标系"按钮，将当前用户坐标系设置为与世界坐标系对齐；捕捉该辅助线的中点绘制 $\phi30$ 和 $\phi60$ 的圆；删除辅助线。

2）创建凸台：将 $\phi30$ 圆向下拉伸 70，将 $\phi60$ 圆向下拉伸 30，结果如图 5-14a 所示；将圆筒与 $\phi60$ 圆柱用"并集"命令进行合并，再从合并后的实体中用"差集"命令减去 $\phi30$ 圆柱，结果如图 5-14b 所示。

图 5-14 创建凸台

7. 完成轴承座造型

将底板、支承板、肋板和凸台用并集命令进行合并，完成轴承座造型。应用"可视化"选项卡"视觉样式"面板中的命令按钮调整实体的显示效果，如图 5-15 所示。

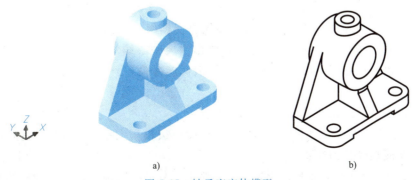

图 5-15 轴承座实体模型

5.2 组合体三视图的画法

画组合体三视图时,首先要运用形体分析法对组合体进行形体分析,将其分解为若干基本形体,明确其组合形式、相对位置、各基本形体间相邻表面的连接关系,然后逐个画出各基本形体的三视图,并根据各基本形体间的组合形式和表面连接关系修正三视图。

1. 叠加型组合体三视图的画法

(1) 形体分析 如图 5-16 所示轴承座,根据形体特点,将其分解为五部分:凸台、圆筒、支承板、肋板及底板。凸台与圆筒是两个垂直正交的空心圆柱,在内、外表面上都有相贯线。支承板、肋板和底板分别是不同形状的平板,底板上开有矩形通槽。支承板的左、右侧面与圆筒的外圆柱面相切,肋板的左、右侧面与圆筒的外圆柱面相交,底板的顶面与支承板、肋板的底面互相叠合。

图 5-16 轴承座形体分析

(2) 选择主视图 主视图应尽量反映机件的形状特征。如图 5-17 所示,将轴承座按自然位置安放后,对从 A、B、C、D 四个投射方向所得的视图进行比较,确定主视图。

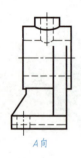 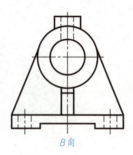 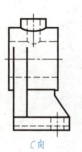 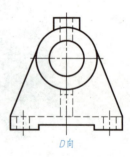

图 5-17 根据形状特征选择主视图

如图 5-17 所示,若以 D 向作为主视图,细虚线较多,显然没有 B 向清楚;C 向与 A 向视图虽然虚、实线的情况相同,但如以 C 向作为主视图,则左视图上会出现较多细虚线,没有 A 向好;再比较 B 向与 A 向视图,B 向更能反映轴承座各部分的形状特征,所以确定 B 向作为主视图的投射方向。

(3) 画图步骤 画组合体三视图时,首先要根据组合体的大小和复杂程度,选取绘图比例和图纸幅面;然后确定各视图的位置,画出主要中心线和作图基线;再按形体分析法,从主要形体入手,按各基本形体的相对位置及表面连接关系,逐个画出三视图。具体作图步骤如图 5-18 所示。

画叠加型组合体三视图时应注意以下几点:

1) 在逐个画基本形体时,同一形体的三视图应按投影关系同时画出,这样既能避免漏线、多线,又能提高绘图速度。

2) 画每一部分基本形体时,应先画出反映该部分形状特征的视图。如圆筒和支承板在主视图上反映它们的形状特征，所以应先画主视图，再画俯视图和左视图。

3）完成各基本形体的三视图后，应检查各基本形体间表面连接处的投影是否正确。如支承板左、右斜面与圆筒的外圆柱面相切，其左、右斜面轮廓线在俯视图和左视图上的投影应画到切点处。

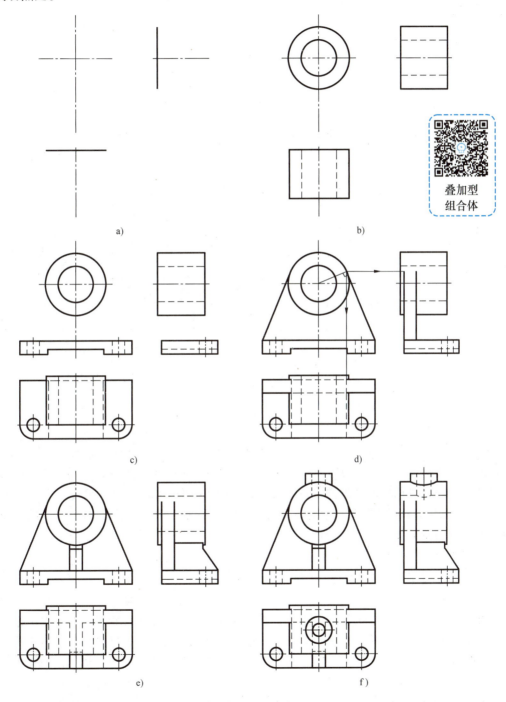

图 5-18　轴承座画图步骤

a）画各视图的主要中心线和基准线　b）画圆筒　c）画底板　d）画支承板　e）画肋板　f）画凸台

2. 切割型组合体三视图的画法

图 5-19a 所示组合体可看作是由长方体切去形体 1、2、3 而形成的。切割型组合体可在形体分析的基础上，结合线面分析法作图。线面分析法是根据线、面的投影特性来分析组合体的表面形状、表面交线及面与面的相对位置，来帮助读懂或表达局部结构。

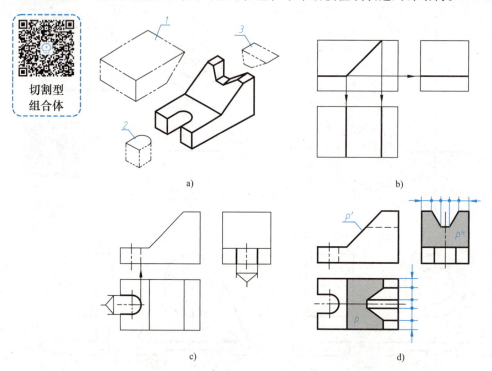

图 5-19　切割型组合体三视图的画法

画切割型组合体三视图时应注意以下几点：

1）作切口投影时，应先画出反映形体特征轮廓且具有积聚性投影的视图，再按投影关系画出其他视图。如切去形体 1 时，先画主视图中的切口，再画俯、左视图中的图线（图5-19b）；切去形体 2 时，先画俯视图中的槽，再画主、左视图中的图线（图 5-19c）；切去形体 3 时，先画左视图中的梯形槽，再画出主、俯视图中的图线（图 5-19d）。

2）注意切口截面投影的类似性。如图 5-19d 中的梯形槽与正垂面 P 相交形成截面，其水平投影 p 与侧面投影 p'' 为类似形。

5.3　组合体的尺寸标注方法

视图只能表达组合体的结构和形状，其各部分的大小及相对位置要通过图中所标注的尺寸来确定。组合体尺寸标注的基本要求是：正确、完整和清晰。正确是指尺寸注法符合国家标准的规定；完整是指所注尺寸不遗漏、不重复；清晰是指尺寸标注清楚、排列整齐，便于看图。

1. 基本体的尺寸标注

平面立体的尺寸应根据具体形状进行标注。如图 5-20 所示，棱柱应注出底面尺寸和高度尺寸；棱台应注出顶面和底面尺寸以及高度尺寸。正棱锥和正棱柱可标注其底面外接圆直径和高度尺寸；正六棱柱也可标注其底面正六边形的对边尺寸，将其对角线尺寸作为参考尺寸（加上括号）。标注正方形尺寸时，在边长尺寸数字前，加注正方形符号"□"。

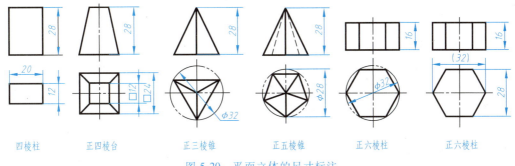

图 5-20 平面立体的尺寸标注

曲面立体的尺寸标注如图 5-21 所示。圆柱、圆锥应注出底圆直径和高度尺寸，圆台还要注出顶圆直径。曲面立体在标注尺寸后，只要用一个视图就能确定其形状和大小，其他视图可省略不画。

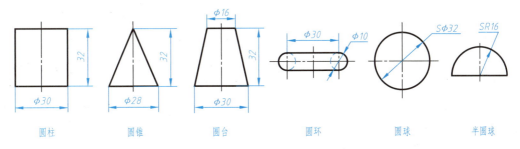

图 5-21 曲面立体的尺寸标注

2. 带切口形体的尺寸标注

带切口的形体，除了标注基本体的尺寸外，还要注出确定截平面位置的尺寸。由于形体与截平面的相对位置确定后，切口的交线已完全确定，因此不应在交线上标注尺寸，图 5-22 中画"×"的尺寸为多余尺寸。

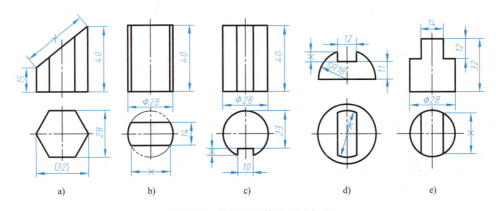

图 5-22 带切口形体的尺寸标注

3. 组合体的尺寸标注

标注组合体尺寸时，首先应进行形体分析，并选定尺寸基准，长、宽、高三个方向上都应有一个尺寸基准，常选择组合体的底面、端面、对称平面、主要回转体的轴线等作为尺寸基准；然后标注各组成部分的定形、定位尺寸；最后标注总体尺寸并进行适当调整。

下面以图 5-23 所示轴承座为例，说明组合体尺寸标注的方法与步骤。

（1）选定尺寸基准　选择轴承座的左右对称平面作为长度方向的尺寸基准，圆筒的后端面作为宽度方向的尺寸基准，底板的底面作为高度方向的尺寸基准，如图 5-23a 所示。

（2）标注定形尺寸　定形尺寸是指确定组合体中各基本形体大小的尺寸。如图 5-23b 所示，圆筒的定形尺寸 $\phi 80$、$\phi 140$、110，凸台的定形尺寸 $\phi 30$、$\phi 60$ 等。

（3）标注定位尺寸　定位尺寸是指确定组合体中各基本形体之间相对位置的尺寸。如图 5-23c 所示，圆筒的定位尺寸 160，凸台的定位尺寸 55、250 等。

（4）标注总体尺寸　轴承座的总长 260、总高 250，在图上已经注出。总宽尺寸应为 140，因为已经注出了底板的宽度尺寸 130 和支承板的定位尺寸 10，总宽尺寸不宜再标注，如需要注出，可作为参考尺寸（加括号）注出。

（5）校核　按正确、完整、清晰的要求校核标注的尺寸，轴承座标注完整的尺寸如图 5-23d 所示。

4. 标注尺寸的注意事项

1) 同一基本形体的定形尺寸及有联系的定位尺寸尽量集中标注，与两视图有关的尺寸最好布置在两个视图之间。如图 5-23d 所示，底板上两圆孔的定形尺寸 $2\times\phi 30$ 和定位尺寸 200、100 就集中标注在俯视图上，这样集中标注便于读图。

2) 尺寸应标注在表达形状特征明显的视图上。半径尺寸尽可能标注在反映为圆弧的视图上，直径尺寸尽可能标注在非圆视图上。

3) 为了使图形清晰，应尽量将尺寸注在视图外面，以免尺寸线、尺寸数字和轮廓线相交。

4) 尽量避免在细虚线上标注尺寸。

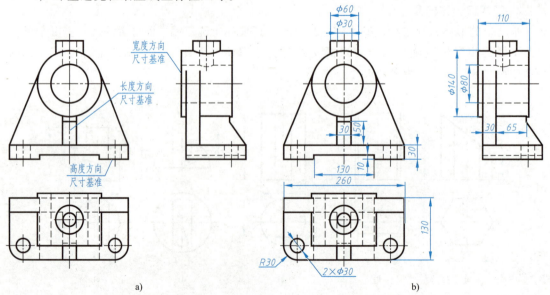

图 5-23　轴承座的尺寸标注

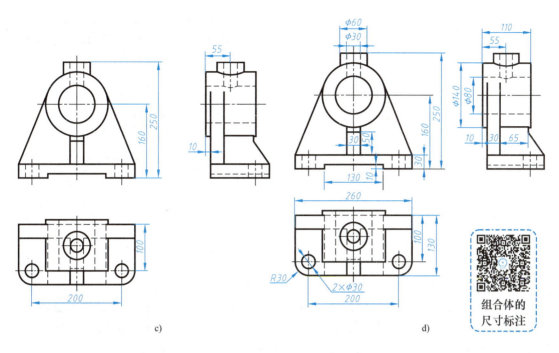

图 5-23 轴承座的尺寸标注（续）

5.4 组合体视图的读图方法

5.4.1 读图的基本要领

1. 几个视图联系起来识读

用三视图表达组合体，其中每个视图仅反映组合体一个方向的形状。因此，仅由一个或两个视图不能唯一确定组合体的形状。

如图 5-24 所示各形体，它们的主视图都相同，但俯视图不同，所表示的形体也就不同。如图 5-25 所示各形体，它们的主视图、俯视图都相同，只是左视图不同，所表示的形体仍不相同。由此可见，读图时必须将几个视图联系起来分析，才能正确地想象出物体的形状。

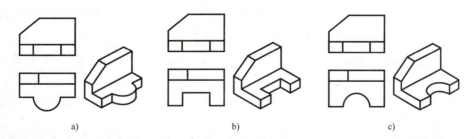

图 5-24 一个视图相同的不同组合体

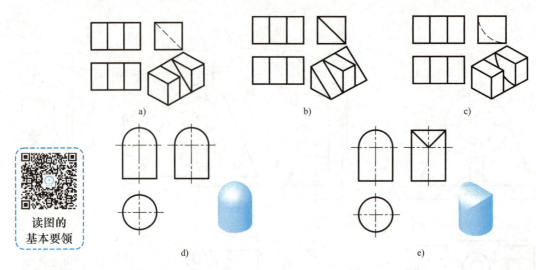

图 5-25 两个视图相同的不同组合体

2. 明确视图中线框和图线的含义

视图中的每个封闭线框，通常是组合体上一个表面（平面或曲面）的投影，如图 5-26 中的 P 面和 Q 面。若形体表面连接处为相切，则表示表面轮廓的线框不封闭，如图 5-27 中的 $ABCD$ 面，在主视图和左视图中都是不封闭的线框 $a'b'c'd'$ 和 $a''b''c''d''$。

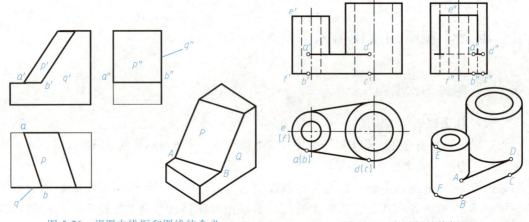

图 5-26 视图中线框和图线的含义   图 5-27 未封闭的线框

相邻两线框或大线框中套有小线框，表示组合体中不同位置的两个表面，可以从其他视图的对应图线或线框判别两者的相对位置关系。若其中一个线框的某个投影为细虚线时，还需要从可见性的角度去判断两者的位置关系，如图 5-28 所示。

视图中的每条图线可能是组合体下列要素的投影：两表面交线，如图 5-26 俯视图中的图线 ab；具有积聚性投影的平面或回转面，如图 5-26 俯视图中的图线 q 和左视图中的图线 q''，图 5-27 俯视图中的四个圆；回转面的转向轮廓线，如图 5-27 主视图中的图线 $e'f'$。

3. 从反映形体特征的视图入手

读组合体视图时，从反映形状特征最明显的视图和反映组合体各组成部分之间相对位置特征最明显的视图入手，再配合其他视图，就能准确、快速地想象出组合体的形状。

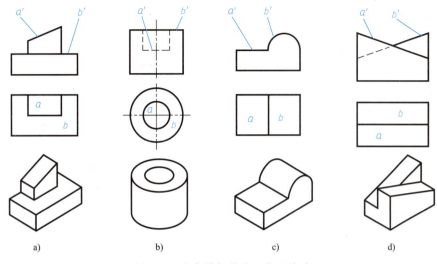

图 5-28　相邻线框的表面位置关系

图 5-29a 中的俯视图、图 5-29b 中的主视图、图 5-29c 中的左视图就是反映形状特征明显的视图。图 5-30a、b 中的左视图就是反映位置特征明显的视图。

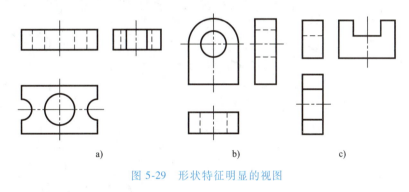

图 5-29　形状特征明显的视图

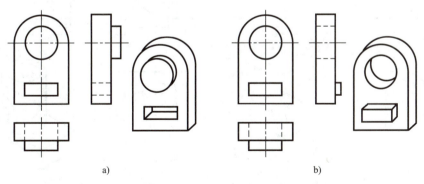

图 5-30　位置特征明显的视图

5.4.2　读图的基本方法

读图的基本方法主要是形体分析法，对于形状比较复杂的组合体，可以借助线面分析法来帮助想象和读懂不易看明白的局部结构。

1. 形体分析法

运用形体分析法读图时，首先在反映形状特征比较明显的视图上按线框将组合体划分为几部分；然后利用投影关系，找出另外两个视图中与之对应的线框；最后将几个视图中的线框联系起来综合想象出组合体的整体形状。

如图 5-31 所示，在主视图中按线框将支撑划分为三部分；再利用投影关系，找出各线框在左视图中对应的线框，分析各部分的形状和相对位置；最后综合起来想象出支撑的整体形状，并补画出俯视图。想象和补画俯视图的过程如图 5-32 所示。

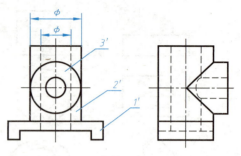

图 5-31 支撑的主、左视图

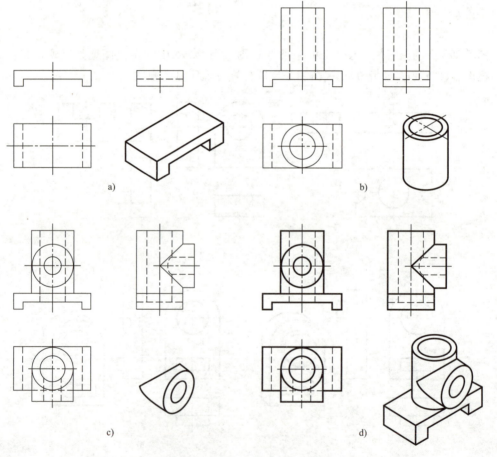

图 5-32 运用形体分析法读图

【例 5-1】 根据图 5-33a 给出的主、俯视图，补画左视图。

1) 如图 5-33a 所示，主视图中有 4 个封闭线框：1′、2′、3′、4′。

2) 将主、俯视图联系起来分析，可知线框 1′所对应的形体是半个圆柱，且其左右对称地被一个水平面和一个侧平面切去了两块，如图 5-33b 所示。与线框 2′对应的形体是在半圆柱正前方切去的一个矩形槽，如图 5-33c 所示。与线框 3′对应的形体是上方为半圆柱的 U 形体，如图 5-33d 所示。与线框 4′对应的形体是 U 形体上挖去的圆柱孔，如图 5-33e 所示。

3）在看懂了每个形体的基础上，再根据主、俯视图，确定各形体的相对位置，综合起来想象出组合体的形状，如图 5-33e 所示。

4）根据投影规律，画出组合体的左视图，如图 5-33f 所示。

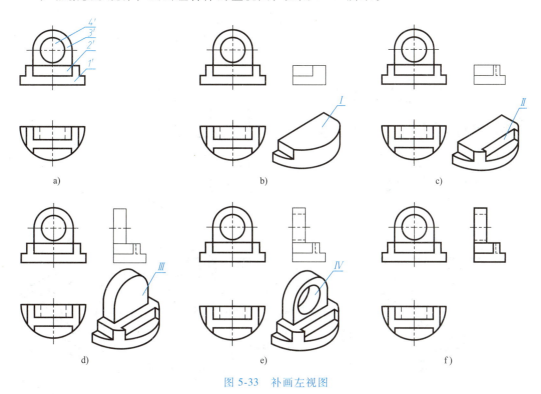

图 5-33　补画左视图

2. 线面分析法

在用形体分析法读图过程中，对组合体上某些难以看懂的结构，可从线面分析的角度去判断、想象，分析组合体上各表面的形状和相对位置，从而想象出组合体的整体形状。要灵活运用投影面垂直面或一般位置平面的类似性，来读懂图中的难点，如图 5-34 所示。

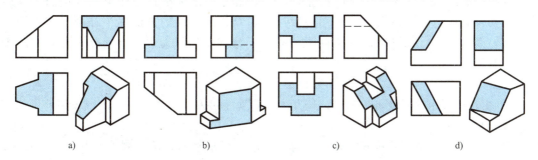

图 5-34　投影面垂直面或一般位置平面的投影特性

【例 5-2】　想象出图 5-35a 中三视图所表示的组合体形状。

1）从三个视图中的大线框可以看出组合体的轮廓基本为长方体，再从主视图左上方的矩形线框和俯、左视图中的对应线框，可初步想象出组合体的形状如图 5-35b 所示。

2）在图 5-35c 中，左视图中矩形缺口的右侧有四个线框，先分析上面两个线框 p''、q''。主视图中与 p''、q'' 线框投影对应的有图线 $1'$、$3'$ 和线框 $2'$。因为线框 $2'$ 与线框 p'' 或 q'' 不是类似形的关系，所以 $2'$ 不是 p'' 或 q'' 的对应线框。只有图线 $1'$ 和 $3'$ 与线框 p'' 或 q'' 对应。从俯视图以及 p''、q'' 的前后位置判断，图线 $1'$ 和线框 p'' 对应，为侧平面 P；图线 $3'$ 和线框 q'' 对应，为正垂面 Q。

3）在图 5-35d 中，根据主视图中两个三角形线框以及俯、左视图的对应线框，可以想象出三棱柱 A 和 B。综上分析，组合体的整体形状如图 5-35e 所示。

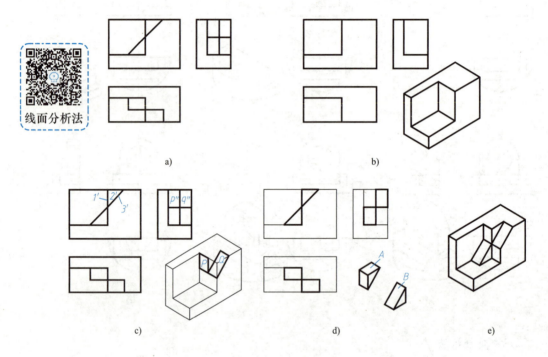

图 5-35 线面分析法读图

【例 5-3】　补画三视图中所缺的图线，如图 5-36a 所示。

分析：从已知三个视图的特征轮廓分析，该组合体是一个长方体被几个不同位置的截平面切割而成的。可借助轴测草图，采用边切割、边补线的方法逐个补画出三视图中的漏线。读组合体三视图时，轴测草图是一种十分有用的辅助手段，它对于建立空间思维很有帮助。

作图：

1）由左视图中的斜线可想象出，长方体被侧垂面切去一角。在主、俯视图中补画相应的漏线，如图 5-36b 所示。

2）由主视图中的凹槽可知，长方体的上部被一个水平面、两个侧平面开了一个通槽。补画俯、左视图中的漏线，如图 5-36c 所示。

3）由俯视图可以看出，长方体的左右被正平面和侧平面对称地各切去一角。补全主、左视图中的漏线。对照徒手画出的轴测草图，补全三视图中的漏线，检查无误后描深，如图 5-36d 所示。

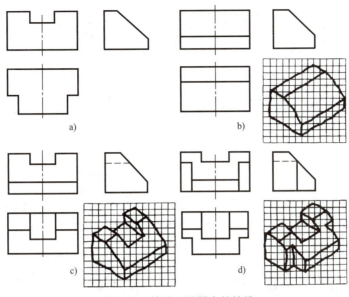

图 5-36 补画三视图中的缺线

5.5 组合体的构形设计

组合体可看作是实际机件的抽象和简化，淡化了设计和工艺的专业性要求。组合体的构形设计就是利用几何形体构建组合体，实现物体形状的模拟，并将其表达成图样。这种构形设计的过程，将空间想象、形体构思和表达三者结合起来，有利于培养空间想象能力和创新能力。

1. 构形的基本要求

（1）构形应为现实存在的实体　组合体是实际零件的抽象和简化，因此构形设计出的组合体应是实际可以存在的实体，并尽可能体现零件的结构形状和功能，如不能出现点、线连接的情况或不便于成形的封闭内腔等，如图 5-37 所示。

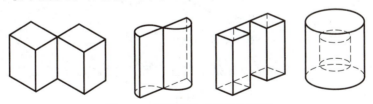

图 5-37 构形设计应注意的问题

（2）构形应力求简洁、美观和新颖　构形设计的组合体在满足和谐、美观的前提下，应力求新颖、独特。构建组合体的各形体的形状、大小、相对位置和虚实等任一因素发生变化，都将引起构形的变化，从而构造出千变万化的不同组合体，如图 5-38 所示。因此构形时应充分发挥想象力和创新思维能力，激发构形的灵感。

2. 构形设计的构思方法

（1）基于约束条件的构形设计　进行组合体构形设计训练时，常需要满足一定的约束条件。如图 5-39 所示，根据给定的主、俯视图进行构形设计。这就需要先分析所给定的约束条件，想象空间形体的凹、凸结构，平面、曲面结构，相互层次等，再进行构形设计。

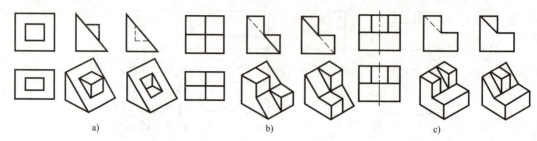

图 5-38 构形设计示例

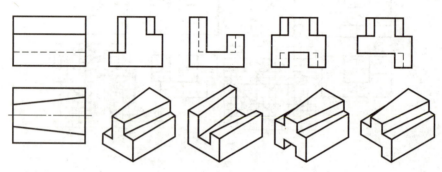

图 5-39 基于约束条件的构形设计

（2）互补体的构形设计 根据已有形体的结构特点，构形设计凹、凸相反的形体，使已有形体与构形设计的形体相配组成一个完整的基本体，如图 5-40 所示。

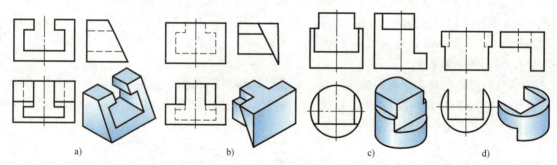

图 5-40 互补体的构形设计

（3）仿形构形设计 仿形构形设计是根据已有形体的结构，构形设计类似的形体，如图 5-41 所示。

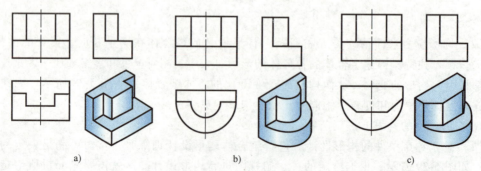

图 5-41 仿形构形设计

【例 5-4】 已知一形体三视图的外轮廓（图 5-42a），构思形体的形状，并完成三视图。

分析：主视图外轮廓为正方形，有可能是棱柱、圆柱等；主视图外轮廓为正方形且俯视图外轮廓为圆的只能是圆柱。因左视图外轮廓为三角形，考虑用两个侧垂面对称地切去圆柱的前、后两部分（图 5-42b），切割后的形体就能满足图 5-42a 所示三视图的外轮廓形状要求。

作图：在主视图上补画截交线（半个椭圆）的投影，在俯视图上补画两个截平面交线的投影（图 5-42c）。

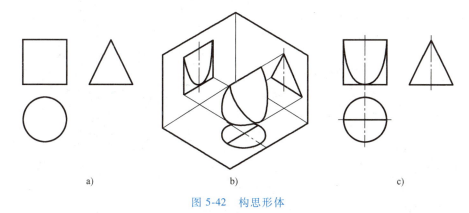

图 5-42　构思形体

5.6　轴测图的画法

正投影图能准确、完整地表达物体的形状，且作图简便，但是缺乏立体感。因此，工程上常采用直观性较强、富有立体感的轴测图作为辅助图样来表达形体，如图 5-43a、b、c 所示。轴测图是一种单面投影图。

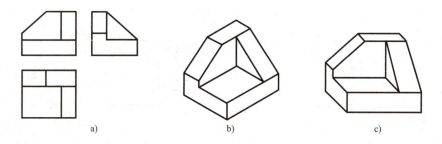

图 5-43　三视图和轴测图
a）三视图　b）正等轴测图　c）斜二轴测图

5.6.1　轴测图的基本知识

1. 轴测图的形成

如图 5-44 所示，将物体连同确定其空间位置的直角坐标系，沿不平行于任一坐标面的方向，用平行投影法投射在单一投影面上得到的具有立体感的图形称为轴测投影图，简称轴测图。

确定物体空间位置的直角坐标系的三个坐标轴 O_0X_0、O_0Y_0、O_0Z_0，在轴测投影面上的投影 OX、OY、OZ 称为轴测轴。相邻两轴测轴之间的夹角 $\angle XOY$、$\angle XOZ$、$\angle YOZ$ 称为轴间角。轴测轴的单位长度与相应直角坐标轴的单位长度的比值，称为轴向伸缩系数。OX、OY、OZ 轴的轴向伸缩系数分别用 p、q、r 表示。轴间角和轴向伸缩系数是画轴测图的两个主要参数。

2. 轴测图的分类

轴测图的种类很多，工程上常采用立体感较强，作图简便的正等轴测图（简称正等测）和斜二轴测图（简称斜二测），如图 5-44 所示。

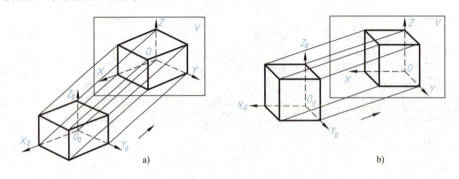

图 5-44　常用轴测图

a）正等轴测图　b）斜二轴测图

如图 5-45a 所示，正等轴测图的轴间角 $\angle XOY = \angle XOZ = \angle YOZ = 120°$，通常将 OZ 轴画成铅垂位置。轴向伸缩系数 $p=q=r\approx 0.82$，为了作图方便，通常采用简化轴向伸缩系数 $p=q=r=1$。平行于轴测轴的线段，可直接按物体上相应线段的实际长度画出。

如图 5-45b 所示，斜二轴测图的轴测轴 OX、OZ 分别为水平和铅垂方向，轴间角 $\angle XOZ = 90°$，轴向伸缩系数 $p=r=1$。OY 轴与水平线夹角为 45°，轴向伸缩系数 $q=0.5$。

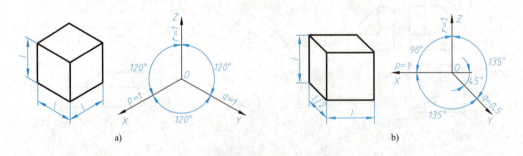

图 5-45　轴间角和轴向伸缩系数

a）正等轴测图　b）斜二轴测图

3. 轴测图的投影特性

由于轴测图是用平行投影法绘制的，所以具有平行投影特性。

1）物体上互相平行的线段，轴测投影仍互相平行；平行于坐标轴的线段，轴测投影仍平行于相应的轴测轴，且同一轴向所有线段的轴向伸缩系数相同。

2）物体上不平行于轴测投影面的平面图形，其轴测投影为原图形的类似形。

5.6.2 正等轴测图

画正等轴测图时，物体上平行于坐标轴的线段，仍平行于相应轴测轴，并可直接度量其尺寸；不与坐标轴平行的线段，可根据线段端点的坐标作出轴测图，然后连线得到该线段的轴测图。

1. 平面立体正等轴测图画法

画平面立体轴测图的基本方法是坐标法和切割法。用坐标法作图时，是沿坐标轴测量，按坐标画出各顶点的轴测投影，连接各顶点形成轴测图；对于不完整的形体，可先按完整形体画出，再用切割的方法画出其不完整部分。

【例 5-5】 绘制图 5-46a 所示正六棱柱的正等轴测图。

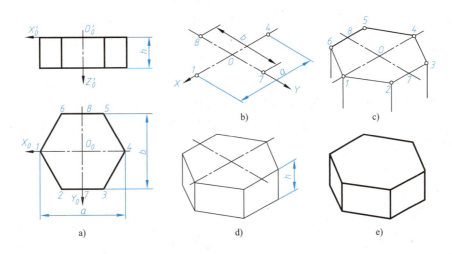

图 5-46　正六棱柱的正等轴测图画法

分析：因为轴测图只要求画出可见轮廓线，不可见轮廓线一般不必画出，因此将坐标原点 O_0 定在棱柱上底面六边形的中心，以六边形的中心线为 X_0 和 Y_0 轴。这样便于直接画出可见轮廓，使作图过程简化。

作图：定出坐标原点 O_0 和坐标轴 O_0X_0、O_0Y_0、O_0Z_0（图 5-46a）；按尺寸 a 和 b 作出轴测轴上的点 1、4 和 7、8（图 5-46b）；过点 7、8 作 X 轴的平行线，按 X 坐标作出 2、3、5、6 点，连接上底面各点，并由顶点 6、1、2、3 向下画出高度为 h 的垂直棱线（图 5-46c）；连接下底面各点并整理图形，即完成正六棱柱正等轴测图（图 5-46d、e）。

【例 5-6】 根据垫块三视图，绘制垫块正等轴测图。

分析：垫块可看成是一个长方体被正垂面切去一块，再被铅垂面切去一角而形成的。对于截切后的斜面上与坐标轴不平行的线段，在轴测图上不能直接从三视图中量取，必须按坐标作出其端点，然后再连线。

作图：定出坐标原点 O_0 和坐标轴（图 5-47a）；根据给出的尺寸 a、b、h 作出长方体的轴测图（图 5-47b）；沿与轴测轴平行的对应棱线量取 c、d，定出斜面上线段端点的位置，并连成平行四边形（图 5-47c）；根据尺寸 e、f 定出左下角斜面上线段端点的位置，连成四边形并整理图形（图 5-47d）。

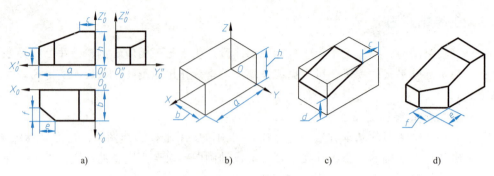

图 5-47 垫块的正等轴测图画法

【例 5-7】 画出图 5-48a 所示开槽四棱台的正等轴测图。

分析：画棱台的轴测图时，应注意图形上倾斜于轴测轴的图线，要由与轴测轴平行的图线间接转换作出。如四棱台前棱面上两条斜线 AB、CD 由槽底平面与侧面上的交线定出 B、D 点后作出。

作图：以四棱台顶面的前后、左右对称中心线和四棱台的轴线为坐标轴，画出四棱台的轴测图，定出槽口在顶面上的四个点和槽口与顶面的交线（图 5-48b）；由槽口的高度画出槽底的位置，作出槽底面与槽口前棱面的交线 BD 及后棱面上的可见交线（图 5-48c）；擦去多余作图线并整理图形（图 5-48d）。

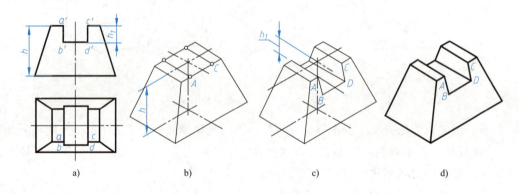

图 5-48 开槽四棱台的正等轴测图画法

2. 曲面立体正等轴测图画法

如图 5-49 所示，平行于不同坐标面的圆的正等轴测图都是椭圆，除了长短轴的方向不同外，画法都是一样的。图 5-50 所示为轴线平行于不同坐标轴的圆柱的正等轴测图。

作圆的正等轴测图时，必须弄清椭圆长短轴的方向。分析图 5-50 所示的图形可知，图中的菱形为与圆外切的正方形的轴测投影，椭圆长轴的方向与菱形的长对角线重合，椭圆短轴的方向垂直于椭圆的长轴，即与菱形的短对角线重合。

椭圆的长短轴和轴测轴有关，即圆所在的平面平行于 XOY 面时，椭圆的长轴垂直于 OZ 轴，短轴平行于 OZ 轴；圆所在的平面平行于 XOZ 面时，椭圆的长轴垂直于 OY 轴，短轴平行于 OY 轴；圆所在的平面平行于 YOZ 面时，椭圆的长轴垂直于 OX 轴，短轴平行于 OX 轴。

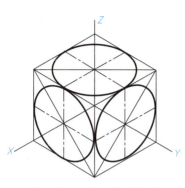
图 5-49 圆的正等轴测图

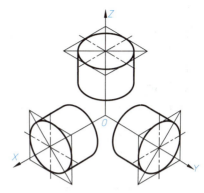
图 5-50 三个方向的圆柱的正等轴测图

【例 5-8】 绘制圆柱正等轴测图。

分析：如图 5-51a 所示，直立圆柱的轴线垂直于水平面，上、下底面为两个与水平面平行且大小相等的圆，在轴测图中均为椭圆。

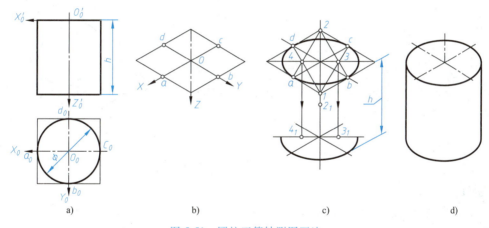

图 5-51 圆柱正等轴测图画法

作图：

1）以上底面圆心为坐标原点 O_0，中心线 O_0X_0、O_0Y_0、O_0Z_0 为坐标轴，作上底面的外切正方形，得切点 a_0、b_0、c_0、d_0，如图 5-51a 所示。

2）画轴测轴和四个切点的轴测投影 a、b、c、d，过四切点分别作 OX、OY 轴的平行线，得外切正方形的轴测菱形，如图 5-51b 所示。

3）过菱形顶点 1、2 连接 $1c$、$2b$，与菱形对角线相交得交点 3，连接 $2a$ 和 $1d$ 得交点 4，则 1、2、3、4 为近似椭圆四段圆弧的圆心。以 1、2 为圆心，$1c$ 为半径作 $\overset{\frown}{cd}$ 和 $\overset{\frown}{ab}$，以 3、4 为圆心，$3b$ 为半径作 $\overset{\frown}{bc}$ 和 $\overset{\frown}{da}$，即为上底面圆的轴测椭圆。将椭圆的三个圆心 2、3、4 沿 Z 轴平移高度 h，作出下底面圆的轴测椭圆（看不见的一半不必画出），如图 5-51c 所示。

4）作两椭圆的公切线，擦去作图线，描深，如图 5-51d 所示。

【例 5-9】 绘制开槽圆柱的正等轴测图。

分析：如图 5-52a 所示，开槽圆柱是用两个对称的水平面和一个侧平面切割形成的。侧平面与圆柱面的交线是平行于侧面的圆弧；水平面与圆柱面的交线是平行于 O_0X_0 轴的直线，水平面与圆柱端面的交线及截平面的交线都平行于 O_0Y_0 轴。先画出完整的圆柱，再用切割的方法画出开槽部分。为了便于开槽部分的作图，将坐标原点定在左端面的中心，使 O_0X_0 轴与圆柱轴线重合。

作图：定出坐标原点 O_0 和坐标轴（图 5-52a）；画出轴测轴和完整的圆柱（图 5-52b）；按槽口深度 h 作槽口底面椭圆（图 5-52c）；按槽口宽度 s 作槽口部分的轴测图（图 5-52d）；擦去作图线，描深（图 5-52e）。

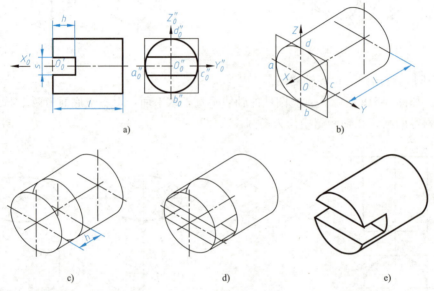

图 5-52 开槽圆柱正等轴测图画法

3. 组合体正等轴测图画法

可先将组合体分成若干个基本形体，然后根据各形体的相互位置关系组合在一起。

【例 5-10】 绘制图 5-53a 所示形体的正等轴测图。

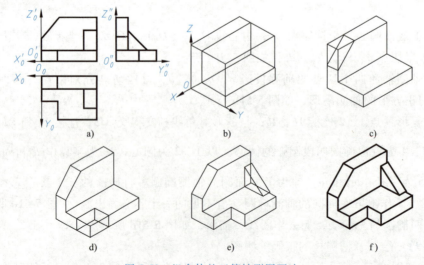

图 5-53 组合体的正等轴测图画法

分析：该形体可看作是由一个长方体经三次切割，再叠加一个三棱柱而形成的。

作图：定出坐标原点 O_0 和坐标轴（图 5-53a）；画出轴测轴和长方体的轴测图，再切割成 L 形基本形体（图 5-53b）；切去左上角（图 5-53c）；切去左下角（图 5-53d）；叠加一个三棱柱（图 5-53e）；擦去多余作图线，描深（图 5-53f）。

【例 5-11】 绘制图 5-54a 所示形体的正等轴测图。

分析：该形体由半圆头竖板和带圆角的底板组成，半圆头和圆角是组合体常见的结构。为了作图方便，将坐标原点设在底板顶面后边的中点处。

作图：

1）作侧垂的 L 形柱体，将半圆头包络在竖板的长方体内，定出竖板前端面轮廓线的切点 A、B、C；根据底板圆角的半径，在底板上底面相应的棱线上作出切点 D、E、F、G（图 5-54b）。

2）过切点 A、B、C 分别作相应各边的垂线，得交点 O_1、O_2。分别以 O_1、O_2 为圆心，O_1A、O_2B 为半径作圆弧；过切点 D、E、F、G 分别作相应各边的垂线，得交点 O_3、O_4，分别以 O_3、O_4 为圆心，O_3D、O_4F 为半径画弧（图 5-54c）。

3）由 O_1、O_2 向后平移竖板的厚度，并作出相应的圆弧；由 O_3、O_4 向下平移底板的厚度，并作出相应的圆弧（图 5-54d）。

4）作竖板右端前后两段圆弧的公切线；作底板右端上下两段圆弧的公切线；擦去作图线，描深（图 5-54e）。

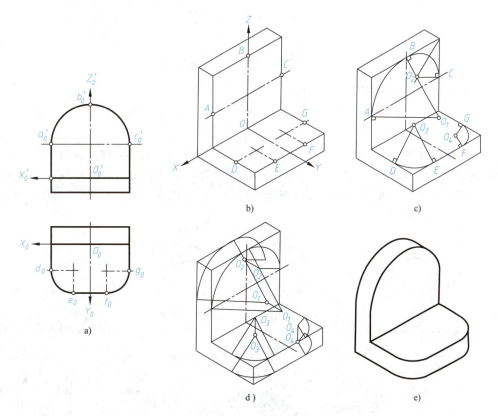

图 5-54 半圆头和圆角的正等轴测图画法

5.6.3 斜二轴测图

在斜二轴测图中，物体上平行于 $X_0O_0Z_0$ 坐标面的直线和平面图形，都反映实长和实形，所以当物体上有较多的圆或曲线平行于 $X_0O_0Z_0$ 坐标面时，采用斜二轴测图作图比较方便。

【例 5-12】 绘制带孔正六棱柱的斜二轴测图。

分析：如图 5-55a 所示，带孔正六棱柱的前、后端面平行于正面，使前端面与坐标面 $X_0O_0Z_0$ 重合，坐标轴 O_0Y_0 与孔轴线重合，正六边形和圆的轴测投影均为实形。

作图：定出坐标原点 O_0 和坐标轴（图 5-55a）；画出前端面正六边形，由正六边形各顶点沿 Y 轴方向向后平移 $h/2$，画出后端面的可见轮廓（图 5-55b）；在前端面画圆，由点 O 沿 Y 轴方向向后平移 $h/2$ 得 O_1，作出后端面圆的可见部分（图 5-55c）。

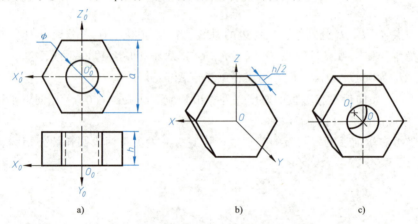

图 5-55 带孔正六棱柱的斜二轴测图画法

【例 5-13】 绘制圆台的斜二轴测图。

分析：如图 5-56a 所示，圆台的前、后端面及孔口都是圆，将圆台前、后端面平行于正面放置，作图很方便。

作图：定出坐标原点和坐标轴（图 5-56a）；作出轴测轴，在 OY 轴上量取 $L/2$，定出前端面的圆心 A（图 5-56b）；画出前、后端面的轴测圆，作两端面圆的公切线（图 5-56c）；画出前、后孔口圆的可见部分，擦去作图线并整理图形（图 5-56d）。

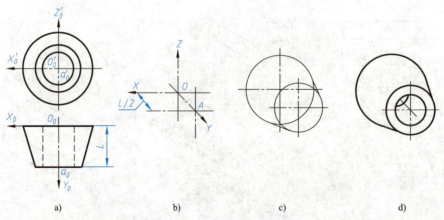

图 5-56 圆台的斜二轴测图画法

【例 5-14】 绘制支座的斜二轴测图。

分析：如图 5-57a 所示支座，前、后端面平行于正面，采用斜二轴测图作图比较方便。

作图：定出坐标原点和坐标轴（图 5-57a）；画出轴测轴，并画出与主视图完全相同的前端面图形（图 5-57b）；由 O_1 沿 O_1Y 轴向后量取 $L/2$ 得 O_2，以 O_2 为圆心画出后端面的图形（图 5-57c）；画出其他可见轮廓线及圆弧的公切线，擦去作图线并整理图形（图 5-57d）。

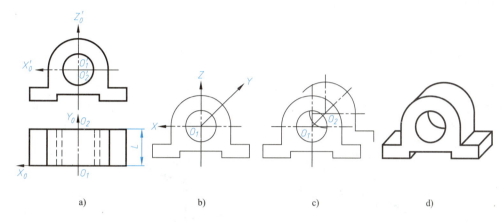

图 5-57 支座的斜二轴测图画法

【例 5-15】 绘制图 5-58a 所示法兰盘的斜二轴测图。

分析：法兰盘的正面投影有较多的圆和圆弧，画成斜二轴测图最方便。

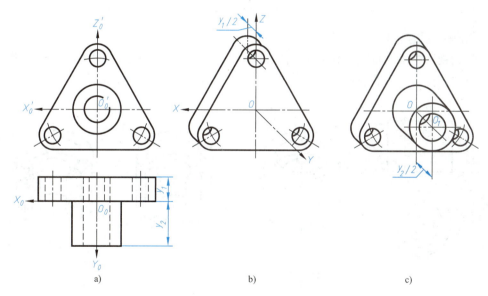

图 5-58 法兰盘的斜二轴测图画法

作图：

1) 定出坐标原点和坐标轴（图 5-58a）。

2) 画出带圆角和穿孔的三棱柱的斜二轴测图，其前面形状与主视图完全相同。沿 OY 轴方向向后移 $y_1/2$ 的距离，画出后面的可见部分轮廓（图 5-58b）。

3）画出空心圆柱的斜二轴测图。由点 O 沿 OY 轴方向向前移 $y_2/2$ 的距离，定出圆心 O_1 的位置，分别画出各圆，作相应两圆的公切线（图 5-58c）。

4）擦去作图线并整理图形。

画轴测图时，应先选择轴测图的种类，选择原则是直观性好、作图方便。正等轴测图三个坐标轴的轴向伸缩系数相等，作图方便，且直观性好。如果物体在三个方向上都有圆或圆弧，采用正等轴测图画法较为合适；当物体单一方向有圆或圆弧时，采用斜二轴测图最简便。

5.6.4 轴测剖视图

为了表达机件的内部结构，轴测图也常采用剖视画法。在剖切时，应避免用一个剖切平面剖切整个机件（图 5-59a），而应选用两个互相垂直的剖切平面（剖切平面的方向应平行于轴测投影面）将机件切去四分之一，以完整地显示出机件的内、外结构（图 5-59b）。

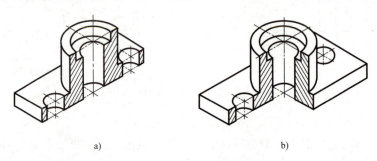

图 5-59 轴测剖视图的剖切方法

1. 轴测剖视图的画法

轴测剖视图常采用两种画法：先画出机件的整体轴测图，然后再进行剖切，如图 5-60 所示；或先画出剖面形状，再画其余部分所有可见的轮廓线，如图 5-61 所示。

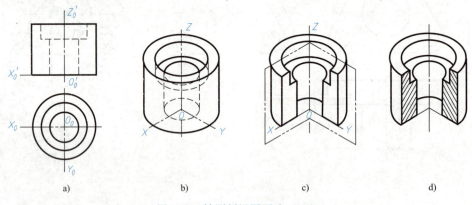

图 5-60 轴测剖视图画法（一）

2. 剖面线的画法

用剖切平面剖切机件所得的剖面要画上剖切符号，以区别于未剖切的区域。金属材料的剖面符号为间隔均匀的平行细实线，称为剖面线。剖面线方向随不同轴测图的轴测轴方向和轴向伸缩系数而有所不同，如图 5-62 所示。

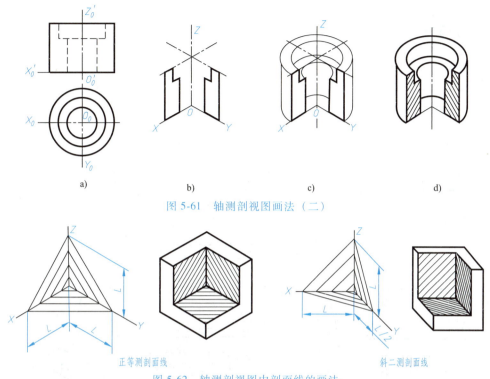

a)   b)   c)   d)

图 5-61 轴测剖视图画法（二）

正等测剖面线   斜二测剖面线

图 5-62 轴测剖视图中剖面线的画法

表示机件中间折断或局部断裂时，断裂处的边界线应画波浪线，并在可见断裂面内加画细点以代替剖面线，如图 5-63 所示。

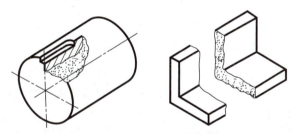

图 5-63 断裂处、折断处的画法

剖切平面通过机件的肋板或薄壁等结构的纵向对称平面时，这些结构不画剖面符号，而是用粗实线将它与邻接部分分开。如果表达不够清晰，也可以在肋板或薄壁部位用细点表示，如图 5-64 所示。

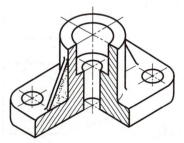

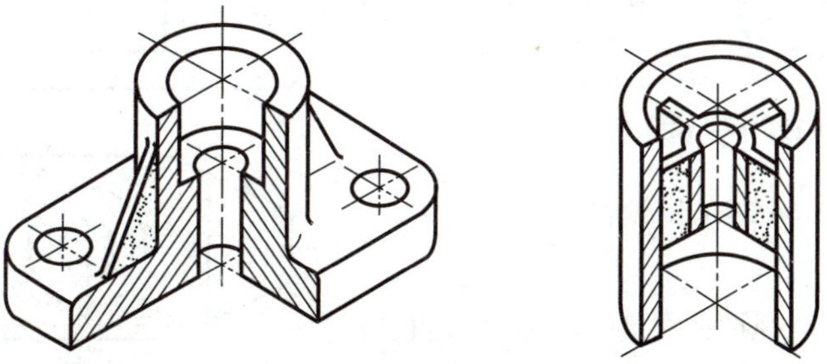

图 5-64 肋板的画法

5.7 项目案例

5.7.1 夹铁三视图的绘制

任务：已知夹铁的主、左视图，补画俯视图，如图 5-65a 所示。

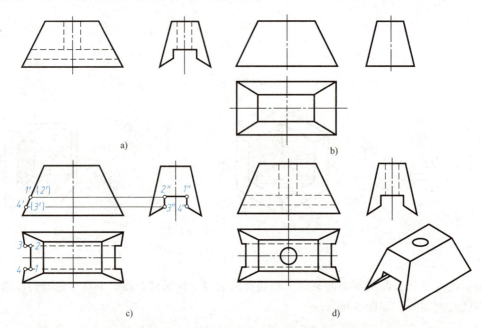

图 5-65 夹铁三视图

分析：如图 5-65a 所示的主、左视图，可以想象出夹铁的大致形状：在四棱台下部切去一个带斜面的通槽，中间沿垂直方向有一个圆孔。夹铁的左右两侧面是正垂面，通槽与正垂面相交，使侧面形成一个前后对称的多边形，这个侧面形状在左视图和俯视图上的投影是类似形，在主视图上积聚成直线。

作图：

1）夹铁的外轮廓可以想象成一个四棱台，如图 5-65b 所示。

2）根据夹铁的主、左视图作出带斜面的通槽的水平投影，如图 5-65c 所示。

3）补画圆孔的水平投影，补画带斜面的通槽及圆孔在主、左视图上形成的细虚线的投影。检查、描深，完成作图，如图 5-65d 所示。

5.7.2 压块三视图的识读

任务：读懂图 5-66 所示压块的三视图。

分析：

1）由于压块三个视图的外形基本上都是长方形，所以可想象压块是由长方体被多个平面切割

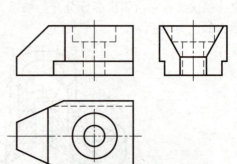

图 5-66 压块的三视图

和挖孔、切槽而形成的。

2）如图 5-67a 所示，由俯视图中的梯形线框 p 对应主视图中的斜线 p'，判断 P 面是正垂面，可想象出长方体的左上方被正垂面切去一角。平面 P 倾斜于水平面和侧面，因此其水平投影和侧面投影都是缩小的类似形（梯形）。

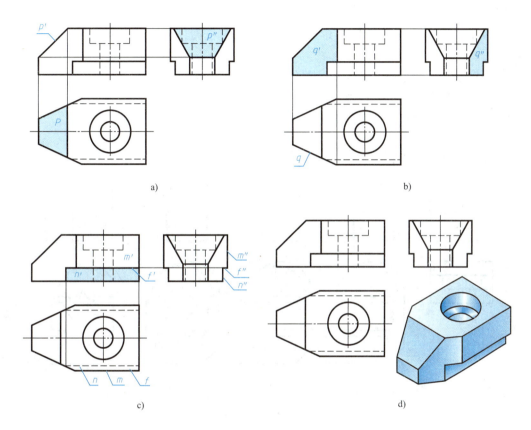

图 5-67 压块的读图过程

3）如图 5-67b 所示，由主视图中的多边形线框 q' 对应俯视图中的斜线 q，可判断 Q 面是铅垂面，长方体的左端被前后对称的两个铅垂面切割而成。

4）如图 5-67c 所示，由主视图中的长方形线框 n' 对应左视图中的直线 n"和俯视图中的细虚线 n，以及俯视图中的四边形线框 f 对应主视图中的图线 f'和左视图中的图线 f"，可判断它们分别是正平面和水平面，说明长方体的前后被这两个平面切去对称的两块。同样可判断平面 M 为正平面，在平面 N 之前。

5）如图 5-67d 所示，从主、俯视图可看出压块中间偏右挖了一个圆柱形阶梯孔。综上分析，压块的形状如图 5-67d 所示。

5.7.3 架体三视图的绘制

任务：由图 5-68a 所示架体的主、俯视图，补画左视图。

分析：主视图中有三个线框，由主、俯视图的投影关系可知：三个线框分别表示架体上三个不同位置的表面。a'线框是一个凹形块，位于架体的前面。c'线框中有一个小圆线框，与俯视图中的两条细虚线对应，可想象出是半圆头竖板上穿了一个圆孔，它位于架体的后面。从主视图可以看出，b' 线框的上部有个半圆槽，在俯视图中可找到对应的两条线，它位于 A 面和 C 面之间。因此，主视图中的三个线框实际上是架体的前、中、后三个正平面（A、B、C）的投影。

作图：

1）画出左视图的外形轮廓，并对照分析主、俯视图，分出架体的前后、高低层次（5-68b）。

2）在前层切出凹形槽，补画左视图中的细虚线（5-68c）。

3）在中层切出半圆槽，补画左视图中的细虚线（5-68d）。

4）在后层挖去圆孔，补全左视图（5-68e）。

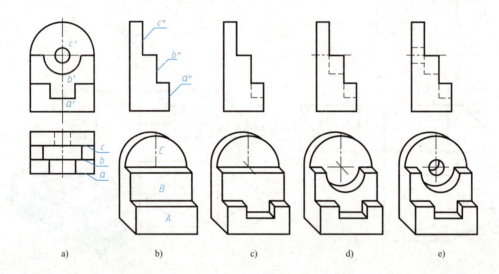

图 5-68 补画架体左视图

5.7.4 支架三视图的绘制

任务：补画图 5-69a 所示支架的主视图。

分析：由给出的两视图可以看出，俯视图较多地反映支架的结构形状，所以从俯视图着手，将其分成左、中、右三部分。分别对照左视图的投影可知：支架的中部（主体部分）是开有阶梯孔的圆柱，根据左视图中交线的形状，可以看出圆柱的前上方开有 U 形槽。支架的左部是叠加的半圆头柱体，与中部的圆柱外表面相交，且开有轴线为侧垂线的水平圆孔，圆孔与中部的圆柱内阶梯孔相交。支架的右部是圆柱头底板，底板上有小圆孔，底板的前后面与圆柱表面相切。综合上述分析，可想象出支架的整体形状如图 5-69d 所示。

作图：

1）由俯、左视图画出圆柱的主视图，并根据左视图中交线的投影以及俯视图中 U 形槽的宽度，画出主视图中 U 形槽的投影，如图 5-69b 所示。

2）由俯、左视图补画支架左部半圆头柱体在主视图中的投影，半圆头柱体与圆柱表面交线的半径 $R_1 = \phi_1/2$，水平圆孔上半部与圆柱内的阶梯孔上半部的交线半径 $R_2 = \phi_2/2$，水平圆孔下半部与阶梯孔下半部直径相等，相贯线为 45°斜线，如图 5-69c 所示。

3）补画支架右部底板在主视图中的投影。检查、描深，完成作图，如图 5-69d 所示。

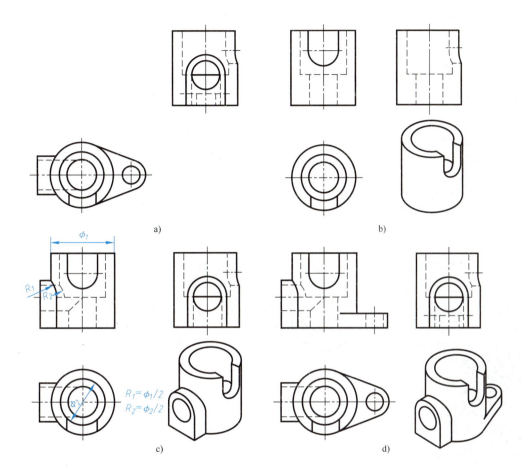

图 5-69 补画支架主视图

支架三视图的绘制

5.7.5 镶块三视图的识读

任务：补画镶块主、左视图中所缺的图线，如图 5-70a 所示。

分析：由给出的不完整三视图分析，镶块可看作是由右端切割为圆柱面的长方体，再逐步切割掉一些基本形体而形成的。由于镶块形状比较复杂，必须在形体分析的基础上结合线面分析，才能正确补画所缺的图线。

作图：

1）由左视图对照俯视图可想象出，镶块被切去前后对称的两块，补画主视图中的漏线，如图 5-70b 所示。

2）由主视图左端的缺口对照俯视图中对应的细虚线圆弧，可想象出在这个部位切去一块右侧为圆柱面的形体，补画主、左视图中的漏线，如图 5-70c 所示。

3）由俯视图中的两个同心半圆弧，可想象出在镶块左端上、下有两个半径不等的半圆柱槽，补画主、左视图中的漏线，如图 5-70d 所示。

4)由左视图中的小圆及俯视图中的对应细虚线,可想象这是一个左右贯通的圆孔,补画主视图中的漏线,要注意两段相贯线不要漏画,如图 5-70d 所示。

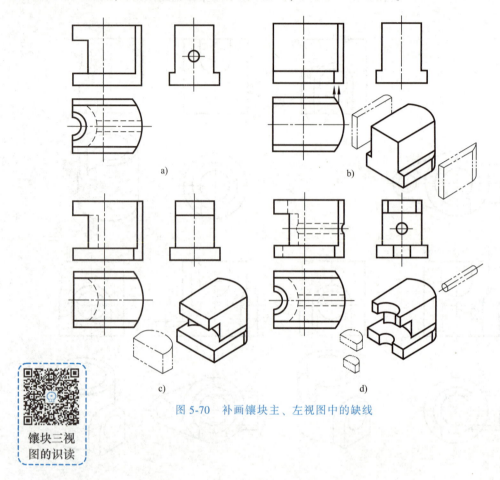

图 5-70　补画镶块主、左视图中的缺线

镶块三视图的识读

【素养提升】　在三视图中,三个视图各有表达的重点但彼此又相互联系,共同表达物体的形状。通过引导学生自主探究和开拓创新,利用所学知识不断地"由物想图、由图想物",进行创新思维训练,从而激发学生的学习积极性,培养学生的创新精神和实践能力。

项目六

图样基本表示法的应用

工程实际中，机件的结构形状多种多样，其复杂程度也不尽相同，仅采用三视图往往不能将它们表达清楚和完整。为此，国家标准中规定了视图、剖视图、断面图、局部放大图、简化画法等基本表示法。

6.1 视图

用正投影法所绘制的物体的图形称为视图。视图主要用来表达机件的外部结构和形状，对于机件中不可见的部分，必要时才用细虚线画出。

视图分为基本视图、向视图、局部视图和斜视图四种。

6.1.1 基本视图

将机件向基本投影面投射所得的视图称为基本视图。

在原有三个投影面的基础上，再增加三个投影面，如图 6-1a 所示，构成一个正六面体。正六面体的六个面称为基本投影面，表示一个机件就有六个基本投射方向。将机件放在正六面体内，采用正投影法分别向六个基本投影面投射，可得到六个基本视图。

六个基本视图及投射方向规定如下：

主视图——由前向后投射所得的视图；后视图——由后向前投射所得的视图；
俯视图——由上向下投射所得的视图；仰视图——由下向上投射所得的视图；
左视图——由左向右投射所得的视图；右视图——由右向左投射所得的视图。

六个基本投影面展开时，规定正面不动，其余投影面按图 6-1b 所示展开到与正面在同一个平面上。

六个基本视图的配置关系如图 6-2 所示，符合图示的配置规定时，图样中一律不标注视图名称。六个基本视图仍保持"长对正、高平齐、宽相等"的投影关系。除后视图外，在围绕主视图的俯、仰、左、右四个视图中，远离主视图的一侧表示机件的前方，靠近主视图的一侧表示机件的后方。

实际画图时，应根据机件的复杂程度和表达需要，选用必要的基本视图，而无须将六个基本视图全部画出。

6.1.2 向视图

向视图是可自由配置的视图。当基本视图不能按图 6-2 所示的形式配置时，可按向视图绘制，如图 6-3 中的向视图 A、B、C。为了便于读图，必须在向视图的上方用大写拉丁字母

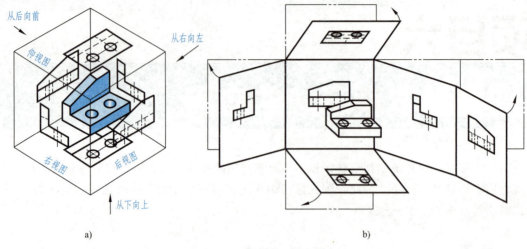

图 6-1 基本视图的形成

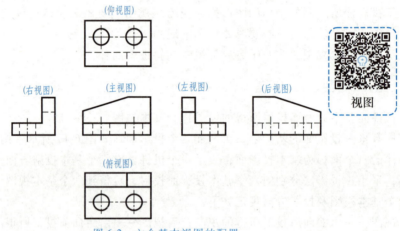

图 6-2 六个基本视图的配置

注出视图名称,并在相应的视图附近用箭头指明投射方向,注写相同的字母。

表示投射方向的箭头应尽可能配置在主视图上,以使所得视图与基本视图一致。表示后视图投射方向的箭头最好配置在左视图或右视图上。

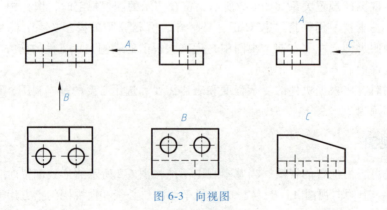

图 6-3 向视图

6.1.3 局部视图

将机件的某一部分向基本投影面投射所得的视图，称为局部视图。如图 6-4 所示机件，采用主、俯两个基本视图，其主要结构已表达清楚，但左右两个凸台的形状不够清楚，如用左视图或右视图表达，则大部分属于重复表达。采用 A 和 B 两个局部视图来表达两个凸台形状，既简练又突出重点。

局部视图的配置、画法和标注：

1) 局部视图可按基本视图的配置形式配置，当局部视图按投影关系配置，中间又没有其他图形隔开时，可省略标注，如图 6-4 中的局部视图 A；也可按向视图的配置形式配置并标注，如图 6-4 中的局部视图 B。

2) 局部视图的断裂边界用波浪线或双折线表示，波浪线不应超出机件实体的投影范围，如图 6-4 中的局部视图 A；但当局部视图所表达的局部结构是完整的，其图形的外轮廓线呈封闭时，波浪线可省略不画，如图 6-4 中的局部视图 B。

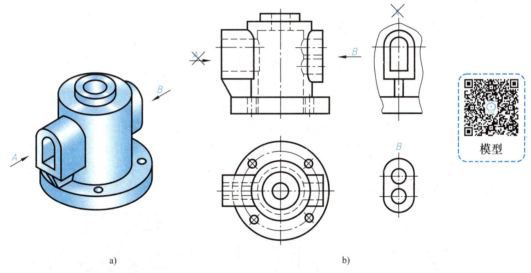

图 6-4 局部视图

6.1.4 斜视图

将机件向不平行于基本投影面的平面投射所得的视图称为斜视图。

当机件上某部分的倾斜结构不平行于任何基本投影面时，则在基本视图中不能反映该部分的实形，会给绘图和看图带来困难。可增加一个新的辅助投影面，使它与机件上倾斜的部分平行（且垂直于某一个基本投影面）；然后将机件上的倾斜部分向新的辅助投影面投射（图 6-5a）；再将新投影面按箭头所指方向旋转到与其垂直的基本投影面重合的位置，即可得到反映该部分实形的斜视图（图 6-5b）。

斜视图的配置、画法和标注：

1) 斜视图常用于表达机件上倾斜结构的局部形状，其余部分不必画出，用波浪线或双折线断开，并通常按向视图的配置形式配置并标注，如图 6-5b 中的斜视图 A。

2）必要时，允许将斜视图旋转配置，并加注旋转符号。旋转符号为半径等于字体高度的半圆弧，表示斜视图名称的字母应靠近旋转符号的箭头端，也允许将旋转角度标在字母之后，如图 6-5c 所示。斜视图可顺时针旋转或逆时针旋转，但旋转符号的箭头方向要与实际旋转方向一致。

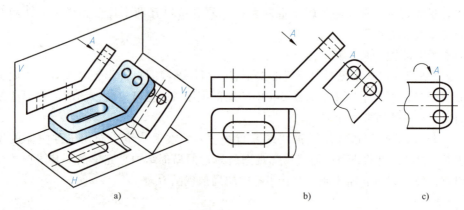

图 6-5　斜视图

以上介绍了基本视图、向视图、局部视图和斜视图，在实际绘图时，应根据表达需要灵活选用。在完整、清晰地表达机件结构形状的前提下，力求视图表达简捷、明了。

如图 6-6a 所示压紧杆的三视图，由于压紧杆左端耳板是倾斜结构，所以俯视图和左视图都不能反映实形，不便于画图和读图。为了表达压紧杆的倾斜结构，增加一个平行于耳板的正垂面作为辅助投影面，沿垂直于正垂面的 A 向投射，在辅助投影面上就可得到耳板的实形，如图 6-6b 所示。斜视图只是表达压紧杆倾斜结构的局部形状，所以画出耳板的实形后，用波浪线断开，其余部分的轮廓线不必画出。

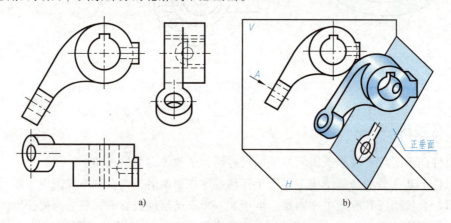

图 6-6　压紧杆斜视图的形成

比较图 6-7 所示压紧杆的两种表达方案，显然图 6-7b 的视图布置更为紧凑。表达右端凸台的局部视图按第三角画法配置在主视图的右边，用细点画线连接两图形，不必标注；将斜视图 A 旋转配置；将图 6-7a 中的局部视图 B 按投影关系配置在主视图下方，中间设有图形隔开，不必标注。

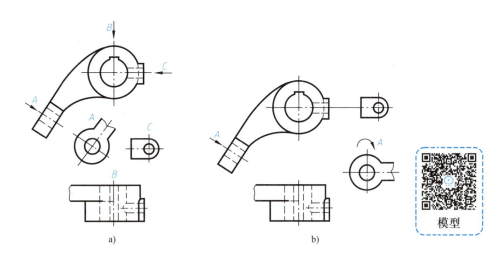

图 6-7 压紧杆的表达方案

6.2 剖视图

当机件的内部结构比较复杂时，视图中会出现较多的细虚线，不便于读图和标注尺寸。为了清晰地表达机件的内部结构，国家标准规定了剖视图的基本表示法。

6.2.1 剖视图的基本概念

1. 剖视图的形成

假想用剖切面剖开机件，将处在观察者与剖切面之间的部分移去，将其余部分向投影面投射所得的图形称为剖视图，简称剖视，剖视图的形成过程如图 6-8b 所示。

如图 6-8a、c 所示，将视图与剖视图相比较可以看出，由于主视图采用了剖视图的画法，将机件上不可见的部分变成可见的，视图中的细虚线在剖视图中变成了粗实线，再加上在剖面区域内画上了剖面线，图形层次分明，表达更为清晰。

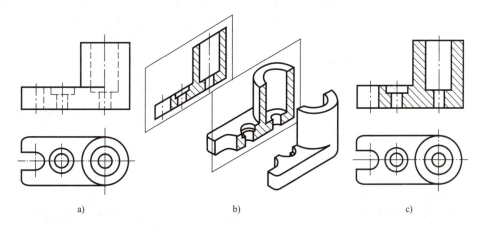

图 6-8 剖视图的形成

2. 剖面区域的表示法

机件被假想剖开后，剖切面与机件的接触部分（称为剖面区域）要画出与材料相应的剖面符号。材料不同，剖面符号的画法也不同，国家标准规定了剖面区域的表示法，见表6-1。

表6-1　剖面区域表示法（摘自 GB/T 4457.5—2013）

金属材料 （已有规定剖面符号者除外）		线圈绕组元件	
非金属材料 （已有规定剖面符号者除外）		转子、电枢、变压器和电抗器等的叠钢片	
型砂、填砂、粉末冶金、砂轮、陶瓷刀片、硬质合金刀片等		玻璃及供观察用的其他透明材料	
木质胶合板（不分层数）		格网（筛网、过滤网等）	
木材	纵断面	液体	
	横断面		

金属材料的剖面符号为间隔均匀的平行细实线，称为剖面线。同一图样中，同一金属零件的各个剖面区域，其剖面线应画成间隔相等、方向相同且一般与剖面区域的主要轮廓或对称线成45°的平行线，如图6-9所示。必要时剖面线也可画成与主要轮廓线成适当角度，如图6-10所示。

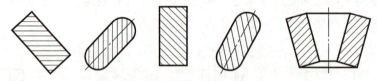

图6-9　剖面线的画法

3. 画剖视图时的注意事项

（1）剖切面的位置　画剖视图时，为了表达机件内部的真实形状，剖切面一般通过机件内部结构的对称面、基本对称面或孔、槽的轴线，如图6-11a所示。

（2）剖视图是一种假想画法　因为剖切是假想的，并不是真的把机件切去一部分，因此，除剖视图本身外，其余视图仍应完整画出。如图6-11b中俯视图应画成完整的，图6-11c中俯视图的画法是错误的。

（3）不可漏画可见轮廓线　在剖切面后面的可见轮廓线应全部用粗实线画出，如图6-12所示为常见孔、槽的剖视图画法。

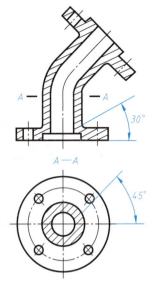

图 6-10 特殊角度的剖面线画法

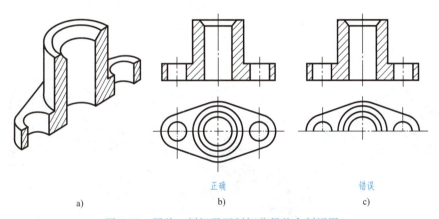

a)　　　　　　　正确 b)　　　　　　　错误 c)

图 6-11 用单一剖切平面剖切获得的全剖视图

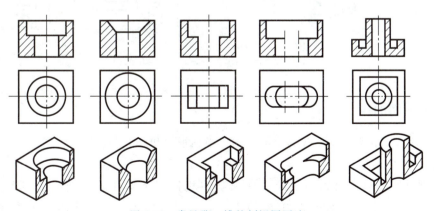

图 6-12 常见孔、槽的剖视图画法

（4）注意细虚线的取舍　为了使剖视图清晰，凡是在其他视图上已经表达清楚的结构形状，其细虚线可省略不画。但当结构形状没有表达清楚时，允许在剖视图或其他视图中画出必要的细虚线，如图 6-13 所示，主视图中机件底板的厚度是用细虚线表示的。

4. 剖视图的配置与标注

1) 剖视图可按投影关系配置在与剖切符号相对应的位置（图 6-14 中的 A—A），也可配置在有利于图面布局的位置（图 6-14 中的 B—B）。

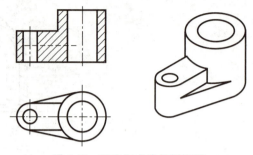

图 6-13　画出细虚线的剖视图

2) 为了便于读图，剖视图一般应标注，如图 6-14a 所示。标注的内容包括：

① 剖切线：指示剖切面的位置，用细点画线表示，通常可省略不画。

② 剖切符号：指示剖切面起、迄和转折位置（用粗短画线表示）及投射方向（用箭头表示）。

③ 字母：在剖视图上方用大写拉丁字母标注剖视图的名称"×—×"，并在剖切符号的起、迄和转折处注写与剖视图名称相同的字母。

3) 当单一剖切平面通过机件的对称平面或基本对称平面，且剖视图按投影关系配置，中间没有其他图形隔开时，可省略标注，如图 6-8c 所示。当剖视图按投影关系配置时，可省略箭头，如图 6-14b 中的 A—A。

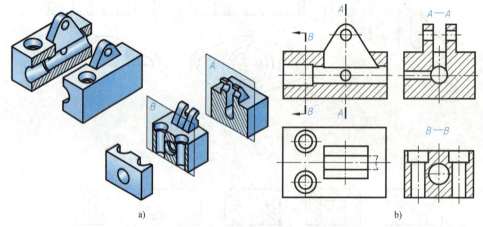

图 6-14　剖视图的配置与标注

6.2.2　剖视图的种类

根据剖切范围，剖视图可分为全剖视图、半剖视图和局部剖视图三种。

1. 全剖视图

用剖切面（剖切面可以是平面或柱面）将机件完全剖开所得到的剖视图称为全剖视图。全剖视图用于表达外形比较简单，内部结构较为复杂且不对称的机件，如图 6-15 所示泵盖。

如图 6-16 所示，同一机件可以假想进行多次剖切，画出多个剖视图。必须注意，各剖视图的剖面线方向和间隔应完全一致。如图 6-16b 所示，当剖切平面沿纵向剖切肋板（剖切

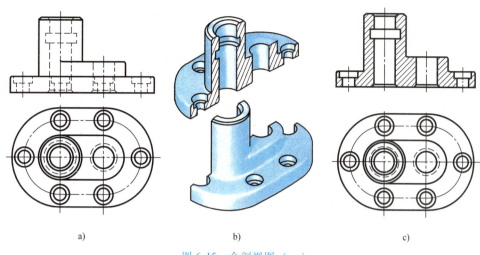

图 6-15　全剖视图（一）

平面通过肋板的纵向对称平面）时，肋板不画剖面线，而用粗实线将它与其邻接部分分开；但当剖切平面沿横向剖切肋板时，肋板仍须画出剖面线。

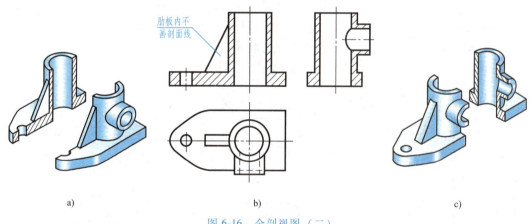

图 6-16　全剖视图（二）

2. 半剖视图

当机件具有对称平面时，在垂直于对称平面的投影面上投射所得的图形，可以对称中心线为界，一半画成剖视表达内部结构，另一半画成视图表达外形，这种剖视图称为半剖视图。如图 6-17 所示，由于该机件左右、前后都对称，所以主、俯、左视图都可画成半剖视图。

半剖视图在同一图形中能同时反映机件的内部形状和外部形状，所以常用于表达内、外部形状都比较复杂的对称机件。当机件的形状接近对称，且不对称部分已另有图形表达清楚时，也可画成半剖视图，如图 6-18 所示。

画半剖视图时应注意：

1）半个视图与半个剖视图的分界线应画细点画线。

2）机件的内部形状在半剖视图中已表达清楚的，在另一半表达外形的视图中不必再画出细虚线，但这些内部结构中的孔或槽的中心线仍应画出，如图 6-17b 所示。

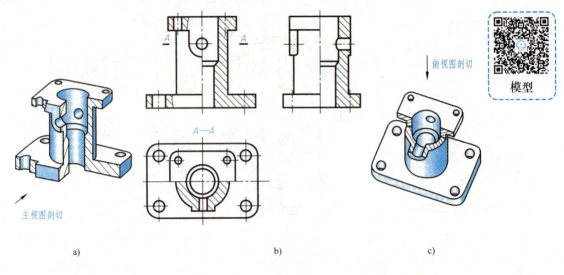

图 6-17 半剖视图（一）

3. 局部剖视图

用剖切面将机件的局部剖开，并用波浪线或双折线表示剖切范围，所得的剖视图称为局部剖视图。如图 6-19 所示箱体，其顶部有一矩形孔，底板上有四个安装孔，箱体的左右、上下、前后都不对称。为了表达内外结构形状，将主视图画成两个不同剖切位置的局部剖视图。在俯视图中，为了保留顶部的外形，采用 A—A 剖切位置的局部剖视图。

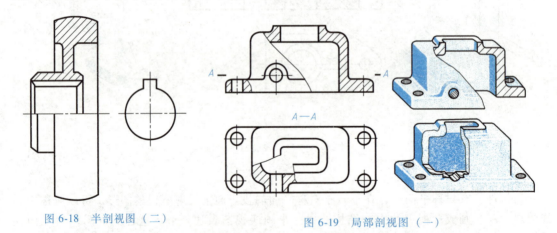

图 6-18 半剖视图（二）　　　图 6-19 局部剖视图（一）

局部剖视图的剖切位置和剖切范围根据需要而定，通常用于下列几种情况：

1）当不对称机件的内、外部形状均需表达时，可采用局部剖视图的表达方法，如图 6-19 所示。

2）实心机件（如轴、杆等）上面的孔或槽等局部结构需剖开表达时，采用局部剖视图的表达方法，如图 6-20 所示。

3）当对称机件的轮廓线与中心线重合，不宜采用半剖视图时，也常采用局部剖视图，如图 6-21 所示。

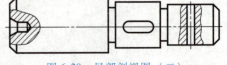

图 6-20 局部剖视图（二）

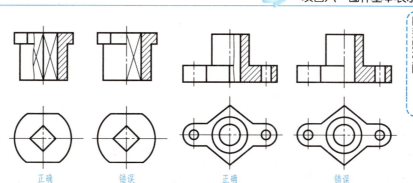

图 6-21 局部剖视图（三）

画局部剖视图时应注意以下几点：

1）局部剖视图是一种灵活、便捷的表达方法，它的剖切位置和剖切范围可根据实际需要确定。但在一个视图中，局部剖视图不宜过多，否则就会显得凌乱，影响图形的清晰度。

2）局部剖视图中，视图与剖视图的分界线画波浪线。波浪线应画在机件的实体部分，穿越孔或槽时必须要断开，不能超出实体的轮廓线（图6-22a）；也不能与其他图线重合或画在其他图线的延长线上（图6-22b、c）。

3）当被剖切结构为回转体时，允许将该结构的轴线作为局部剖视与视图的分界线（图6-22d）。

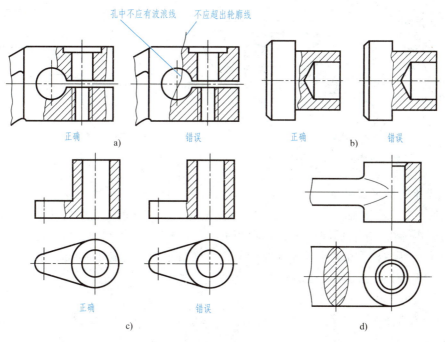

图 6-22 局部剖视图（四）

6.2.3 剖切面的种类

根据机件结构的特点和表达需要，可选用不同数量和位置的剖切面来剖开机件。国家标准规定了三种剖切面：单一剖切面、几个平行的剖切平面和几个相交的剖切面。运用其中任何一种都可得到全剖视图、半剖视图和局部剖视图。

1. 单一剖切面

（1）单一剖切平面　前面所述的全剖视图、半剖视图或局部剖视图都是采用单一剖切平面剖切机件获得的剖视图，是最常用的剖切形式。

图 6-23 所示 B—B 剖视图，是用单一斜剖切平面剖切获得的全剖视图，主要用于表达机件上倾斜部分的内部结构形状。用一个与倾斜部分的主要平面平行且垂直于某一基本投影面的单一斜剖切平面剖切，再投射到与剖切平面平行的投影面上，即可得到该部分内部结构的实形。用单一斜剖切平面获得的剖视图一般按投影关系配置在与剖切符号相对应的位置上。在不致引起误解的情况下，也允许将图形旋转配置，但必须标注旋转符号。

（2）单一剖切柱面　如图 6-24 所示机件，为了表达沿圆周分布的孔和槽等结构，可以采用单一剖切柱面进行剖切，剖视图按展开方式绘制，在剖视图上方标注"×—×展开"。

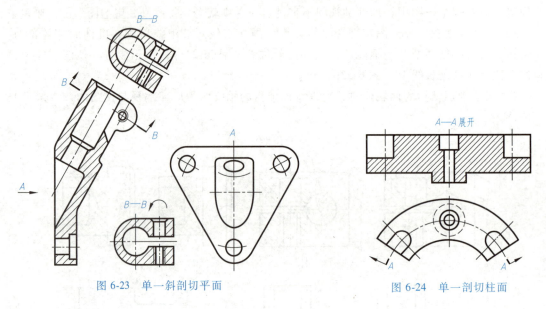

图 6-23　单一斜剖切平面　　　　　图 6-24　单一剖切柱面

2. 几个平行的剖切平面

当机件上有几个不在同一平面上而又需要表达的内部结构时，可采用几个平行的剖切平面来剖切机件。几个平行的剖切平面可能是两个或两个以上，各剖切平面的转折处必须是直角。如图 6-25 所示，采用两个互相平行的剖切平面沿不同位置孔的轴线剖切，在一个剖视图上就可以将几个孔的形状表达清楚了。

画这种剖视图时应注意以下几点：

1) 应在相应视图上用剖切符号表示剖切平面的起、迄和转折位置，并注写相同字母，如图 6-26 所示。

2) 要正确选择剖切平面的位置，避免在剖视图中出现不完整的结构要素。只有当两个要素在图形中具有公共对称中心线或轴线时，才可各画一半，如图 6-27 所示。

3) 不应在剖视图中画出剖切平面转折处的分界线，剖切平面的转折处不应与视图中的轮廓线重合，如图 6-28 中的Ⅰ、Ⅱ处。

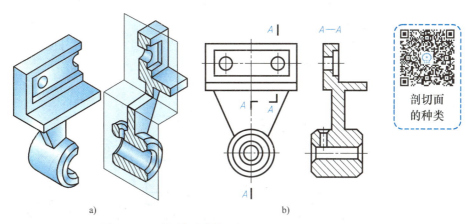

图 6-25　几个平行的剖切平面（一）

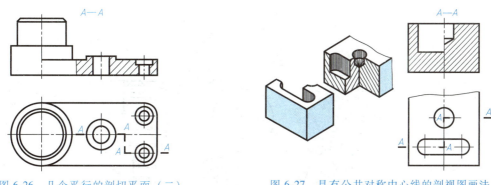

图 6-26　几个平行的剖切平面（二）　　　图 6-27　具有公共对称中心线的剖视图画法

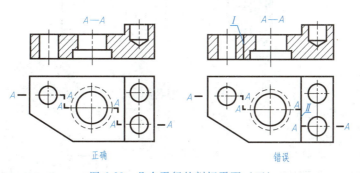

图 6-28　几个平行的剖切平面（三）

3. 几个相交的剖切面

如图 6-29、图 6-30 所示，当机件的内部结构形状用单一剖切面不能表达清楚时，可用两个或两个以上相交的剖切面剖开机件，并将与基本投影面倾斜的剖切面剖开的结构及其有关部分旋转到与基本投影面平行后再进行投射。

画这种剖视图时应注意以下几点：

1）几个相交的剖切面的交线必须垂直于某一基本投影面，如图 6-31 所示。

2）当剖切后产生不完整要素时，此部分按不剖绘制，如图 6-32 所示。

3）凡是没有被剖切面剖到的结构，应按原来的位置投射。如图 6-33b 所示机件上的小圆孔，其俯视图应按原来位置投射画出。

4）用几个相交的剖切面剖切获得的剖视图必须标注。剖切符号的起、迄和转折处应注写相同的字母，但当转折处无法注写又不致引起误解时，允许省略字母。

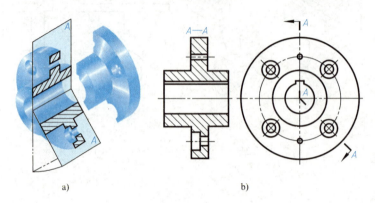

图 6-29　两个相交的剖切面（一）

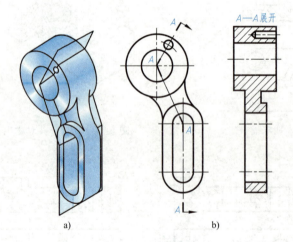

图 6-30　三个相交的剖切面

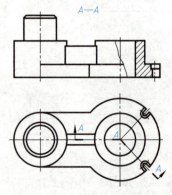

图 6-31　两个相交的剖切面（二）

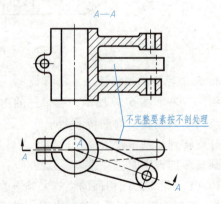

图 6-32　剖切后产生不完整要素的画法

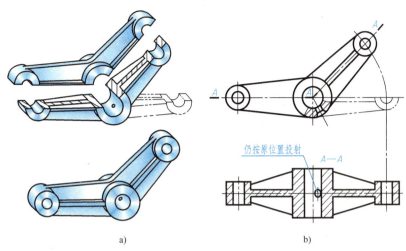

图 6-33 摇臂的表达方法

6.2.4 AutoCAD 图案填充

1. 创建图案填充

单击"绘图"→"图案填充"或"绘图"面板 按钮,功能区变成"图案填充创建"上下文选项卡,如图 6-34 所示。单击"选项"面板中的对话框启动器,弹出"图案填充和渐变色"对话框,如图 6-35 所示,其内容与"图案填充创建"上下文选项卡一样。

图 6-34 "图案填充创建"上下文选项卡

(1) 定义填充边界 单击"边界"面板中的"拾取点"按钮,在要生成图案填充的区域内拾取一点,如图 6-36a 所示;或单击"选择边界对象"按钮,选择要生成图案填充的一个或若干个封闭对象,如图 6-36b 所示选择矩形和圆。系统将自动分析填充图案边界,生成如图 6-36c 所示的图案填充。

(2) 选择填充图案 单击"图案"面板右下角的箭头,展开"图案"面板,如图 6-37 所示,显示了预定义的填充图案,用户可以从中选取填充的图案。

(3) 选择填充选项 单击"选项"面板下拉箭头,展开"选项"面板,如图 6-38 所示。

1) 关联:默认情况下,有边界的图案填充是关联的,即图案填充对象与图案填充边界对象相关联,对边界对象的更改将自动应用于图案填充。

2) 注释性:指定图案填充为注释性,此特性会自动完成缩放注释过程,从而使注释能够以正确的大小在图纸上打印或显示。

3) 特性匹配:可以复制现有图形中图案填充的特性,作为将要新建图案填充的特性。

图 6-35 "图案填充和渐变色"对话框

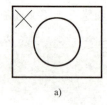 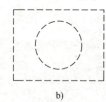 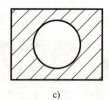

a)　　　　　　　　　　　b)　　　　　　　　　　　c)

图 6-36 定义填充边界

4）允许的间隙：设定将对象用作图案填充边界时可以忽略的最大间隙。默认值为 0，指对象必须封闭区域而没有间隙。如果图案填充边界未完全闭合，AutoCAD 会检测到无效的边界，不予填充。

5）创建独立的图案填充：控制当指定了几个单独的闭合边界时，是创建单个图案填充对象，还是创建多个图案填充对象。

6）孤岛检测：图案填充边界内的封闭区域或文字对象称为孤岛，可选择普通、外部、忽略和无孤岛检测，如图 6-39 所示。

①普通孤岛检测：从外部边界向内填充，如果遇到内部孤岛，填充将关闭，直到遇到孤岛中的另一个孤岛。使用普通孤岛检测样式进行填充，将不填充孤岛，但是孤岛中的孤岛将被填充。

②外部孤岛检测：从外部边界向内填充并在下一个边界处停止。

③忽略孤岛检测：忽略所有内部边界，填充整个闭合区域。

④无孤岛检测：不进行孤岛检测，填充整个闭合区域。

项目六　图样基本表示法的应用

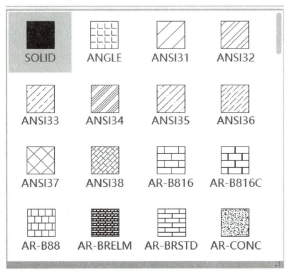

图 6-37　"图案"面板

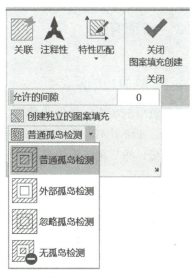

图 6-38　"选项"面板

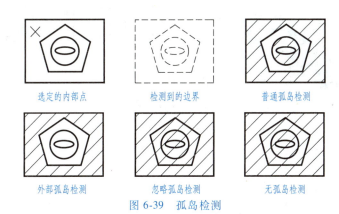

图 6-39　孤岛检测

单击"边界"面板中的"删除边界对象"按钮 ，也可以从图案填充区域中删除孤岛，如图 6-40 所示。

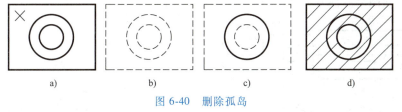

图 6-40　删除孤岛

a）选定内部点　b）检测边界　c）要删除的孤岛　d）结果

2. 编辑图案填充

单击"修改"面板中的"编辑图案填充"按钮，选取需要进行编辑的图案填充，弹出"图案填充编辑"对话框。该对话框与图 6-35 所示"图案填充和渐变色"对话框类似，可以进行相关项目的修改。

6.3 断面图

6.3.1 断面图的概念

假想用剖切面将机件的某处切断，仅画出剖切面与机件接触部分的图形称为断面图，简称断面。如图 6-41a 所示的轴，为了表达键槽，假想用一个垂直于轴线的剖切平面在键槽处将轴剖切，然后将断面图形旋转 90°，使其与纸面重合，并画上剖面符号，即为断面图，如图 6-41b 所示。

画断面图时，应注意断面图与剖视图的区别。断面图仅画出机件剖切处断面的形状，而剖视图除了画出断面形状外，剖切平面后的可见轮廓线也要画出，如图 6-41c 所示。

根据断面图配置位置不同，断面图可分为移出断面图和重合断面图两种。画在视图轮廓线之外的断面图，称为移出断面图。画在视图轮廓线之内的断面图，称为重合断面图。

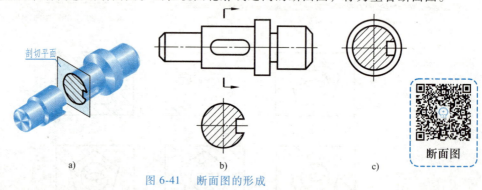

图 6-41 断面图的形成

6.3.2 移出断面图

1. 移出断面图的配置

1）移出断面图通常配置在剖切符号或剖切线的延长线上，必要时也可配置在其他适当位置，如图 6-42 所示。

2）当断面图形对称时，移出断面图可配置在视图的中断处，如图 6-43 所示。

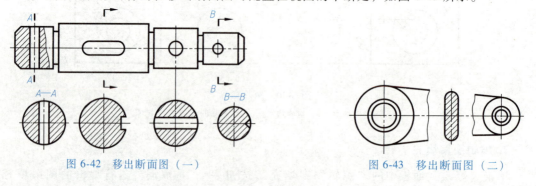

图 6-42 移出断面图（一）　　　　图 6-43 移出断面图（二）

2. 移出断面图的画法

1）移出断面图的轮廓线用粗实线画出。当剖切平面通过由回转面形成的孔或凹坑的轴线时，这些结构按剖视绘制，如图 6-44 所示。

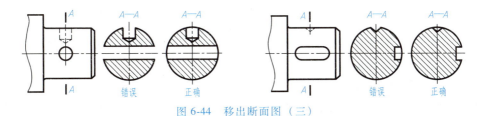

图 6-44　移出断面图（三）

2) 当剖切平面通过非圆孔，会导致出现完全分离的剖面区域时，这些结构也按剖视绘制，如图 6-45 所示。

3) 剖切平面应垂直于被剖切部分的主要轮廓线。用两个或多个相交的剖切平面剖切所得到的移出断面图，中间应用波浪线断开，如图 6-46 所示。

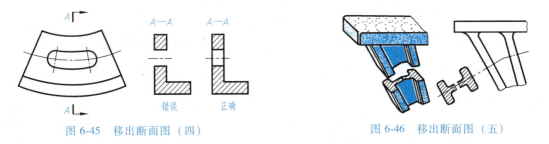

图 6-45　移出断面图（四）　　　　　　　图 6-46　移出断面图（五）

3. 移出断面图的标注

移出断面图的标注见表 6-2。

表 6-2　移出断面图的标注

断面形状	配置在剖切线或剖切符号延长线上	配置在其他位置	按投影关系配置	配置在视图中断处
对称的移出断面	不必标注字母和剖切符号	不必标注箭头	不必标注箭头	图形不对称时，移出断面不得画在视图中断处
不对称的移出断面	不必标注字母	应标注剖切符号和字母	不必标注箭头	不必标注

6.3.3 重合断面图

1. 重合断面图的画法

重合断面图的轮廓线用细实线绘制。当视图中的轮廓线与重合断面图的图形重叠时，视图中的轮廓线仍应连续画出，不可间断，如图6-47所示。

2. 重合断面图的标注

对称的重合断面图不必标注，如图6-47a所示；不对称的重合断面图，在不致引起误解时，可省略标注，如图6-47b所示。

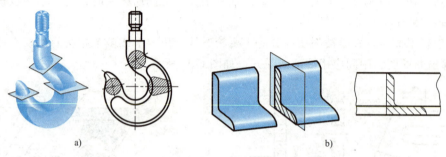

图6-47 重合断面图

6.4 局部放大图和简化画法

为了使图形清晰和画图简便，国家标准规定了局部放大图和简化画法，供绘图时选用。

6.4.1 局部放大图

当机件上的细小结构在视图中表达不清楚，或不便于标注尺寸时，可将该部分结构用大于原图形的比例画出，这种图形称为局部放大图，如图6-48所示。

画局部放大图时应注意：

1）局部放大图可以根据需要画成视图、剖视图和断面图，与被放大部分的表达方式无关，如图6-48所示。局部放大图应尽量配置在被放大部位的附近。

2）绘制局部放大图时，一般应用细实线圈出被放大的部位。当同一机件上有几处被放大的部分时，必须用罗马数字依次标明被放大的部位，并在局部放大图的上方标注出相应的罗马数字和所采用的比例，如图6-48所示。

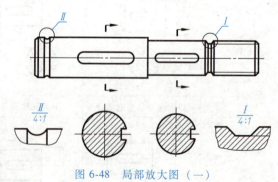

图6-48 局部放大图（一）

3）当机件上被放大的部分仅有一处时，在局部放大图的上方只需注明所采用的比例，如图6-49所示。同一机件上不同部位的局部放大图，当图形相同或对称时，只需画出一个，如图6-50所示。

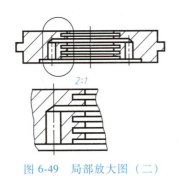

图 6-49 局部放大图（二）

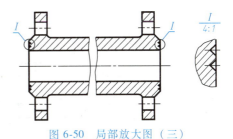

图 6-50 局部放大图（三）

6.4.2 简化画法

1. 机件上的肋、轮辐等结构的画法

对于机件的肋、轮辐及薄壁等结构，当剖切平面沿纵向剖切时，这些结构都不画剖面符号，而用粗实线将它与其邻接部分分开；但当剖切平面沿横向剖切时，仍须画出剖面符号，如图 6-51 所示。

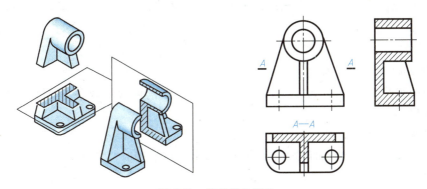

图 6-51 肋的简化画法

机件回转体上均匀分布的肋、轮辐、孔等结构不处于剖切平面上时，可将这些结构旋转到剖切平面上画出，如图 6-52 所示。

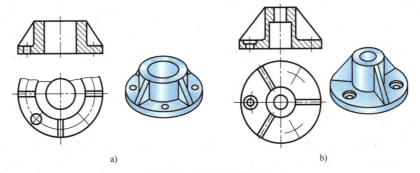

a)   b)

图 6-52 轮辐的简化画法

2. 相同结构的简化画法

当机件具有若干相同结构（齿、槽等），并按一定规律分布时，只需画出几个完整的结构，其余用细实线连接，在零件图中则必须注明该结构的总数，如图 6-53 所示。

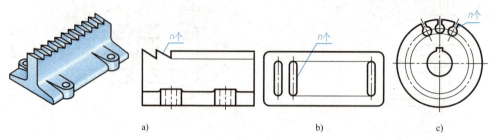

图 6-53　重复结构的简化画法

若干直径相同且成规律分布的孔（圆孔、螺孔、沉孔等），可以仅画出一个或少量几个，其余只需用细点画线表示其中心位置，但在零件图中要注明孔的总数，如图 6-54 所示。

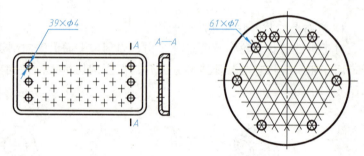

图 6-54　成规律分布的孔的简化画法

3. 对称机件的简化画法

在不致引起误解时，对称机件的视图可只画一半或四分之一，并在对称中心线的两端画两条与其垂直的平行细实线，如图 6-55 所示。

4. 较小结构的简化画法

当机件上较小的结构及斜度等已在一个图形中表达清楚时，其他图形应当简化或省略，如图 6-56 所示。

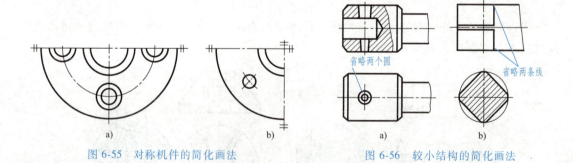

图 6-55　对称机件的简化画法　　　　图 6-56　较小结构的简化画法

5. 较长机件的简化画法

较长的机件（轴、杆、型材、连杆等）沿长度方向的形状一致或按一定规律变化时，可将其断开后缩短绘制，但尺寸仍按机件的设计要求或实际长度标注，如图 6-57 所示。

6. 某些交线和投影的简化画法

在不致引起误解时，图形中的过渡线、相贯线可以简化，可用圆弧或直线代替非圆曲线，如图 6-58a 所示。也可以用模糊画法表示相贯线，如图 6-58b 所示。

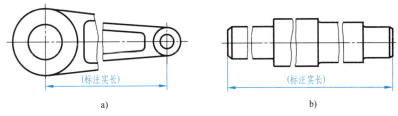

图 6-57 较长机件可断开后缩短绘制

与投影面倾斜角度小于或等于 30°的圆或圆弧，手工绘图时其投影可用圆或圆弧代替，如图 6-59 所示。

当回转体零件上的平面在图形中不能充分表达时，可用两条相交的细实线表示这些平面，如图 6-60 所示。

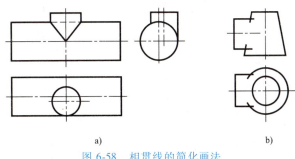

图 6-58 相贯线的简化画法

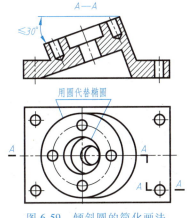

图 6-59 倾斜圆的简化画法

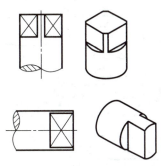

图 6-60 平面的简化画法

6.5 第三角画法简介

目前世界各国的工程图样有两种画法，即第一角画法和第三角画法。世界上大多数国家（中国、英国、德国等）采用第一角画法，而有些国家（美国、日本、加拿大等）采用第三角画法。为了进行国际技术交流和协作，应当了解第三角画法。

1. 第三角画法与第一角画法的区别

图 6-61 所示为三个互相垂直相交的投影面，将空间分为八个分角，依次为Ⅰ、Ⅱ、…、Ⅷ分角。第一角画法是将机件放在第一分角内（H 面之上、V 面之前、W 面之左）进行投射而得到正投影的方法。第三角画法是将机件放在第三分角内（H 面之下、V 面之后、W 面之左）进行投射而得到正投影的方法。

如图 6-62 所示，在第三角画法中，在 V 面上形成自正前方投射所得的主视图，在 H 面上形成自正上方投射所得的俯视图，在 W 面上形成自右方投射所得的右视图。V 面不动，将 H 面、W 面分别绕 X、Z 轴向上、向右旋转 $90°$ 得到三视图。

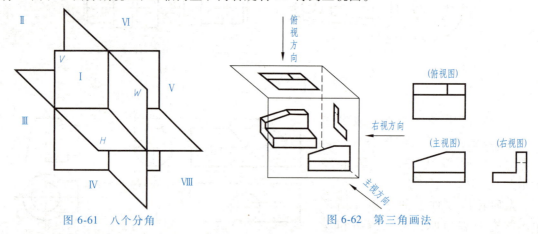

图 6-61　八个分角　　　　图 6-62　第三角画法

第一角画法与第三角画法在各自的投影面体系中，由于观察者、机件、投影面三者之间的相对位置不同，决定了六个基本视图的配置关系不同。第一角画法是将机件置于观察者和投影面之间进行投射；第三角画法是将投影面置于观察者和机件之间进行投射（把投影面看作透明的）。从图 6-63 所示两种画法的对比中可看出：

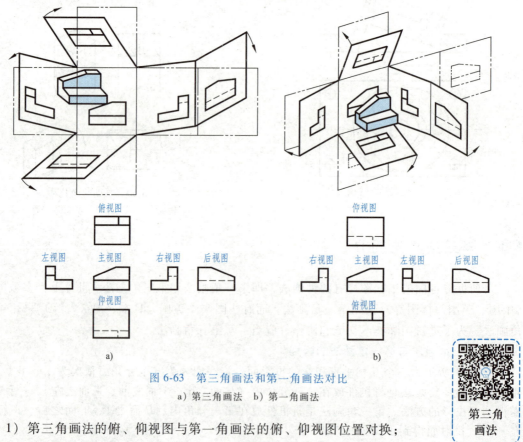

图 6-63　第三角画法和第一角画法对比
a）第三角画法　b）第一角画法

1）第三角画法的俯、仰视图与第一角画法的俯、仰视图位置对换；
2）第三角画法的左、右视图与第一角画法的左、右视图位置对换；

3) 第三角画法的主、后视图与第一角画法的主、后视图完全一致。

2. 第三角画法与第一角画法的投影识别符号

采用第三角画法时，必须在图样中画出第三角画法的投影识别符号，采用第一角画法时，一般不必画出第一角画法的投影识别符号，如图6-64所示。

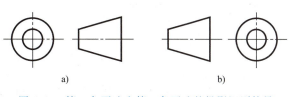

图 6-64　第三角画法和第一角画法的投影识别符号
a）第三角画法　b）第一角画法

如图6-65所示机件，只有弄清楚是采用第三角画法还是第一角画法，才能确定机件圆盘上的槽是在后方还是在前方。

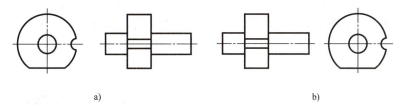

图 6-65　机件的第三角画法和第一角画法对比
a）第三角画法　b）第一角画法

6.6　项目案例

支架表达方法

6.6.1　支架表达方法的选择

任务：选择如图6-66所示支架的表达方法。

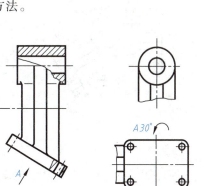

图 6-66　支架

分析：如图6-66a所示，该支架由三部分构成：上部是圆筒，下部是底板，中间部分是连接圆筒和底板的十字肋板。如图6-66b所示，为了表达支架内、外部的结构形状，主视图采用局部剖视图，既表达了圆筒、十字肋板和底板的外部形状和相对位置，又表达了圆筒上的通孔和底板上小孔的内部结构形状。为了表达圆筒和十字肋板的连接关系，采用了一个局部视图。为了表达倾斜底板的实形和四个小孔的分布情况，采用了一个旋转配置的斜视图。为了表达十字肋板的断面形状，采用了一个移出断面图。这样，支架用了四个图形，就完整、清晰地表达了其结构形状。

6.6.2 四通管表达方法的识读

任务：读懂如图 6-67 所示四通管的表达方法。

分析：如图 6-67a 所示，主视图是采用两个相交的剖切平面剖切而得的 B—B 全剖视图，主要表达四通管四个方向的连通情况；俯视图是由两个平行的剖切平面剖切而得的 A—A 全剖视图，主要表达右边斜管的位置及底板的形状；C—C 剖视图是采用单一剖切平面剖切而得的全剖视图（由于图形对称，只画出一半），表达了左边管的形状及圆盘形凸缘上四个小孔的分布位置；E—E 剖视图是采用单一斜剖切平面剖切而得的全剖视图，表达了斜管的形状及其凸缘上两个小孔的分布位置；局部视图 D 表达了四通管上端面的形状以及四个小孔的分布位置。

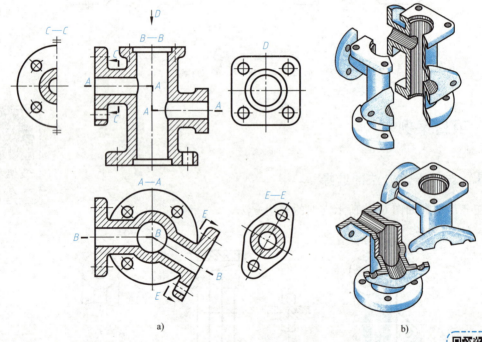

图 6-67 四通管

四通管表达方法

通过这五个图形，以主、俯视图为主，兼顾其他图形所表达的各部分的局部形状，可分别将四通管的基本结构和四个大小、形状不同的凸缘及其上小孔的分布情况表达清楚。每个图形都有表达重点，起到了相互配合和补充的作用。把各部分综合起来想象出四通管的整体结构如图 6-67b 所示。

【素养提升】 在选择机件的表达方法时，引导学生从主要特征结构入手分析形体，把握好全局和局部的关系，培养学生科学思辨的能力，发展动态的思维方式，提高学生辩证思维与形体分析能力，从而合理地选择机件的表达方法。

项目七

常用机件特殊表示法的应用

在机械设备中，经常会用到螺钉、螺母、螺栓、键、销等标准件和齿轮、弹簧等常用机件。为了减少设计和绘图工作量，以及便于批量生产和使用，国家标准对它们的结构、规格及技术要求等都已全部或部分标准化了，并对其图样规定了特殊表示法。

7.1 螺纹和螺纹紧固件

7.1.1 螺纹

1. 螺纹的形成

螺纹是零件上常见的一种结构，是在圆柱或圆锥表面上，沿螺旋线所形成的具有相同牙型的连续凸起的牙体。在圆柱或圆锥外表面上形成的螺纹称为外螺纹，在圆柱或圆锥内表面上形成的螺纹称为内螺纹。

螺纹的加工方法很多，如图 7-1 所示。在车床上加工螺纹时，工件做等速旋转运动，车刀做等速轴向运动，刀尖相对工件即形成螺旋线运动。由于切削刃的形状不同，在工件表面切去部分的截面形状也不同，所以可加工出各种不同的螺纹。直径较小的螺孔，可先用钻头钻孔（钻头顶角为 118°，钻孔的底部可按 120° 简化画出），再用丝锥加工出内螺纹。

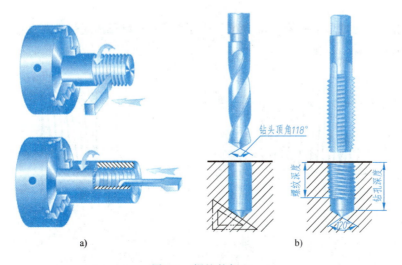

图 7-1 螺纹的加工

2. 螺纹要素

螺纹的要素有牙型、直径、螺距、线数和旋向。内、外螺纹联接时，上述五个要素必须相同。

（1）牙型　在通过螺纹轴线的剖面上，螺纹轮廓的形状称为螺纹牙型。常见的螺纹牙型有三角形、梯形、锯齿形和矩形等，其中矩形螺纹尚未标准化，其余牙型的螺纹均为标准螺纹。

螺纹牙型不同，其用途也不同。如图 7-2 所示，普通螺纹（牙型角为 60°的三角形）用于联接零件；管螺纹（牙型角为 55°）用于联接管道；梯形螺纹（牙型为等腰梯形）用于传递动力；锯齿形螺纹（牙型为不等腰梯形）用于单方向传递动力。

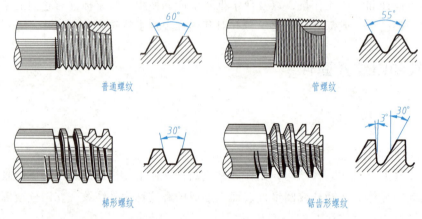

图 7-2　常用标准螺纹的牙型

（2）直径　螺纹的直径有大径、小径和中径，如图 7-3 所示。

大径是指与外螺纹牙顶或内螺纹牙底相切的假想圆柱或圆锥的直径。内、外螺纹的大径分别用 D、d 表示，是螺纹的公称直径。

小径是指与外螺纹牙底或内螺纹牙顶相切的假想圆柱或圆锥的直径。内、外螺纹的小径分别用 D_1、d_1 表示。

中径是指母线通过牙型上牙体和牙槽宽度相等处的假想圆柱或圆锥的直径。内、外螺纹的中径分别用 D_2、d_2 表示。

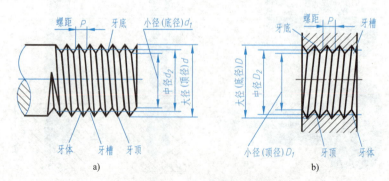

图 7-3　螺纹的直径

（3）线数　螺纹有单线和多线之分。沿一条螺旋线形成的螺纹为单线螺纹，如图 7-4a

所示；沿两条或两条以上在轴向等距分布的螺旋线所形成的螺纹称为多线螺纹，如图 7-4b 所示。螺纹的线数用 n 表示。

（4）螺距和导程　相邻两牙体在中径线上对应两点间的轴向距离称为螺距，用 P 表示；同一条螺旋线上的相邻两牙体在中径线上对应两点间的轴向距离称为导程，用 Ph 表示，如图 7-4 所示。

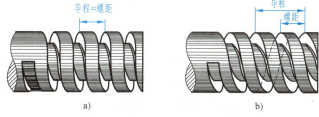

图 7-4　螺纹的线数、螺距和导程
a）单线螺纹　b）双线螺纹

螺距、导程和线数的关系是：

$$导程(Ph) = 螺距(P) \times 线数(n)$$

单线螺纹：

$$导程(Ph) = 螺距(P)$$

（5）旋向　螺纹分右旋和左旋两种，顺时针旋转时旋入的螺纹为右旋螺纹，逆时针旋转时旋入的螺纹为左旋螺纹，工程上常用右旋螺纹。螺纹旋向的判别方法如图 7-5 所示，右旋用右手，左旋用左手，大拇指指向螺纹前进方向，四指为旋向。也可将外螺纹轴线垂直放置，螺纹的可见部分左高右低者为左旋螺纹；左低右高者为右旋螺纹。

凡是牙型、直径和螺距符合标准的螺纹称为标准螺纹（普通螺纹牙型、直径与螺距见附表 1）。牙型符合标准，直径或螺距不符合标准的称为特殊螺纹。牙型不符合标准的称为非标准螺纹。

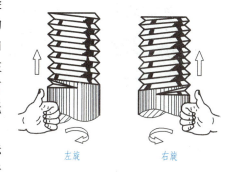

图 7-5　螺纹旋向的判定

3. 螺纹的规定画法

由于螺纹的结构、尺寸及技术要求已经标准化，绘图时不按其真实投影画，只需根据国家标准规定的画法绘制，并进行必要的标注。

（1）外螺纹的画法　如图 7-6a 所示，外螺纹牙顶圆的投影用粗实线表示，牙底圆的投影用细实线表示（牙底圆直径通常按牙顶圆直径的 0.85 倍绘制），在螺杆的倒角或倒圆部分也应画出（表示牙底圆的细实线画入倒角或倒圆内）。在垂直于螺纹轴线的投影面的视图中，表示牙底圆的细实线只画约 3/4 圈，螺杆或螺纹孔上的倒角圆的投影省略不画。

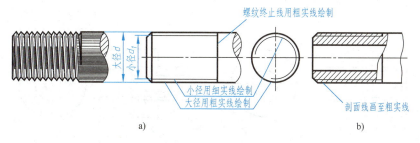

图 7-6　外螺纹的画法

螺纹终止线用粗实线表示。在剖视图中，螺纹终止线只画出大径和小径之间的部分，剖面线应画到粗实线处，如图 7-6b 所示。

（2）内螺纹的画法 如图 7-7a 所示，在剖视图中，内螺纹牙顶圆的投影和螺纹终止线用粗实线表示，牙底圆的投影用细实线表示，剖面线画到粗实线处。在垂直于螺纹轴线的投影面的视图中，表示牙底圆的细实线只画约 3/4 圈，倒角的投影省略不画。如图 7-7b 所示，绘制不穿通的螺纹孔（盲孔）时，应分别画出钻孔深度和螺纹深度，钻孔深度比螺纹深度大 $0.5D$，钻孔底部的锥角应画成 120°。

不可见螺纹的所有图线均用细虚线绘制，如图 7-8a 所示。两个孔相交时，螺纹的画法如图 7-8b 所示。

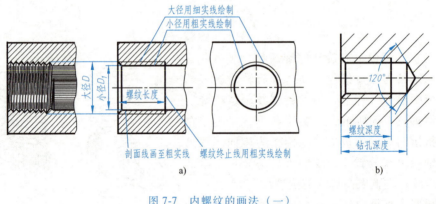

图 7-7 内螺纹的画法（一）

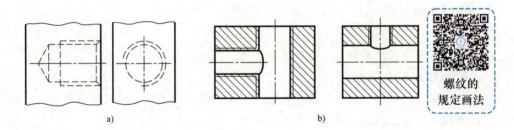

图 7-8 内螺纹的画法（二）

（3）螺纹联接的画法 如图 7-9 所示，在剖视图中，内、外螺纹旋合部分应按外螺纹的画法绘制，其余部分仍按各自的画法表示。必须注意，表示内、外螺纹牙顶圆投影的粗实线与牙底圆投影的细实线应分别对齐。

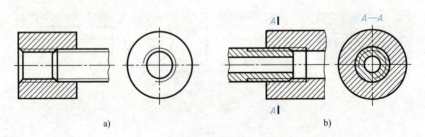

图 7-9 螺纹联接的画法

4. 螺纹的标注

由于螺纹采用了统一的规定画法，在图样上反映不出螺纹种类和螺纹要素，因此绘制图样时，应按国家标准规定的格式标注螺纹。

（1）普通螺纹的标记　普通螺纹的标记内容及格式为：

| 螺纹特征代号 | 尺寸代号 | -公差带代号 | -旋合长度代号 | -旋向代号 |

如：

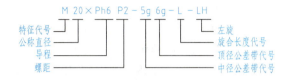

螺纹的标注

说明：

1）普通螺纹的特征代号为 M。

2）普通单线螺纹的尺寸代号为"公称直径×螺距"，普通螺纹分粗牙普通螺纹和细牙普通螺纹两种，粗牙普通螺纹不标注螺距，细牙普通螺纹必须注出螺距；普通多线螺纹的尺寸代号为"公称直径×Ph 导程 P 螺距"。

3）普通螺纹的公差带代号包含中径公差带代号和顶径公差带代号。中径公差带代号在前，顶径公差带代号在后。如果中径公差带代号和顶径公差带代号相同，则应只标注一个公差带代号。

最常用的中等公差精度的普通螺纹（公称直径≤1.4mm 的 5H、6h 和公称直径≥1.6mm 的 6H 和 6g），不标注公差带代号。

4）普通螺纹的旋合长度规定为短（S）、中等（N）、长（L）三组，中等旋合长度（N）不必标注。

5）左旋螺纹应注写旋向代号"LH"，右旋螺纹不标注旋向代号。

（2）梯形螺纹和锯齿形螺纹的标记　梯形螺纹和锯齿形螺纹的标记内容及格式为：

| 螺纹特征代号 | 尺寸代号 | 旋向代号 | -公差带代号 | -旋合长度代号 |

如：

说明：

1）梯形螺纹的特征代号为 Tr，锯齿形螺纹的特征代号为 B。

2）梯形螺纹和锯齿形螺纹的尺寸代号为"公称直径×导程（P 螺距）"。对于单线螺纹，应省略圆括号部分（P 螺距）。

3）左旋螺纹应注写旋向代号"LH"，右旋螺纹不标注旋向代号。

4）梯形螺纹和锯齿形螺纹的公差带代号仅包含中径公差带代号。

5）梯形螺纹和锯齿形螺纹的旋合长度只有长（L）、中等（N）两组。中等旋合长度（N）不必标注。

（3）管螺纹的标记　管螺纹的标记内容及格式为：

螺纹特征代号 尺寸代号 公差等级代号 旋向代号

如：

说明：

1）55°非密封管螺纹的特征代号为G。

55°密封管螺纹的特征代号有四种：圆柱内螺纹为Rp，圆锥内螺纹为Rc，与圆柱内螺纹配合的圆锥外螺纹为R_1，与圆锥内螺纹配合的圆锥外螺纹为R_2。

2）管螺纹的尺寸代号不是管螺纹的公称直径，是指管子的内径。管螺纹在图样上标注时，必须从螺纹大径处引出标注。

3）55°非密封管螺纹的外螺纹有A、B两种公差等级，应注出。其余管螺纹只有一种公差等级，故不必标注。

4）左旋时，55°非密封管螺纹的外螺纹应在公差等级代号后加注"-LH"，其余的左旋管螺纹均应在其尺寸代号后加注"LH"。右旋时不必标注。

（4）螺纹的标注方法 常用螺纹的标注示例见表7-1。

表7-1 常用螺纹标注示例

螺纹种类		特征代号	标注示例	说 明
联接螺纹	普通螺纹	M	粗牙	粗牙普通螺纹，公称直径为10mm，右旋；外螺纹中径和顶径公差带代号均为6g，内螺纹中径和顶径公差带代号均为6H（按规定不注）；中等旋合长度
			细牙 M8×1-5g6g-LH / M8×1-7H-LH	细牙普通螺纹，公称直径为8mm，螺距为1mm，左旋；外螺纹中径和顶径公差代号分别为5g、6g；内螺纹中径和顶径公差带代号均为7H；中等旋合长度
	管螺纹	G	55°非密封管螺纹 G1A / G3/4	55°非密封管螺纹，右旋；外螺纹的尺寸代号为1，公差等级为A级；内螺纹的尺寸代号为3/4
		Rp Rc R_1 R_2	55°密封管螺纹 $R_2$1/2 / Rc3/4LH	55°密封管螺纹。外螺纹的尺寸代号为1/2，右旋，R_2表示与圆锥内螺纹配合的圆锥外螺纹；内螺纹的尺寸代号为3/4，左旋，Rc表示圆锥内螺纹

（续）

螺纹种类		特征代号	标注示例	说明
传动螺纹	梯形螺纹	Tr	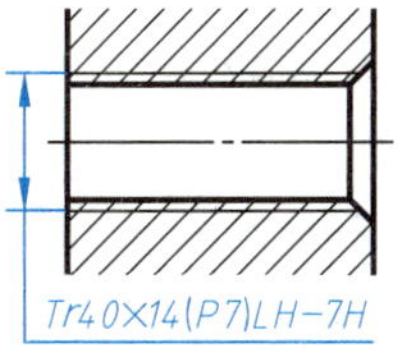Tr40×14(P7)LH-7H	梯形螺纹，公称直径为40mm，双线螺纹，导程为14mm，螺距为7mm，左旋；中径公差带代号为7H；中等旋合长度
	锯齿形螺纹	B	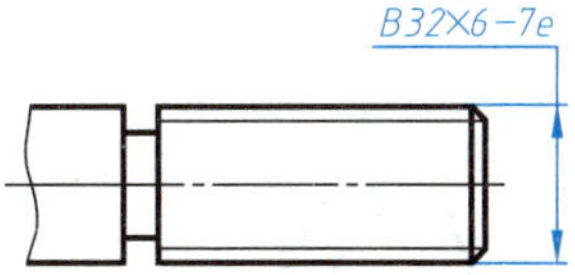B32×6-7e	锯齿形螺纹，公称直径为32mm，单线螺纹，螺距为6mm，右旋；中径公差带代号为7e；中等旋合长度

7.1.2　螺纹紧固件

1. 螺纹紧固件的标记

螺纹紧固件的种类很多，常用的螺纹紧固件有螺栓、螺柱、螺钉、螺母、垫圈等。螺纹紧固件的结构、尺寸均已标准化，使用时可根据要求从相应的国家标准中选取。常用螺纹紧固件的图例及标记示例见表7-2。

2. 螺纹紧固件的画法

在装配图中，螺纹紧固件的工艺结构，如倒角、退刀槽、缩颈、凸肩等均可省略不画；常用螺栓、螺钉的头部及螺母也可按表7-3中的简化画法绘制。

表7-2　常用螺纹紧固件的图例及标记示例

名称及国标号	实体图	图例	标记示例
六角头螺栓 GB/T 5782—2016	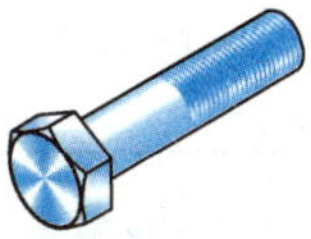	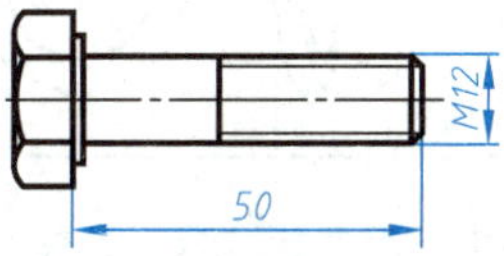M12 50	螺栓 GB/T 5782　M12×50 螺纹规格 d=M12，公称长度 l=50mm，性能等级为8.8级、表面不经处理、产品等级为A级的六角头螺栓
双头螺柱 GB/T 898—1988 (b_m=1.25d)	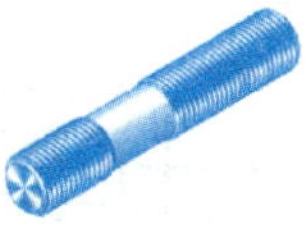	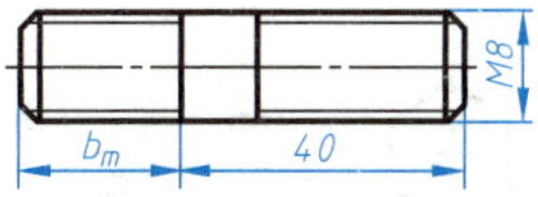M8 b_m 40	螺柱 GB/T 898　M8×40 两端均为粗牙普通螺纹，螺纹规格 d=M8，公称长度 l=40mm，性能等级为4.8级、不经表面处理、B型、b_m=1.25d 的双头螺柱
开槽圆柱头螺钉 GB/T 65—2016	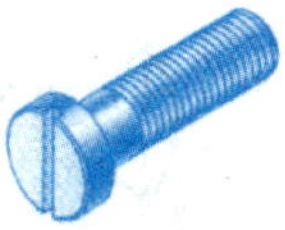	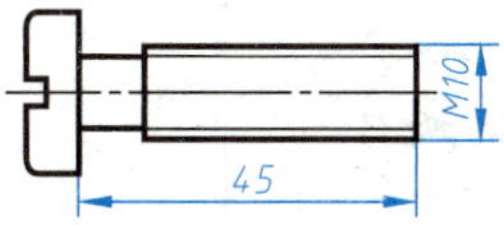M10 45	螺钉 GB/T 65　M10×45 螺纹规格 d=M10，公称长度 l=45mm，性能等级为4.8级、表面不经处理的A级开槽圆柱头螺钉
内六角圆柱头螺钉 GB/T 70.1—2008	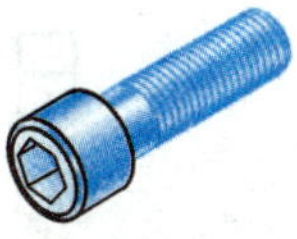	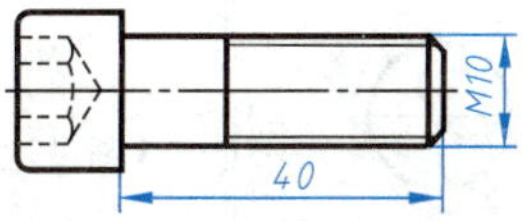M10 40	螺钉 GB/T 70.1　M10×40 螺纹规格 d=M10，公称长度 l=40mm，性能等级为8.8级、表面氧化的A级内六角圆柱头螺钉

（续）

名称及国标号	实体图	图例	标记示例
开槽沉头螺钉 GB/T 68—2016			螺钉 GB/T 68　M10×50 螺纹规格 d = M10，公称长度 l = 50mm，性能等级为 4.8 级、表面不经处理的开槽沉头螺钉
开槽锥端紧定螺钉 GB/T 71—2018			螺钉 GB/T 71　M12×40 螺纹规格 d = M12，公称长度 l = 40mm，钢制、硬度等级 14H 级、表面不经处理、产品等级为 A 级的开槽锥端紧定螺钉
1 型六角螺母 GB/T 6170—2015			螺母 GB/T 6170　M16 螺纹规格 D = M16，性能等级为 8 级、表面不经处理、产品等级为 A 级的 1 型六角螺母
1 型六角开槽螺母 GB 6178—1986			螺母 GB 6178　M16 螺纹规格 D = M16，性能等级为 8 级、表面氧化、A 级的 1 型六角开槽螺母
平垫圈 GB/T 97.1—2002			垫圈 GB/T 97.1　16 标准系列，公称规格为 16mm，由钢制造的硬度等级为 200HV 级、不经表面处理、产品等级为 A 级的平垫圈
标准型弹簧垫圈 GB/T 93—1987			垫圈 GB/T 93　20 规格为 20mm，材料为 65Mn，表面氧化的标准型弹簧垫圈

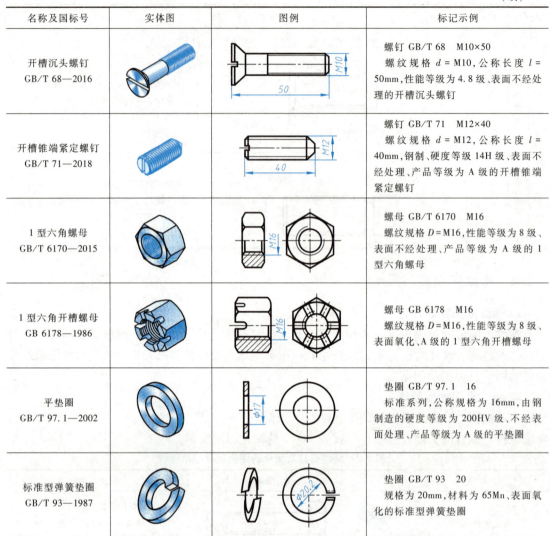

表 7-3　装配图中常用螺栓、螺钉的头部及螺母的简化画法

形　式	简化画法	形　式	简化画法
六角头（螺栓）		沉头开槽（螺钉）	
圆柱头内六角（螺钉）		半沉头开槽（螺钉）	
盘头开槽（螺钉）		六角（螺母）	

形　式	简化画法	形　式	简化画法
蝶形（螺母）		沉头十字槽（螺钉）	
方头（螺栓）		半沉头十字槽（螺钉）	
无头内六角（螺钉）		六角开槽（螺母）	
圆柱头开槽（螺钉）		六角法兰面（螺母）	

绘图时，应根据螺纹紧固件的标记，从相应标准中查出各部分尺寸，然后按规定绘制。为了方便作图，也可采用比例画法来简化绘制过程。如图7-10所示为螺栓、双头螺柱、螺母和平垫圈的比例画法，除螺栓和双头螺柱的公称长度 l 需要计算，并查相关标准选定标准值外，其余各部分尺寸均按螺纹公称直径 d（或 D）的一定比例确定。

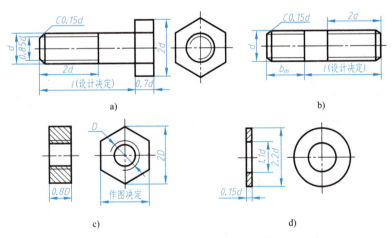

图7-10　螺栓、双头螺柱、螺母和平垫圈的比例画法
a）螺栓　b）双头螺柱　c）螺母　d）平垫圈

3. 螺纹紧固件的联接画法

螺纹紧固件联接的基本形式有螺栓联接、双头螺柱联接和螺钉联接。画螺纹紧固件联接图时应遵守下列规定：

1）在剖视图中，当剖切平面通过螺纹紧固件的轴线时，螺纹紧固件均按不剖绘制。

2）两零件的接触表面画一条线，不接触表面画两条线。

3）在剖视图中，相接触的两个零件的剖面线方向应相反。但同一个零件在各剖视图中，剖面线的方向和间隔应相同。

（1）螺栓联接　螺栓适用于联接两个不太厚并能钻成通孔的零件。联接时，将螺栓穿过两个被联接零件上的通孔（孔径比螺栓大径略大，一般可按 $1.1d$ 画出），套上垫圈，再用螺母拧紧，如图 7-11 所示。

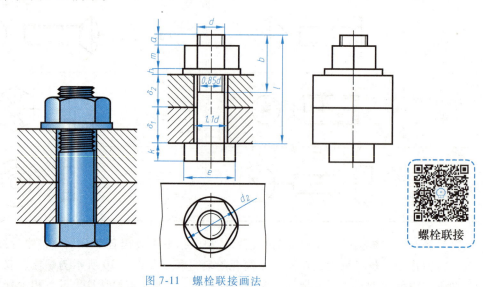

图 7-11　螺栓联接画法

螺栓的公称长度可按下式求出：

$$l \geq \delta_1 + \delta_2 + h + m + a$$

式中，δ_1、δ_2 是被联接零件的厚度；h 是垫圈厚；m 是螺母厚；a 是螺杆末端伸出螺母外的长度，一般取 $0.2 \sim 0.3d$。

按计算出的数值，从螺栓的标准长度系列中选取相近的标准值（附表2）。

（2）双头螺柱联接　当两个被联接的零件中有一个较厚、不宜加工成通孔时，可采用双头螺柱联接，如图 7-12 所示。双头螺柱两端均制有螺纹，一端与被联接零件旋合（旋入端），另一端与螺母旋合（紧固端）。

画双头螺柱联接装配图时应注意以下几点：

1）双头螺柱的公称长度 $l \geq \delta + h + m + a$，按计算出的数值，查标准选取公称长度 l。

2）为保证联接牢固，应使旋入端完全旋入螺孔中，即图中旋入端的螺纹终止线应与螺纹孔口的端面平齐。

3）旋入端的长度 b_m 与被旋入零件的材料有关，钢或青铜 $b_m = d$，铸铁 $b_m = 1.25d$ 或 $1.5d$，铝 $b_m = 2d$。

4）被联接零件螺纹孔的螺纹深度一般取 $b_m + 0.5d$，钻孔深度一般取 $b_m + d$。

5）弹簧垫圈用于防松，其开槽的方向为阻止螺母松动的方向，画成与垫圈端面线成 60°且向左上斜的两条平行粗实线。

6）在装配图中，不穿通的螺纹孔可不画出钻孔深度，如图 7-12b 所示。

（3）螺钉联接　螺钉联接一般用于受力不大和不需要经常拆卸的场合。较薄的零件加

项目七　常用机件特殊表示法的应用

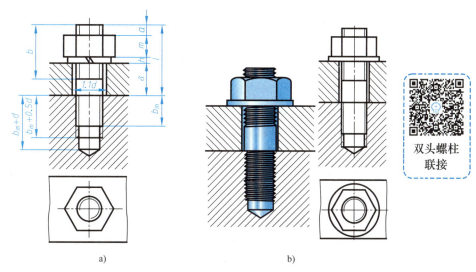

图 7-12　双头螺柱联接画法

工出通孔，较厚的零件加工出螺纹孔，如图 7-13 所示。螺钉旋入螺纹孔一端的画法与双头螺柱联接相同，穿过通孔端的画法与螺栓联接画法类似。

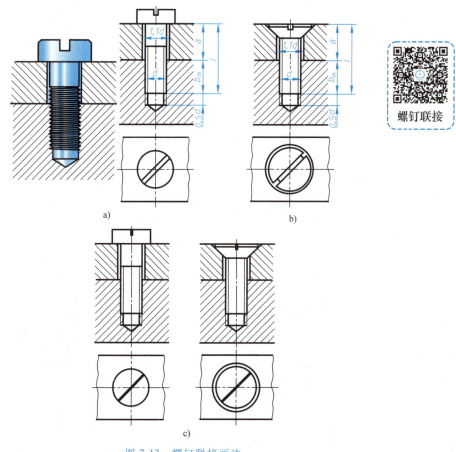

图 7-13　螺钉联接画法

画螺钉联接装配图时应注意以下几点：

1) 螺钉的公称长度 $l \geq \delta + b_m$。按计算出的数值，查标准选取公称长度 l。

2) 旋入螺纹孔的深度 b_m 与双头螺柱旋入端相同。为保证联接牢固，螺钉的螺纹终止线应高于两个被联接零件的结合面（图 7-13a），或者在螺杆的全长上都有螺纹（图 7-13b）。

3) 螺钉头部的一字槽（或十字槽）在投影为圆的视图上，应画成与水平线成 45°的斜线，如图 7-13a、b 所示；可以涂黑表示，线宽为粗实线线宽的 2 倍，如图 7-13c 所示。

紧定螺钉也是经常使用的一种螺钉，它常用来防止两个配合零件之间产生相对运动。如图 7-14 所示，将一个开槽锥端紧定螺钉旋入轮毂的螺孔中，并将其尾端压在轴的锥坑中，从而固定了齿轮（齿轮仅画出轮毂部分）和轴的相对位置，使它们不能产生相对运动。

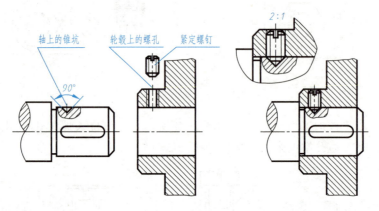

图 7-14 紧定螺钉联接画法

7.2 齿轮

齿轮是传动零件，能将一根轴的动力及旋转运动传递给另一根轴，也可改变转速和旋转方向，图 7-15 所示为齿轮传动中常见的三种形式。图 7-15a 中的圆柱齿轮用于两平行轴之间的传动；图 7-15b 中的锥齿轮用于两相交轴之间的传动；图 7-15c 中的蜗轮蜗杆用于两垂直交错轴之间的传动。

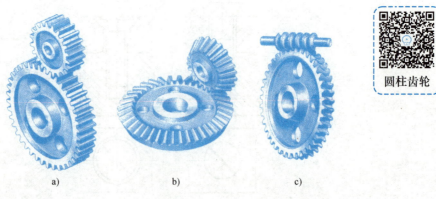

图 7-15 常见的齿轮传动形式

a) 圆柱齿轮　b) 锥齿轮　c) 蜗轮蜗杆

7.2.1 圆柱齿轮

圆柱齿轮按轮齿方向的不同，可分为直齿、斜齿和人字齿圆柱齿轮，如图 7-16 所示。直齿圆柱齿轮一般由轮齿、齿盘、轮辐（辐板或辐条）和轮毂等组成，其轮齿位于圆柱面上，如图 7-17 所示。

1. 直齿圆柱齿轮的各部分名称及代号（图 7-18）

（1）齿顶圆　通过轮齿顶部的圆，其直径用 d_a 表示。

（2）齿根圆　通过轮齿根部的圆，其直径用 d_f 表示。

（3）分度圆　分度圆是在齿顶圆和齿根圆之间的一个假想圆，在该圆上，齿厚 s 和齿槽宽 e 相等（s 和 e 均指弧长）。分度圆直径用 d 表示，它是设计、制造齿轮时计算各部分尺寸的基准圆。

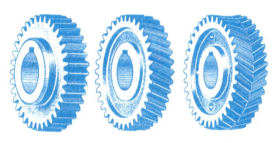

图 7-16　圆柱齿轮

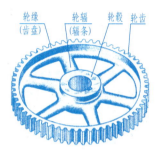

图 7-17　齿轮的结构

（4）齿距　分度圆上相邻两齿廓对应点之间的弧长，用 p 表示。

（5）齿顶高　齿顶圆与分度圆之间的径向距离，用 h_a 表示。

（6）齿根高　齿根圆与分度圆之间的径向距离，用 h_f 表示。

（7）齿高　齿高是齿顶圆与齿根圆之间的径向距离，用 h 表示（$h = h_a + h_f$）。

（8）中心距　两啮合齿轮轴线之间的距离，用 a 表示。

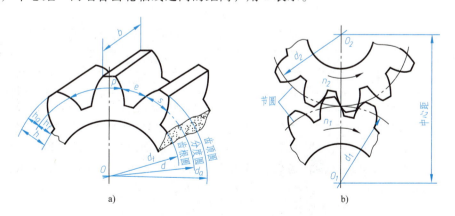

图 7-18　直齿圆柱齿轮各部分名称及代号

2. 直齿圆柱齿轮的基本参数

（1）齿数　齿轮上轮齿的个数，用 z 表示。

（2）模数　齿轮的分度圆周长 $\pi d = zp$，则 $d = \dfrac{p}{\pi} z$。令 $\dfrac{p}{\pi} = m$，则 $d = mz$。齿距 p 与圆周率 π 的比值称为齿轮的模数，用 m 表示，单位为 mm。

模数是设计、制造齿轮的重要参数。模数大，齿距 p 也大，齿厚 s 和齿高 h 也随之增大，因而齿轮的承载能力也增大。不同模数的齿轮，要用不同模数的刀具来加工制造。为了便于设计和制造，减少齿轮成形刀具的规格，模数已经标准化，我国规定的标准模数值见表 7-4。

表 7-4　渐开线圆柱齿轮模数（摘自 GB/T 1357—2008）　　　　　　（单位：mm）

第一系列	1　1.25　1.5　2　2.5　3　4　5　6　8　10　12　16　20　25　32　40　50
第二系列	1.125　1.375　1.75　2.25　2.75　3.5　4.5　5.5　（6.5）　7　9　11　14　18　22　28　36　45

注：优先选用第一系列，其次选用第二系列，括号内的模数尽可能不用。

（3）齿形角 α　齿形角是指通过齿廓曲线与分度圆交点所作的径向线与切向线所夹的锐角，如图 7-19 所示。标准齿形角 $\alpha = 20°$。两标准直齿圆柱齿轮正确啮合传动的条件是模数 m 和齿形角 α 相等。

3. 直齿圆柱齿轮各部分的尺寸计算

齿轮的模数和齿数确定后，其他各部分尺寸可根据表 7-5 中的公式计算得出。

4. 圆柱齿轮的画法

（1）单个圆柱齿轮的画法

1）齿顶圆和齿顶线用粗实线绘制；分度圆和分度线用细点画线绘制；齿根圆和齿根线用细实线绘制，也可省略不画，如图 7-20a 所示。

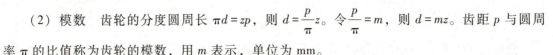

图 7-19　齿形角

表 7-5　直齿圆柱齿轮各部分的计算公式

名称	代号	计算公式
齿顶高	h_a	$h_a = m$
齿根高	h_f	$h_f = 1.25m$
齿高	h	$h = h_a + h_f = 2.25m$
分度圆直径	d	$d = mz$
齿顶圆直径	d_a	$d_a = d + 2h_a = m(z+2)$
齿根圆直径	d_f	$d_f = d - 2h_f = m(z-2.5)$
中心距	a	$a = \dfrac{1}{2}(d_1 + d_2) = \dfrac{1}{2} m(z_1 + z_2)$

2）在剖视图中，齿根线用粗实线表示，轮齿部分不画剖面线，如图 7-20b 所示。

3）对于斜齿或人字齿的圆柱齿轮，可用三条与齿线方向一致的细实线表示齿线的特征，如图 7-20c、d 所示。

图 7-21 所示为圆柱齿轮零件图。

（2）两圆柱齿轮啮合的画法　两标准圆柱齿轮啮合时，两齿轮的分度圆相切，此时分度圆又称为节圆。两圆柱齿轮的啮合画法，关键是啮合区的画法，其他部分仍按单个齿轮的画法规定绘制。

1）在垂直于圆柱齿轮轴线的投影面的视图中，两齿轮的节圆相切。啮合区内齿顶圆均

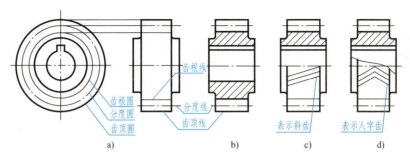

图 7-20 单个圆柱齿轮的画法

用粗实线绘制（图 7-22a），也可省略不画（图 7-22b）。

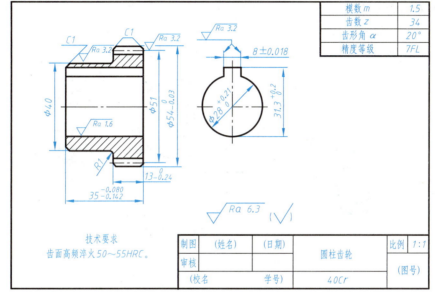

图 7-21 圆柱齿轮零件图

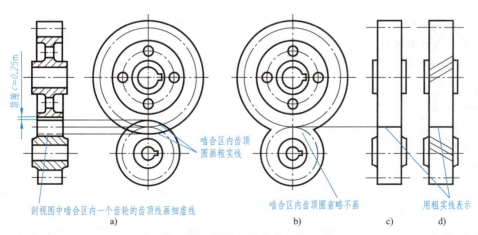

图 7-22 圆柱齿轮的啮合画法

2) 在平行于圆柱齿轮轴线的投影面的视图中，啮合区的齿顶线和齿根线不必画出，节线画成粗实线，其他处的节线用细点画线绘制，如图 7-22c、d 所示。

3）在通过轴线的剖视图中，啮合区内两齿轮节线重合，画细点画线；齿根线画粗实线；齿顶线的画法是将一个齿轮的轮齿用粗实线绘制，另一个齿轮的轮齿被遮挡的部分用细虚线绘制，也可省略不画；由于齿根高与齿顶高相差 $0.25m$，因此一个齿轮的齿顶线与另一个齿轮的齿根线之间应有 $0.25m$ 的间隙，如图 7-22a、图 7-23 所示。

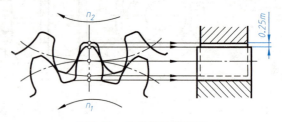

图 7-23 啮合齿轮的间隙

（3）齿轮与齿条啮合的画法　齿条可看作是直径无穷大的齿轮，此时齿条的齿顶圆、分度圆、齿根圆都是直线。齿轮与齿条啮合的画法与两圆柱齿轮啮合的画法基本相同，如图 7-24b 所示。在主视图中，齿轮的节圆与齿条的节线应相切。在全剖的左视图中，应将啮合区内齿顶线之一画成粗实线，另一轮齿被遮部分画成细虚线或省略不画。

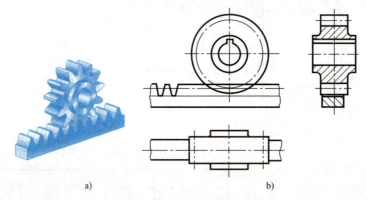

图 7-24 齿轮与齿条啮合的画法

7.2.2 直齿锥齿轮

直齿锥齿轮用于两相交轴间的传动。由于锥齿轮的轮齿分布在圆锥面上，所以齿厚是逐渐变化的，直径和模数也随着齿厚的变化而变化。

1. 直齿锥齿轮的基本尺寸计算

为了计算和制造方便，规定锥齿轮大端端面模数为标准模数，根据大端端面模数来计算其他各部分的尺寸，因此锥齿轮上其他尺寸也都是指大端的相应尺寸。与分度圆锥相垂直的一个圆锥称为背锥，齿顶高和齿根高是从背锥上量取的。

直齿锥齿轮各部分名称如图 7-25 所示，各部分的尺寸关系见表 7-6。

2. 直齿锥齿轮的画法

（1）单个锥齿轮的规定画法　单个锥齿轮的规定画法如图 7-25 所示，主视图通常画成剖视图，轮齿按不剖绘制。左视图表示外形，用粗实线画出大端和小端的齿顶圆，用细点画线画出大端的分度圆。大、小端的齿根圆和小端的分度圆都不画，其他部分按投影画出。

（2）直齿锥齿轮的啮合画法　图 7-26 所示为直齿锥齿轮啮合的画图步骤，啮合区的画法与直齿圆柱齿轮相同。

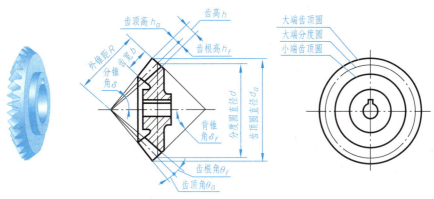

图 7-25　直齿锥齿轮各部分的名称

表 7-6　直齿锥齿轮各部分尺寸计算公式

名称	代号	计算公式
分度圆直径	d	$d = mz$
分锥角	δ	$\tan\delta_1 = z_1/z_2$　$\tan\delta_2 = z_2/z_1$
齿顶高	h_a	$h_a = m$
齿根高	h_f	$h_f = 1.2m$
齿高	h	$h = h_a + h_f$
齿顶圆直径	d_a	$d_a = m(z + 2\cos\delta)$
齿根圆直径	d_f	$d_f = m(z - 2.4\cos\delta)$
齿顶角	θ_a	$\tan\theta_a = 2\sin\delta/z$
齿根角	θ_f	$\tan\theta_f = 2.4\sin\delta/z$
顶锥角	δ_a	$\delta_a = \delta + \theta_a$
根锥角（背锥角）	δ_f	$\delta_f = \delta - \theta_f$
外锥距	R	$R = mz/(2\sin\delta)$
齿宽	b	$b = (0.2 \sim 0.35)R$

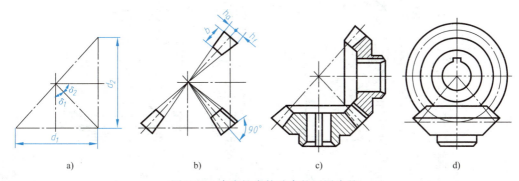

图 7-26　直齿锥齿轮啮合的画图步骤

7.2.3 蜗轮和蜗杆

蜗轮和蜗杆用于空间交错两轴之间的传动,最常见的是两轴垂直交错。通常蜗杆是主动件,蜗轮是从动件。蜗杆的齿数(z_1)称为头数,相当于螺杆上螺纹的线数,蜗杆常用单头或双头。传动时,蜗杆旋转一圈,蜗轮只转过一个齿或两个齿,因此可得到较大的传动比($i = z_2/z_1$,z_2 为蜗轮齿数)。

蜗轮和蜗杆的轮齿是螺旋形的,蜗轮的齿顶面和齿根面常制成圆环面。啮合的蜗轮和蜗杆模数相同,且蜗轮的螺旋角和蜗杆的导程角大小相等、方向相同。

蜗轮和蜗杆各部分几何要素的代号和规定画法,如图 7-27 和图 7-28 所示。其画法与圆柱齿轮基本相同,但在蜗轮投影为圆的视图中,只画出分度圆和顶圆,喉圆与齿根圆不画。

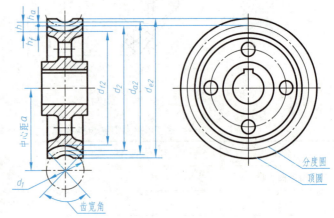

图 7-27 蜗轮的几何要素代号和画法

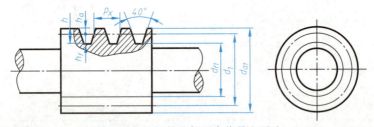

图 7-28 蜗杆的几何要素代号和画法

蜗轮和蜗杆的啮合画法如图 7-29 所示。图 7-29a 为外形视图画法,在蜗杆投影为圆的视图中,啮合区只画出蜗杆,蜗轮被蜗杆遮住的部分可省略不画;在蜗轮投影为圆的视图中,啮合区内蜗轮的分度圆和蜗杆的分度线相切。图 7-29b 为剖视图画法,蜗杆齿顶线与蜗轮顶圆、喉圆相交的部分均不画出。

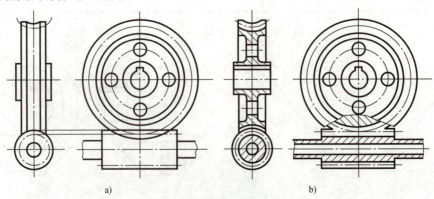

图 7-29 蜗轮和蜗杆的啮合画法
a) 外形视图 b) 剖视图

7.3 键联结和销联接

7.3.1 键联结

为了使齿轮、带轮、链轮等零件和轴一起转动，通常在轮毂孔和轴上分别加工出键槽，将键的一半嵌在轴的键槽内，另一半嵌在与轴相配合零件的轮毂上的键槽里，使它们联结在一起转动，如图7-30所示。键联结是一种可拆联结。

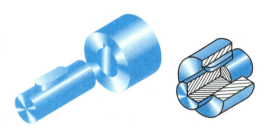

图 7-30　键联结

1. 普通平键的标记

键联结的种类很多，常用的有普通平键、半圆键、钩头楔键等，如图7-31所示。键是标准件，其结构形式、尺寸等均有相应规定。

普通平键有三种结构形式：A型（圆头）、B型（平头）、C型（单圆头），见表7-7。

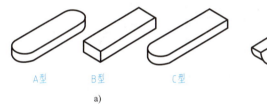

　　A型　　　　B型　　　　C型

　　　a)　　　　　　　　　　　b)　　　　　　　c)

图 7-31　常用键的形式

a）普通平键　b）半圆键　c）钩头楔键

键联结

表 7-7　普通平键的形式和标记示例

名称	图例	标记示例
普通A型平键	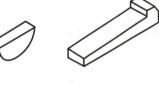	GB/T 1096 键 16×10×100 普通A型平键（型号A可省略不注），宽度 $b=16$mm，高度 $h=10$mm，长度 $L=100$mm
普通B型平键		GB/T 1096 键 B 16×10×100 普通B型平键，宽度 $b=16$mm，高度 $h=10$mm，长度 $L=100$mm

(续)

名称	图例	标记示例
普通 C 型平键	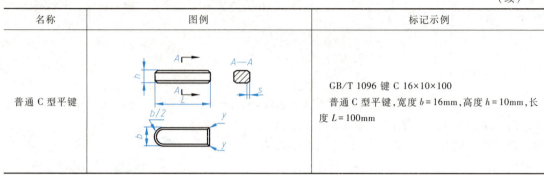	GB/T 1096 键 C 16×10×100 普通 C 型平键，宽度 $b=16mm$，高度 $h=10mm$，长度 $L=100mm$

注：$y \leqslant s_{max}$。

2. 键槽的画法及尺寸标注

画键槽时，可根据轴的直径和键的形式从附表 12 中查得键槽的宽度 b、轴上的槽深 t_1 和轮毂上的槽深 t_2，键的长度 L 根据联结部分的轮毂长度确定。键槽的画法和尺寸标注如图 7-32a、b 所示。

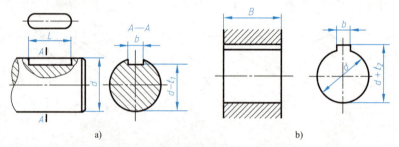

图 7-32 键槽的画法和尺寸标注

3. 键联结的画法

普通平键联结的装配图画法如图 7-33 所示，主视图中剖切平面通过轴的轴线和键的纵向对称平面，轴和键均按不剖绘制。为了表示键在轴上的装配情况，采用了局部剖视。在 $B—B$ 剖视图中，键和轴被剖切平面横向剖切，要画剖面线。平键的两个侧面是其工作表面，分别与轴的键槽和轮毂的键槽两个侧面配合；键的底面与轴的键槽底面接触，画一条线；而键的顶面与轮毂键槽底面不接触，应画两条线。

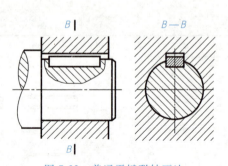

图 7-33 普通平键联结画法

7.3.2 销联接

销也是标准件，通常用于零件间的联接或定位。常用的销有圆柱销、圆锥销和开口销等。开口销常与带孔螺栓和开槽螺母配合使用，将开口销插入开槽螺母的槽口并穿过带孔螺栓的孔，并将销的尾部叉开，以防止螺母与螺栓松脱。

圆柱销、圆锥销、开口销的形式、标记和联接画法见表 7-8。

表 7-8 销的形式、标记和联接画法

名称及标准号	主要尺寸	标记示例	联接画法
圆柱销 GB/T 119.1—2000		销 GB/T 119.1 6 m6×30	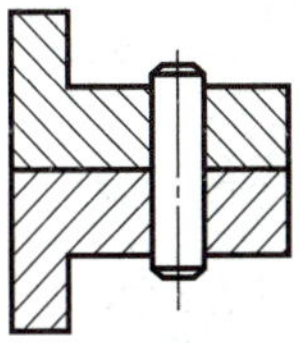
圆锥销 GB/T 117—2000	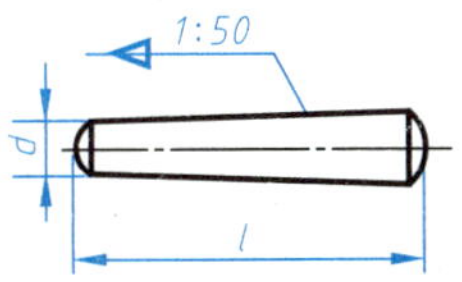	销 GB/T 117 6×30	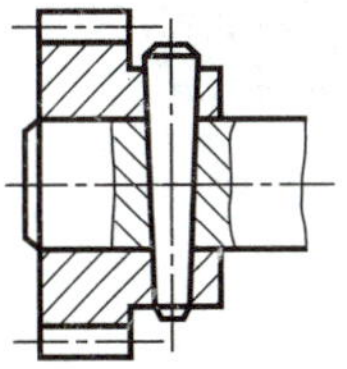
开口销 GB/T 91—2000	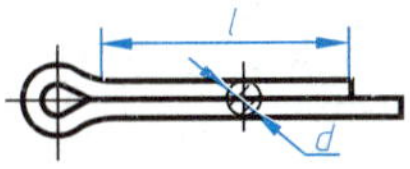	销 GB/T 91 4×20	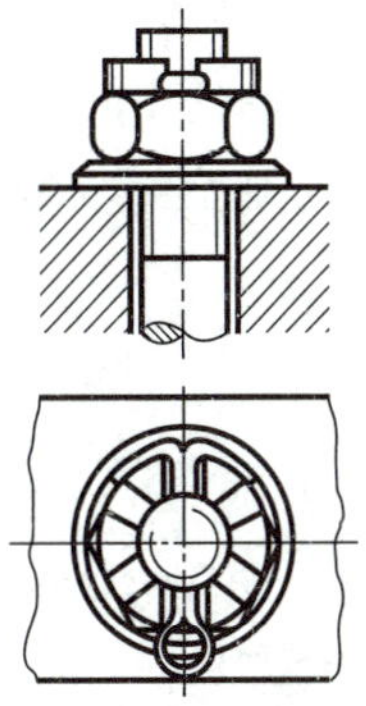

7.4 滚动轴承

滚动轴承是支承转动轴的标准组件。它具有摩擦阻力小、效率高、结构紧凑、维护方便等优点，因此应用很广泛。

1. 滚动轴承的结构及分类

滚动轴承的种类很多，但结构大体相同，一般由外圈、内圈、滚动体和保持架组成，如图 7-34 所示。内圈装在轴上，与轴一起转动。外圈装在机体或轴承座内，一般固定不动。滚动体安装在内、外圈之间的滚道中，当内圈转动时，滚动体在滚道内滚动。滚动体的形状有球形、圆柱形、圆锥形等，滚动体的形状、大小和数量直接影响滚动轴承的承载能力。保持架用来隔离滚动体。

滚动轴承按承受载荷的方向不同，可分为三类：

（1）向心轴承　主要承受径向载荷，如深沟球轴承。

（2）推力轴承　只承受轴向载荷，如推力球轴承。

（3）向心推力轴承　能同时承受径向载荷和轴向载荷，如圆锥滚子轴承。

2. 滚动轴承的标记

滚动轴承的标记由轴承名称、轴承代号、标准编号三部分组成。轴承代号由基本代号、

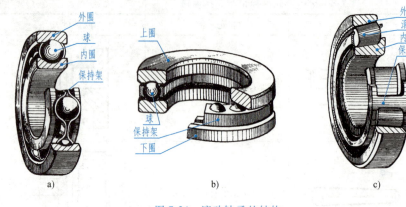

图 7-34 滚动轴承的结构
a）深沟球轴承　b）推力球轴承　c）圆锥滚子轴承

前置代号和后置代号构成。前置代号、后置代号是轴承在结构形状、尺寸、公差、技术要求等有改变时，在其基本代号左右添加的补充代号。前置代号用字母表示，后置代号用字母（或字母加数字）表示。如无特殊要求，则只标记基本代号。

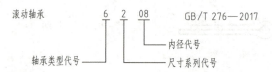

基本代号表示轴承的基本类型、结构和尺寸，由轴承类型代号、尺寸系列代号和内径代号组成。

（1）轴承类型代号　轴承类型代号用数字或字母表示，见表 7-9。类型代号如果是"0"（双列角接触球轴承），可省略不注。

表 7-9　滚动轴承类型代号（摘自 GB/T 272—2017）

代号	轴承类型	代号	轴承类型
0	双列角接触球轴承	6	深沟球轴承
1	调心球轴承	7	角接触球轴承
2	调心滚子轴承和推力调心滚子轴承	8	推力圆柱滚子轴承
3	圆锥滚子轴承	N	圆柱滚子轴承（双列或多列用字母 NN）
4	双列深沟球轴承	U	外球面球轴承
5	推力球轴承	QJ	四点接触球轴承

（2）尺寸系列代号　尺寸系列代号由轴承的宽（高）度系列代号和直径系列代号组合而成，用两位阿拉伯数字来表示。它的主要作用是区别内径相同而宽度和外径不同的轴承。

（3）内径代号　内径代号表示轴承的公称内径，一般用两位阿拉伯数字表示。其表示方法见表 7-10。

表 7-10　滚动轴承内径代号（摘自 GB/T 272—2017）

轴承公称内径/mm	内径代号	示　例	
0.6~10（非整数）	用公称内径毫米数直接表示，在内径与尺寸系列代号之间用"/"分开	深沟球轴承 618/2.5	$d=2.5\mathrm{mm}$

(续)

轴承公称内径/mm	内径代号	示 例	
1~9（整数）	用公称内径毫米数直接表示，对深沟及角接触球轴承7、8、9直径系列，内径与尺寸系列代号之间用"/"分开	深沟球轴承625 深沟球轴承618/5	$d=5$mm $d=5$mm
10~17	10　　　00	深沟球轴承6200	$d=10$mm
	12　　　01	深沟球轴承6201	$d=12$mm
	15　　　02	深沟球轴承6202	$d=15$mm
	17　　　03	深沟球轴承6203	$d=17$mm
20~480（22、28、32除外）	公称内径除以5的商数，商数为个位数，需在商数左边加"0"，如08	调心滚子轴承22308	$d=40$mm
≥500以及22、28、32	用公称内径毫米数直接表示，但在内径与尺寸系列之间用"/"分开	调心滚子轴承230/500 深沟球轴承62/22	$d=500$mm $d=22$mm

滚动轴承的标记示例见表7-11。

表7-11　滚动轴承标记示例

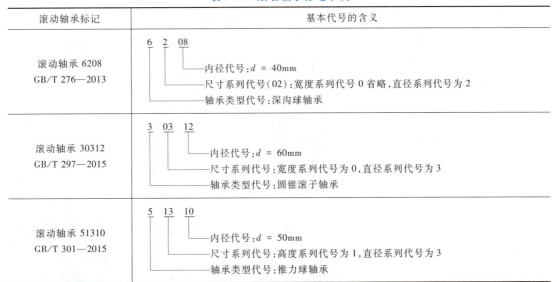

3. 滚动轴承的表示法

在图样中表示滚动轴承时，可采用简化画法或规定画法，见表7-12，相关尺寸可根据轴承代号由标准中查得。

（1）简化画法　用简化画法绘制滚动轴承时，应采用通用画法或特征画法，在同一图样中一般只采用其中一种画法。通用画法和特征画法中的矩形线框、轮廓线和各种符号均用粗实线绘制。

1）通用画法：在剖视图中，当不需要确切地表示滚动轴承的外形轮廓、载荷特性、结构特征时，可用矩形线框及位于中央正立的十字形符号表示滚动轴承。

2）特征画法：在剖视图中，当需要较形象地表示滚动轴承的结构特征时，可采用矩形线框内画出其结构要素符号来表示滚动轴承。

（2）规定画法　必要时，在滚动轴承的产品图样、产品样本、产品标准和使用说明书中可采用规定画法绘制滚动轴承。采用规定画法绘制滚动轴承的剖视图时，滚动体不画剖面线，轴承内、外圈的剖面线方向和间隔均相同。规定画法一般绘制在轴的一侧，另一侧按通用画法绘制。

表 7-12　常用滚动轴承的表示法

7.5　弹簧

弹簧是一种用来减振、夹紧、测力和储存能量的零件，其特点是在弹性限度内，受外力作用而变形，去除外力后，能立即恢复原状。弹簧的种类很多，用途很广，常用的弹簧如图 7-35 所示。

1. 圆柱螺旋压缩弹簧各部分的名称及尺寸计算（图 7-36）

（1）材料直径 d　弹簧钢丝直径。

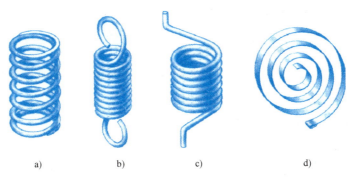

图 7-35 常用的弹簧

a）压缩弹簧　b）拉伸弹簧　c）扭转弹簧　d）平面涡卷弹簧

（2）弹簧中径 D　弹簧的规格直径。

1）弹簧内径 D_1：弹簧的最小直径，$D_1=D-d$。

2）弹簧外径 D_2：弹簧的最大直径，$D_2=D+d$。

（3）节距 t　除支承圈外，相邻两有效圈沿轴向的距离。

（4）有效圈数 n、支承圈数 n_2 和总圈数 n_1　为了使螺旋压缩弹簧工作时受力均匀，增加弹簧的平稳性，将弹簧的两端并紧、磨平。并紧、磨平的圈数主要起支承作用，称为支承圈。图 7-36 所示的弹簧，两端各有 $1\frac{1}{4}$ 圈为支承圈，即 $n_2=2.5$。具有相等节距的圈数，称为有效圈数。有效圈数与支承圈数之和称为总圈数，即 $n_1=n+n_2$。

（5）自由高度 H_0　弹簧在不受外力作用时的高度，$H_0=nt+(n_2-0.5)d$。

（6）展开长度 L　制造弹簧时坯料的长度。由螺旋线的展开可知，$L\approx\pi Dn_1$。

2. 圆柱螺旋压缩弹簧的画法

圆柱螺旋压缩弹簧可画成视图、剖视图或示意图，如图 7-37 所示。

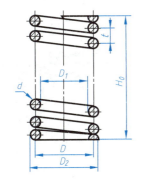

图 7-36　圆柱螺旋压缩弹簧尺寸

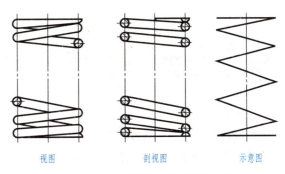

视图　　　剖视图　　　示意图

图 7-37　圆柱螺旋压缩弹簧的画法

1）在平行于螺旋弹簧轴线的投影面的视图中，其各圈的轮廓线应画成直线。

2）螺旋弹簧均可画成右旋，对必须保证的旋向要求应在"技术要求"中注明。

3）螺旋压缩弹簧，如要求两端并紧且磨平，不论支承圈的圈数多少和末端贴紧情况如何，均按图 7-37 的形式绘制。必要时也可按支承圈的实际结构绘制。

4）有效圈数在四圈以上的螺旋弹簧，中间部分可以省略不画，只画出通过簧丝剖面中心的细点画线。当中间部分省略后,允许适当缩短图形的长度,如图 7-37 所示。

5) 在装配图中,螺旋弹簧被剖切后,被弹簧挡住的结构一般不画出,其可见部分应从弹簧的外轮廓线或弹簧钢丝剖面的中心线画起,如图 7-38 所示。

6) 在装配图中,当簧丝直径在图上小于或等于 2mm 时,断面可以涂黑表示,如图 7-38b 所示,也可采用图 7-38c 所示的示意画法。

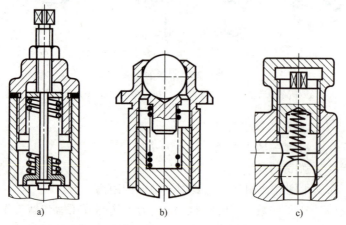

图 7-38 装配图中弹簧的画法

3. 圆柱螺旋压缩弹簧的画图步骤

对于两端并紧、磨平的圆柱螺旋压缩弹簧,其作图步骤如图 7-39 所示。

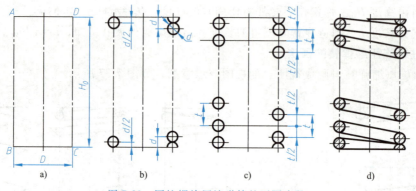

图 7-39 圆柱螺旋压缩弹簧的画图步骤

1) 根据弹簧的自由高度 H_0 和弹簧中径 D 作矩形 $ABCD$,如图 7-39a 所示。
2) 画出支承圈部分簧丝的断面,如图 7-39b 所示。
3) 根据节距 t 画出有效圈部分簧丝的断面,如图 7-39c 所示。
4) 按右旋方向作簧丝断面的切线,校核、加深,画剖面线,如图 7-39d 所示。

7.6 项目案例:联轴器装配结构分析

图 7-40 所示为凸缘联轴器,由左、右两半部分组成,分别与主动轴和从动轴联接。左半联轴器通过键与轴联结,并用一个紧定螺钉旋入左半联轴器的螺孔中,并将其尾端压在轴

的锥坑中，从而固定了轴与左半联轴器的相对位置，使它们不能产生相对运动。右半联轴器通过销与轴联接。左、右两部分用螺栓、垫圈、螺母联成一体，以传递运动和转矩。

由于剖切平面通过轴和标准件的轴线，轴和标准件均按不剖绘制，用了三个局部剖视图表达了键联结、销联接和螺钉联接。被联接的两轴都采用了断开画法，联轴器轴测图如图7-41所示。

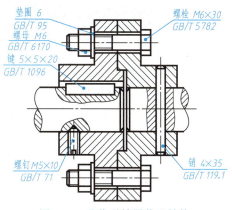

图 7-40　凸缘联轴器装配结构

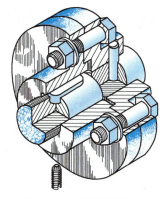

图 7-41　联轴器轴测图

【素养提升】　国家标准对标准件的结构、尺寸、技术要求等都做了统一规定，通过培养学生查阅相关国家标准的能力，明确严格遵守国家标准的重要性，培养学生踏实认真的职业素质和严谨细致、遵循规范的品质精神。

项目八

零件图的识读与绘制

任何一台机器或一个部件都是由若干零件按一定的装配关系和技术要求组装而成的。表示零件结构、大小和技术要求的图样称为零件图,零件图是制造和检验零件的主要依据。

8.1 零件图的作用和内容

1. 零件图的作用

图 8-1 所示为滑动轴承的轴测分解图,图 8-2 所示为滑动轴承轴承座零件图。滑动轴承是支承轴传动的部件,其主体部分是轴承座和轴承盖。在轴承座与轴承盖之间装有由上、下两个半圆筒组成的轴衬,所支承的轴在轴衬孔中转动。为防止轴衬随轴转动,将轴承固定套插入轴承盖与上轴衬油孔中。为了耐磨,轴衬材料选用铸造铝青铜。轴衬孔内设有油槽,以便贮油,供运转时轴、孔间润滑用。为了注入润滑油,轴承盖顶部安装一油杯。为了调整轴衬与轴配合的松紧,轴承盖与轴承座之间留有间隙。

轴承座是滑动轴承的主要零件,它与轴承盖通过一对螺栓和螺母紧固,压紧上、下轴衬。轴承座下部的底板,在滑动轴承安装时起支撑和固定作用。因此,零件的结构形状和大小,是由零件在机器或部件中的功能和作用以及与其他零件

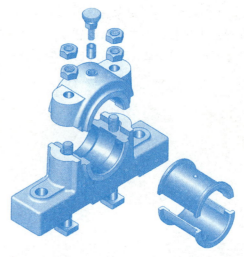

图 8-1 滑动轴承轴测分解图

的装配连接关系确定的。在识读或绘制零件图时,要考虑零件在部件中的位置、作用,以及与其他零件之间的装配关系,从而理解各个零件的结构形状和加工方法。

2. 零件图的内容

由图 8-2 所示的轴承座零件图可以看出,零件图应包括以下基本内容。

(1)一组图形 根据零件的结构特点,选择适当的视图、剖视图、断面图、局部放大图等表达方法,正确、完整、清晰地表达出零件的结构形状。

(2)完整的尺寸 正确、完整、清晰、合理地标注出零件在制造和检验时所需的全部尺寸。

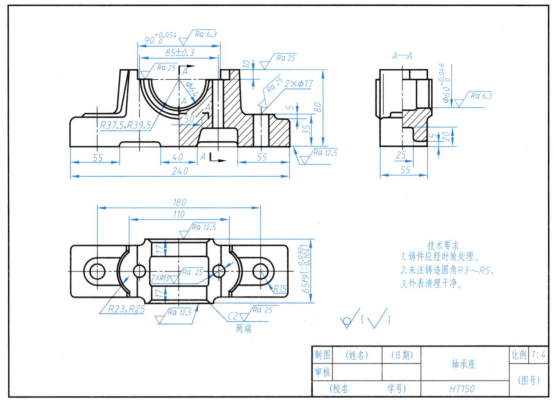

图 8-2 轴承座零件图

(3) 技术要求　用规定的代号、符号、标记或文字说明等，简明地给出零件在制造和检验时应达到的各项技术指标与要求，如表面结构、几何公差、表面热处理等。

(4) 标题栏　填写零件名称、材料、比例、图号及设计和审核人员的签名等。

8.2 零件结构形状的表达

零件图要求能正确、完整、清晰地表达出零件的内、外结构形状。要满足这些要求，首先应分析零件的结构特点，了解零件在机器或部件中的位置、作用和加工方法等，然后恰当地选择视图、剖视图、断面图、局部放大图等表达方法，确定一个比较合理的表达方案。

8.2.1 零件的构形分析

零件是组成机器或部件的基本单元，主要起到传动、支承、连接、密封、容纳等功能作用，这是决定零件主体结构的主要依据。

零件的结构形状一般由工作部分、连接部分、安装部分和支承加强等部分组成。零件的工作部分构形主要是满足零件功能要求，如箱体类零件的工作部分构形取决于内部被包容零件的结构形状和运动情况，通常采用由内定外的原则进行构形。零件的连接部分构形是为了满足装配件中零件之间的安装固定要求，对箱体类零件，一般常设计有带螺孔或销孔的凸缘、法兰等结构形状。零件的安装部分构形是为了满足装配件与外部关联设备之间的安装固定要求，通常设计成安装板、底座、凸台等形式。零件的支承加强部分是为了满足零件对刚度、强度等方面的要求，一般常设计有肋板或通过合理设计零件壁厚等手段来满足要求。

零件的构形除了满足功能要求外，还应考虑加工制造的工艺要求，经济、美观等多方面的要求，才能使零件的结构更合理。下面以图 8-3 所示泵体为例进行构形分析。

1. 泵体的功能

图 8-3 所示泵体是齿轮油泵（装配图如图 9-11 所示）中的一个重要零件。泵体与左、右端盖及垫片一起形成一个密封的包容空腔，容纳齿轮；同时与外部的进油管和出油管相连，通过齿轮啮合实现吸油和压油的过程；另外通过泵体可安装齿轮油泵部件。

图 8-3 泵体

2. 泵体的结构分析

1）为了容纳一对相啮合的齿轮，并使铸件壁厚均匀，将泵体的主体结构设计为图 8-4a 所示形状。

2）泵体两侧需加工进油孔和出油孔。考虑到钻孔要求，内腔两侧面为平面。为降低加工成本，在外部两侧设有圆形凸台，如图 8-4b 所示。

3）为了与进油管和出油管相连，泵体两侧为螺纹孔，如图 8-4c 所示。

4）为了与左、右端盖准确定位和连接，泵体与之接触的两个端面上设计有定位销孔和螺纹孔，如图 8-4d 所示。

5）为了安装方便，使齿轮油泵固定在工作位置，泵体下端加一安装底板，如图 8-4e 所示。

6）底板上需有安装孔。考虑到减小加工面积，保证零件表面之间的良好接触，底板的底面有凹槽，如图 8-4f 所示。

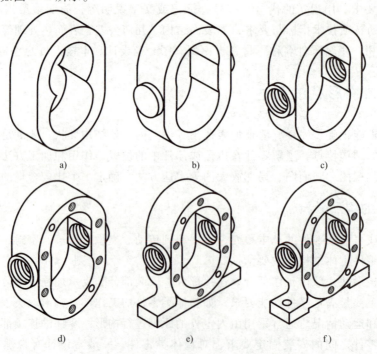

图 8-4 泵体的构形分析

8.2.2 零件的表达方法

零件的表达方法是根据零件的结构形状、加工方法以及它在机器中所处位置等因素进行综合分析来确定的。

1. 主视图的选择

主视图是零件图的核心，主视图选择得恰当与否将直接关系到其他视图的位置和数量，以及画图和读图是否方便。选择主视图时应从以下三个方面来考虑。

（1）表示零件的工作位置或安装位置　主视图应尽量表示零件在机器中的工作位置或安装位置。如图 8-5 所示的吊车吊钩、汽车拖钩和支座，其主视图就是根据工作位置或安装位置并尽量多地反映其形状特征选定的。

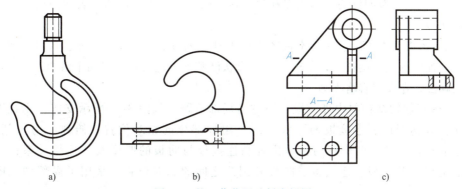

图 8-5　按工作位置选择主视图

（2）表示零件的加工位置　主视图应尽量表示零件在主要加工工序中所处的位置。如轴套类、轮盘类零件主要加工工序是车削或磨削，加工时工件轴线多处于水平位置。因此，一般将其轴线水平放置画出主视图，以便于加工时看图，如图 8-6 所示。

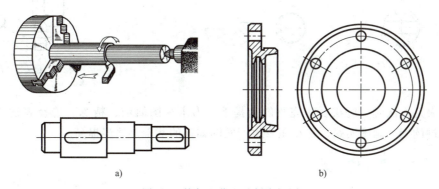

图 8-6　按加工位置选择主视图

（3）表示零件的结构形状特征　主视图应尽量多地反映零件的结构形状特征及各形体间的相互位置关系，这主要取决于投射方向的选定。如图 8-7 所示的柱塞泵泵体，选取 A 向为主视图投射方向能较好地反映零件的结构形状及各组成部分的相对位置。

2. 其他视图的选择

根据零件的复杂程度和结构特点，对主视图未表达清楚的部分，再选择其他视图表达，

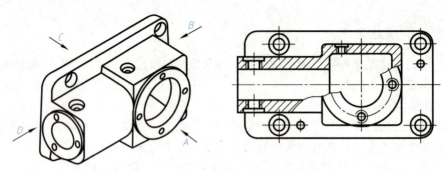

图 8-7 柱塞泵泵体的主视图选择

并使每个视图都有表达重点。

1) 每个视图应有明确的表达重点和独立存在的意义。各个视图所表达的内容应相互配合、彼此互补。

2) 优先考虑基本视图及在基本视图上作剖视或断面,如图 8-8 所示。又如图 8-9 所示端盖,将主视图画成全剖视图,其内外结构形状已基本表达清楚,将四个沿圆周均布的圆孔采用简化画法,左视图省略不画。

3) 表达零件的结构要内外兼顾、整体与局部兼顾。如图 8-5c 所示支座,主视图表达外形,主要表达圆筒、连接板的形状和四个组成部分的相对位置;俯视图为全剖视图,主要表达底板的形状、两个孔的相对位置和连接板与肋板的厚度及其连接关系;左视图表达肋板的形状及底板、连接板、肋板和圆筒之间的相对位置,采用了局部剖视图表达孔的结构。

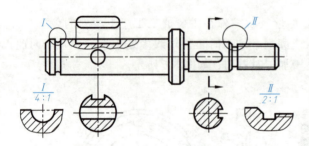

图 8-8 阶梯轴的视图选择

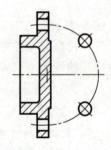

图 8-9 端盖的视图表达

选择表达方法时,应在表达完整的前提下,力求视图简洁、精练。选择表达方案的能力,可通过读图、画图实践,并在积累生产实际知识的基础上逐步提高。

8.2.3 零件上常见的工艺结构

零件的结构形状,除了应满足使用上的要求外,还应满足制造工艺的要求,即应具有合理的工艺结构。

1. 铸造工艺结构

铸造加工属于成型加工,通常将熔化了的金属液体注入砂箱的型腔内,待金属液体冷却凝固后,去除型砂,获得铸件。为保证铸件质量,需对铸件的工艺结构提出要求。

(1) 起模斜度 如图 8-10 所示,铸造零件毛坯时,为了便于从砂型中取出模型,零件的内、外壁沿起模方向应设计出起模斜度（通常取 1∶20，约 3°）。起模斜度在零件图中可不画出、不标注，在技术要求中用文字说明。

（2）铸造圆角 如图 8-11 所示，铸件各表面相交处应做成圆角，以免铸件冷却收缩时产生缩孔或裂纹，同时防止砂型在尖角处脱落。铸造圆角常在技术要求中统一说明。

图 8-10 起模斜度　　　　　　　　　　　　　　图 8-11 铸造圆角

由于铸造圆角的存在，使铸件表面的交线变得不明显。为了看图时便于区分不同形体的表面，图样中仍画出两形体表面间的交线，称为过渡线。过渡线用细实线绘制，其画法与相贯线的画法基本相同，只是在其端点处不与其他轮廓线接触，如图 8-12 所示。

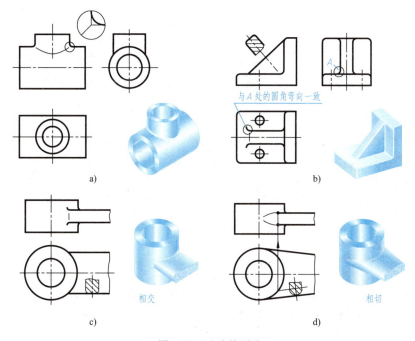

图 8-12 过渡线画法

（3）铸件壁厚 在浇注零件时，为了避免各部分因冷却速度不同而产生缩孔或裂纹，应尽可能使铸件的壁厚均匀一致或逐渐过渡，如图 8-13 所示。

2. 机械加工工艺结构

（1）倒角和倒圆 如图 8-14 所示，为了便于装配和安全操作，轴或孔的端部应加工成倒角；为了避免应力集中而产生裂纹，轴肩处应采用圆角过渡，称为倒圆。45°倒角和倒圆的标注形式如图 8-14a 所示，图中符号 C 表示 45°倒角。非 45°倒角的标注如图 8-14b 所示。

（2）退刀槽和砂轮越程槽 加工时，为了便于退出刀具或砂轮，以及装配时与相邻零

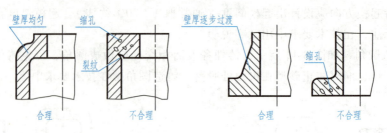

图 8-13　铸件壁厚

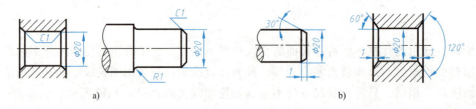

图 8-14　倒角和倒圆

件靠紧，常在被加工表面上预先加工出退刀槽或砂轮越程槽，如图 8-15 所示。其尺寸按"槽宽×直径"或"槽宽×槽深"的形式标注，当槽的结构复杂时，可画出局部放大图标注尺寸。

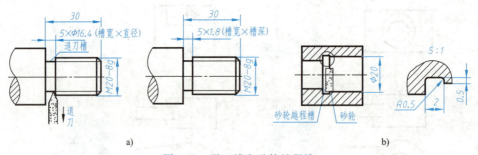

图 8-15　退刀槽和砂轮越程槽

（3）凸台与凹坑　为了减少加工面，并保证两零件表面接触良好，常在零件接触面处设计凸台、凹坑或凹槽等结构，如图 8-16 所示。

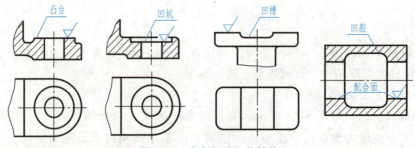

图 8-16　凸台与凹坑等结构

（4）钻孔结构　钻孔时，应尽可能使钻头轴线与被钻表面垂直，以保证孔的精度和避免钻头折断，如图 8-17 所示。

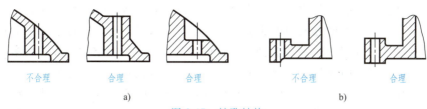

图 8-17 钻孔结构

8.3 零件图的尺寸标注

零件图是制造、检验零件的重要技术文件，图形只表达零件的形状，零件的大小由零件图上标注的尺寸来确定。零件图中的尺寸除了满足正确、完整、清晰的要求外，还应做到标注合理，即所标注的尺寸既能满足设计要求，又能满足零件在加工、测量和检验等制造方面的工艺要求。

1. 尺寸基准的选择

尺寸基准是指零件在机器中或加工、测量时，用来确定其位置的一些面、线或点。零件有长、宽、高三个方向的尺寸，每个方向至少要选择一个尺寸基准。一般常选零件结构的对称平面、主要回转轴线、主要加工面、重要支承面或结合面作为尺寸基准。根据基准的作用不同可分为设计基准和工艺基准。

（1）设计基准 设计基准是指根据设计要求用于确定零件结构的位置所选定的基准。如图 8-18 所示轴承座，选择底面为高度方向的设计基准，左右对称平面为长度方向的设计基准，圆筒后端面为宽度方向的设计基准。以底面为高度方向的设计基准，是为了保证轴承孔到底面的距离 40±0.02；以左右对称平面为长度方向的设计基准，是为了保证两个安装孔

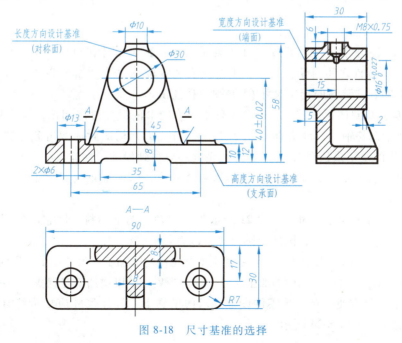

图 8-18 尺寸基准的选择

之间的中心距及其与轴孔的对称关系；圆筒后端面是重要的结合面，而且也是一个主要的加工面，以圆筒后端面为宽度方向的设计基准，可以保证底板上安装孔的定位尺寸 17。

（2）工艺基准　工艺基准是指为便于零件的加工和测量所选定的基准。如图 8-19a 所示的阶梯轴，工作时以 φ15 轴段的左轴肩面定位，该面为轴向尺寸的设计基准。图 8-19b 所示为阶梯轴在车床上的加工情况，是以轴的右端面为基准来确定位置的，所以右端面为轴向尺寸的工艺基准。在两基准之间有一个联系尺寸 52。

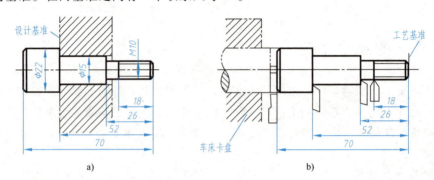

图 8-19　阶梯轴的设计基准和工艺基准

标注尺寸时，应尽可能使设计基准和工艺基准统一。这样，既能满足设计要求，又能保证工艺要求。如图 8-18 所示轴承座，底面是设计基准，也是工艺基准。

当零件结构比较复杂时，同一方向上的尺寸基准可能不止一个，其中决定零件主要尺寸的基准称为主要基准（一般为设计基准）。为了加工测量方便而选定的基准称为辅助基准（一般为工艺基准）。如图 8-18 所示，底面是高度方向的主要基准，高度尺寸 10、12、40±0.02、58 都是以它为基准注出的。螺纹孔 M8×0.75 的深度尺寸 6 是以凸台顶面为辅助基准注出的，以便于加工测量。辅助基准与主要基准之间必须有直接的联系尺寸，如图 8-18 中的尺寸 58。

2. 合理标注尺寸的原则

（1）重要尺寸直接注出　重要尺寸主要是指直接影响零件在机器中的工作性能和位置关系的尺寸，如零件之间的配合尺寸、重要的安装定位尺寸等。如图 8-18 所示，轴承孔的中心高 40±0.02，安装孔的定位尺寸 65 必须直接注出。

（2）避免注成封闭尺寸链　要避免零件某一方向上的尺寸首尾相接，构成封闭尺寸链。如图 8-20a 所示阶梯轴，长度方向注出了 l_1、l_2、l_3、l_4，构成封闭尺寸链。加工时，尺寸 l_1、l_2、l_3 产生的误差累积到 l_4 上，使 l_4 的精度难以得到保证。标注尺寸时，应选一个不重要的尺寸空出不注，如 l_2，将加工误差累积到这一段，以保证重要尺寸的精度要求，如图 8-20b 所示。

（3）按加工要求标注尺寸　图 8-21 所示为滑动轴承的下轴衬，因它的外圆和内孔是与上轴衬对合起来一起加工的，因此半圆尺寸要以直径形式标注。

为便于不同工种的工人看图，应将零件上的加工面与非加工面尺寸尽量分别注在图形的两边，如图 8-22 所示；对同一工种的加工尺寸，要适当集中，以便加工时查找，如图 8-23 所示。

（4）考虑测量方便　在满足零件设计要求的前提下，标注尺寸应尽量符合零件的加工顺序和方便测量，如图 8-24 所示。

项目八 零件图的识读与绘制

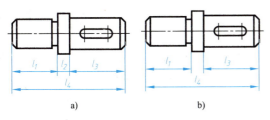

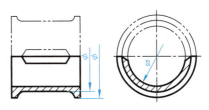

图 8-20　避免注成封闭尺寸链　　　　　图 8-21　尺寸标注要便于加工和测量

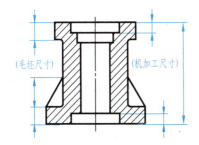

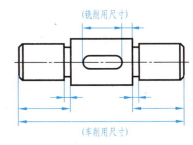

图 8-22　加工面与非加工面的尺寸注法　　图 8-23　同工种加工的尺寸注法

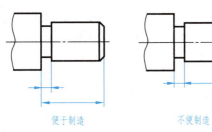

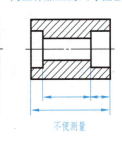

图 8-24　尺寸标注要便于加工和测量

（5）相关尺寸的一致性　装配件中各零件之间有配合、连接、传动等联系，标注零件间有联系的尺寸应尽可能做到尺寸基准、标注形式及标注内容等协调一致。如图 8-1 中轴承座与轴承盖的相关尺寸要一致，才能保证装配精度。

3. 常见孔的尺寸标注

零件上常见孔的尺寸注法见表 8-1。

表 8-1　常见孔的尺寸注法

类型		简化注法		普通注法	说　　明
光孔	一般孔	4×φ5▼10	4×φ5▼10	4×φ5，深10	▼深度符号 四个相同的孔，直径为 φ5mm，孔深为 10mm
	精加工孔	4×φ5$^{+0.012}_{0}$▼10 孔▼12	4×φ5$^{+0.012}_{0}$▼10 孔▼12	4×φ5$^{+0.012}_{0}$，深10，孔深12	四个相同的孔，直径为 φ5mm，钻孔深度为 12mm，钻孔后需精加工至 φ5$^{+0.012}_{0}$mm，深度为 10mm

（续）

类型		简化注法		普通注法	说明
光孔	锥销孔	 锥销孔φ5 配作	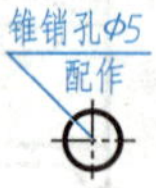 锥销孔φ5 配作	（该孔无普通注法）	φ5mm 为与锥销孔相配的圆锥销小端的直径（公称直径） 配作指该孔与相邻零件的同位锥销孔一起加工
	埋头孔	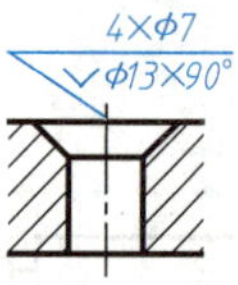 4×φ7 ⌵φ13×90°	 4×φ7 ⌵φ13×90°	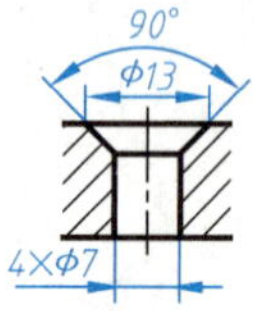 90° φ13 4×φ7	⌵ 埋头孔符号 埋头孔为安装开槽沉头螺钉所用
	沉孔	 4×φ7 ⌴φ13▽3	 4×φ7 ⌴φ13▽3	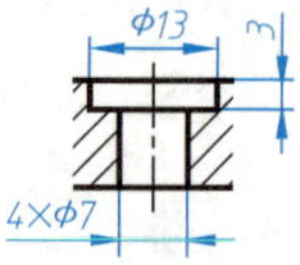 φ13 3 4×φ7	⌴ 沉孔及锪平孔符号 四个相同的孔，直径为φ7mm，柱形沉孔直径为φ13mm，深度为3mm
	锪平孔	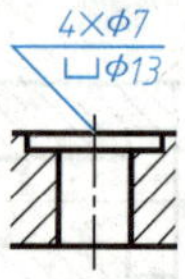 4×φ7 ⌴φ13	 4×φ7 ⌴φ13	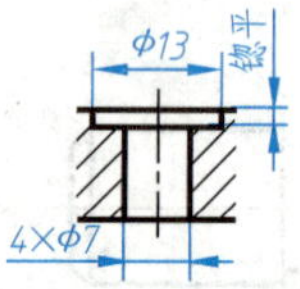 φ13 锪平 4×φ7	锪平孔直径为φ13mm，深度不必标注，一般锪平到不出现毛面为止
螺纹孔	通孔	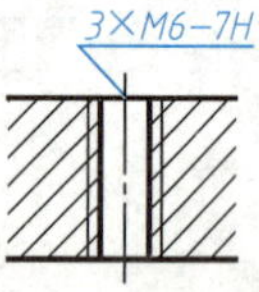 3×M6-7H	 3×M6-7H	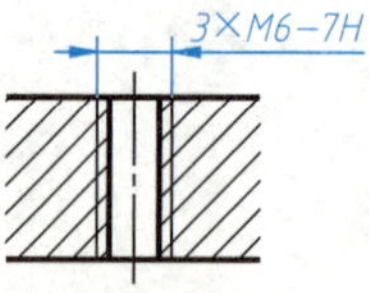 3×M6-7H	3×M6 表示公称直径为 M6 的三个螺纹孔
	不通孔	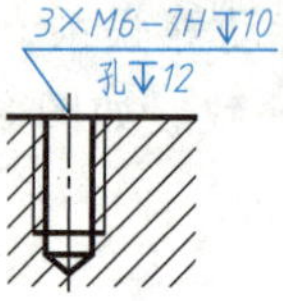 3×M6-7H▽10 孔▽12	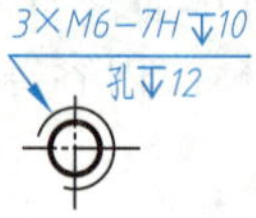 3×M6-7H▽10 孔▽12	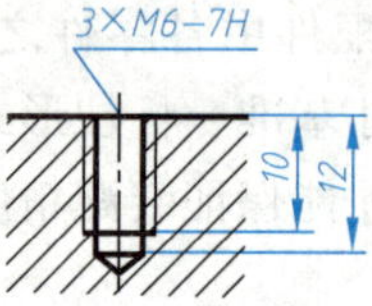 3×M6-7H 10 12	一般应分别注出螺纹深度和钻孔深度

8.4 零件图中的技术要求

零件图中的技术要求主要指极限与配合、几何公差、表面结构等零件几何精度方面的要求，以及对材料的热处理和表面处理、零部件检验和试验等方面的要求等。

8.4.1 极限与配合

在大批量的生产中，相同的零件要求具有互换性。互换性是指从同一规格的一批零件中任取一个，不经修配就能装到机器或部件上，并能保证使用要求。零件具有互换性，有利于进行高效率的专业化生产，降低生产成本，缩短生产周期，便于维修等。

为使零件具有互换性，必须保证零件的结构形状、尺寸、技术要求等的一致性。就尺寸而言，互换性并不是要求将零件都加工成一个指定的尺寸，而只是限定其在一个合理的范围内变动；对于相互配合的零件，这个范围要求在使用和制造上是合理的、经济的，并保证相互配合的尺寸之间形成一定的配合关系，以满足不同的使用要求，由此产生了极限与配合制度。

1. 基本概念（图8-25）

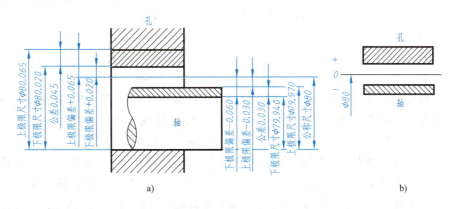

图8-25 公差基本术语和公差带图

（1）公称尺寸　由图样规范定义的理想形状要素的尺寸，如 $\phi 80$。

（2）极限尺寸　尺寸要素允许的尺寸的两个极限值。尺寸要素允许的最大尺寸，称为上极限尺寸；尺寸要素允许的最小尺寸，称为下极限尺寸。

上极限尺寸　孔：80mm+0.065mm=80.065mm　　轴：80mm-0.030mm=79.970mm

下极限尺寸　孔：80mm+0.020mm=80.020mm　　轴：80mm-0.060mm=79.940mm

零件经过测量得到的尺寸称为实际尺寸，实际尺寸在上极限尺寸和下极限尺寸之间，则零件合格。

（3）极限偏差　极限尺寸减其公称尺寸所得的代数差，称为极限偏差。极限偏差可以是正值、负值或零。上极限尺寸减其公称尺寸所得的代数差，称为上极限偏差；下极限尺寸减其公称尺寸所得的代数差，称为下极限偏差。

孔的上、下极限偏差分别用 ES 和 EI 表示，轴的上、下极限偏差分别用 es 和 ei 表示。

孔：上极限偏差（ES）= 80.065mm-80mm = +0.065mm

　　下极限偏差（EI）= 80.020mm-80mm = +0.020mm

轴：上极限偏差（es）= 79.970mm-80mm = -0.030mm

　　下极限偏差（ei）= 79.940mm-80mm = -0.060mm

（4）尺寸公差（简称公差）　上极限尺寸与下极限尺寸之差或上极限偏差与下极限偏差之差，称为公差。公差是允许尺寸的变动量，是一个没有符号的绝对值。

孔：　公差 = 80.065mm-80.020mm =（+0.065）mm-（+0.020）mm = 0.045mm

轴：　公差 = 79.970mm-79.940mm =（-0.030）mm-（-0.060）mm = 0.030mm

（5）公差带　由代表上极限偏差和下极限偏差或上极限尺寸和下极限尺寸的两条直线所限定的区域称为公差带，如图8-25b所示。在公差带图中，零线是表示公称尺寸的一条直线，零线上方的偏差为正值，下方的偏差为负值。

（6）标准公差和基本偏差 公差带由公差带大小和公差带位置两个要素组成，公差带大小由标准公差确定，公差带位置由基本偏差确定。

标准公差分为 20 个等级，即 IT01、IT0、IT1、…、IT18。IT 表示标准公差，数字表示公差等级。从 IT01～IT18 公差等级依次降低，标准公差的数值可查阅附表 15。同一公差等级，公差值随公称尺寸的变化而变化，但具有相同的精度。

IT01、IT0、IT1、IT2、…、IT18

公差等级：高————————————————→低

公差数值：小————————————————→大

加工难易：难————————————————→易

确定公差带相对零线位置的那个极限偏差称为基本偏差，它可以是上极限偏差或下极限偏差，一般为靠近零线的那个极限偏差。当公差带位于零线上方时，基本偏差为下极限偏差；当公差带位于零线下方时，基本偏差为上极限偏差，如图 8-26 所示。

国家标准对孔和轴分别规定了 28 个基本偏差，如图 8-27 所示。轴的基本偏差代号用小写字母表示，孔的基本偏差代号用大写字母表示。基本偏差系列示意图只表示公差带的位置，不表示公差带的大小，因此公差带另一端是开口的，开口的另一端由标准公差限定。

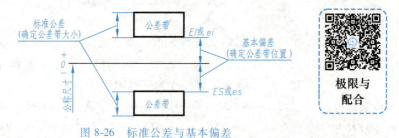

图 8-26 标准公差与基本偏差

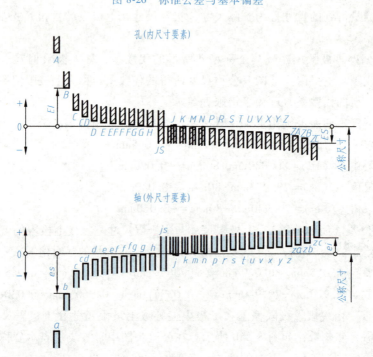

图 8-27 基本偏差系列示意图

（7）公差带代号　孔和轴的尺寸公差可用公差带代号表示。公差带代号由基本偏差代号（字母）与标准公差等级（数字）组成，见表8-2。

表8-2　公差带代号识读举例

代号	说　明	含　义
φ50H8	孔的公称尺寸 ── φ50　孔的公差带代号 ── H　8　孔的基本偏差代号　孔的标准公差等级	公称尺寸为φ50mm，基本偏差为H，标准公差等级为IT8的孔
φ50f7	轴的公称尺寸 ── φ50　轴的公差带代号 ── f　7　轴的基本偏差代号　轴的标准公差等级	公称尺寸为φ50mm，基本偏差为f，标准公差等级为IT7的轴

2. 配合

公称尺寸相同并且相互结合的孔和轴公差带之间的关系称为配合。根据使用要求不同，孔与轴之间的配合有松有紧。如图8-28所示的轴承座、轴套和轴三者之间的配合，轴套与轴承座之间不允许相对运动，应选择紧的配合；而轴在轴套内要求能转动，应选择松的配合。

（1）间隙配合　具有间隙（包括最小间隙等于零）的配合称为间隙配合。此时，孔的公差带在轴的公差带之上，如图8-29所示。装配在一起后，轴与孔之间有间隙，轴在孔中能自由转动。

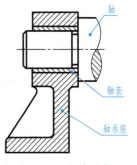

图8-28　配合示例

（2）过盈配合　具有过盈（包括最小过盈等于零）的配合称为过盈配合。此时，孔的公差带在轴的公差带之下，如图8-30所示。装配时需要一定的外力或使带孔零件加热膨胀后，才能把轴压入孔中，所以轴与孔装配在一起后不能产生相对运动。

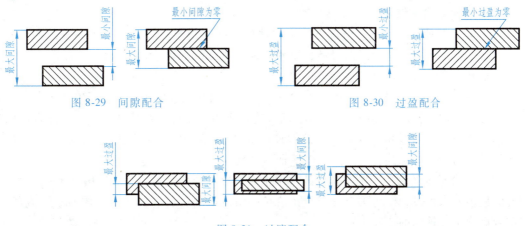

图8-29　间隙配合　　　　　　　图8-30　过盈配合

图8-31　过渡配合

(3) 过渡配合　可能具有间隙或过盈的配合称为过渡配合。此时，孔的公差带与轴的公差带相互交叠，如图 8-31 所示。轴与孔装配在一起后，可能出现间隙或出现过盈，但间隙或过盈都相对较小。这种介于间隙与过盈之间的配合即为过渡配合。

3. 配合制

为了使相互配合的零件达到不同的配合要求，国家标准规定了两种配合制度。

（1）基孔制配合　基本偏差一定的孔的公差带，与不同基本偏差的轴的公差带形成各种配合的一种制度。基孔制配合的孔称为基准孔，其基本偏差代号为 H，下极限偏差为零，即它的下极限尺寸等于公称尺寸，如图 8-32 所示。

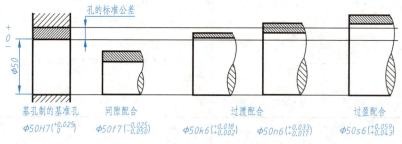

图 8-32　基孔制配合

（2）基轴制配合　基本偏差一定的轴的公差带，与不同基本偏差的孔的公差带形成各种配合的一种制度。基轴制配合的轴称为基准轴，其基本偏差代号为 h，其上极限偏差为零，即它的上极限尺寸等于公称尺寸，如图 8-33 所示。

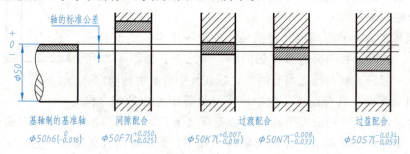

图 8-33　基轴制配合

4. 极限与配合的选用

（1）配合制的选择　一般情况下，优先选用基孔制配合。因为加工孔一般比加工轴难度大。采用基孔制可以减少定值刀具、量具的规格和数量，降低生产成本。

基轴制通常用于结构设计要求不适宜用基孔制，或采用基轴制具有明显经济效益的场合。如用冷拉钢制成不再进行切削加工的轴，或同一公称尺寸的轴与几个具有不同公差带的孔配合时，采用基轴制，如图 8-34a 所示活塞连杆机构。零件与标准件配合时，配合制的选用依标准件而定。如图 8-34b 所示，与滚动轴承内圈配合的轴采用基孔制，且仅标注轴的公差带代号；与轴承外圈配合的座孔采用基轴制，且仅标注孔的公差带代号。

（2）配合类别的选用　配合类别的选用主要取决于使用要求，一般可按表 8-3 选用。对配合的使用要求可以归纳为三个方面：孔轴间有相对运动；通过配合面来传递扭矩或载荷；用配合面确定孔轴间的相互位置。

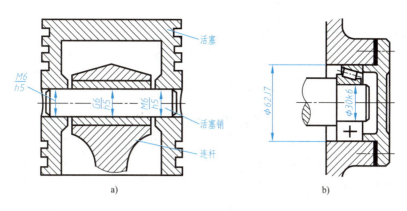

图 8-34 基轴制应用示例

表 8-3 配合类别的选用

无相对运动	传递扭矩	要求精确定位	永久结合	过盈配合
			可拆结合	过渡配合或 H/h 间隙配合加紧固件*
		不要求精确定位		间隙配合加紧固件
	不传递扭矩	要求精确定位		过渡配合或小过盈的过盈配合
有相对运动				间隙配合（要求精确定位选用 H/h 间隙配合）

注：* 紧固件指键、螺钉和销钉。

（3）优先和常用配合　配合类别确定之后，再根据配合的松紧程度选用不同的配合代号。20 个标准公差等级和 28 种基本偏差可组成大量的配合。表 8-4、表 8-5 中所示的配合可满足普通工程机械的需要。基于经济因素，应优先选择表中▼所示的配合代号。

表 8-4　基孔制优先、常用配合（摘自 GB/T 1800.1—2020）

基准孔	轴公差带代号																		
	b	c	d	e	f	g	h	js	k	m	n	p	r	s	t	u	x		
	间隙配合							过渡配合				过盈配合							
H6					$\dfrac{H6}{g5}$		$\dfrac{H6}{h5}$	$\dfrac{H6}{js5}$	$\dfrac{H6}{k5}$	$\dfrac{H6}{m5}$	$\dfrac{H6}{n5}$	$\dfrac{H6}{p5}$							
H7					▼$\dfrac{H7}{f6}$	$\dfrac{H7}{g6}$	▼$\dfrac{H7}{h6}$	$\dfrac{H7}{js6}$	▼$\dfrac{H7}{k6}$	$\dfrac{H7}{m6}$	▼$\dfrac{H7}{n6}$	▼$\dfrac{H7}{p6}$	▼$\dfrac{H7}{r6}$	▼$\dfrac{H7}{s6}$	$\dfrac{H7}{t6}$	▼$\dfrac{H7}{u6}$	$\dfrac{H7}{x6}$		
H8				$\dfrac{H8}{e7}$	$\dfrac{H8}{f7}$		▼$\dfrac{H8}{h7}$	$\dfrac{H8}{js7}$	$\dfrac{H8}{k7}$	$\dfrac{H8}{m7}$				$\dfrac{H8}{s7}$		$\dfrac{H8}{u7}$			
			▼$\dfrac{H8}{d8}$	$\dfrac{H8}{e8}$	$\dfrac{H8}{f8}$		$\dfrac{H8}{h8}$												
H9			$\dfrac{H9}{d8}$	$\dfrac{H9}{e8}$	$\dfrac{H9}{f8}$		$\dfrac{H9}{h8}$												
H10	$\dfrac{H10}{b9}$	$\dfrac{H10}{c9}$	$\dfrac{H10}{d9}$	$\dfrac{H10}{e9}$			▼$\dfrac{H10}{h9}$												
H11	▼$\dfrac{H11}{b11}$	▼$\dfrac{H11}{c11}$	$\dfrac{H11}{d10}$				$\dfrac{H11}{h10}$												

注：标注▼的为优先配合。

表 8-5 基轴制优先、常用配合（摘自 GB/T 1800.1—2020）

基准轴	孔公差带代号															
	B	C	D	E	F	G	H	JS	K	M	N	P	R	S	T	U	X
	间隙配合							过渡配合			过盈配合						
h5						G6/h5	H6/h5	JS6/h5	K6/h5	M6/h5	N6/h5	P6/h5					
h6					F7/h6	G7/h6	▼H7/h6	JS7/h6	▼K7/h6	M7/h6	▼N7/h6	▼P7/h6	R7/h6	▼S7/h6	T7/h6	▼U7/h6	X7/h6
h7				E8/h7	▼F8/h7		▼H8/h7										
h8			D9/h8	E9/h8	F9/h8		H9/h8										
h9				E8/h9	F8/h9		H8/h9										
			D9/h9	E9/h9	F9/h9		H9/h9										
	▼B11/h9	C10/h9	▼D10/h9				▼H10/h9										

注：标注▼的为优先配合。

5. 极限与配合的标注

（1）在装配图中的标注　在装配图中，标注配合代号时采用组合式注法，如图 8-35a 所示。在公称尺寸后面用分式表示，分子为孔的公差带代号，分母为轴的公差带代号。

（2）在零件图中的标注　在零件图中，与其他零件有配合关系的尺寸有三种标注形式：在公称尺寸后只注公差带代号（图 8-35b）；在公称尺寸后只注极限偏差（图 8-35c）；在公称尺寸后同时注出公差带代号和极限偏差，极限偏差加括号（图 8-35d）。

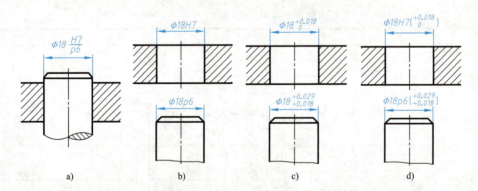

图 8-35　图样中极限与配合的标注形式

标注极限偏差时应注意：上、下极限偏差的绝对值相同时，在公称尺寸右边注写"±"，偏差数值只注写一次（图 8-36a）；标注极限偏差时，上极限偏差注在右上方，下极限偏差与公称尺寸注在同一底线上；上、下极限偏差数字的字号比公称尺寸数字的字号小一号；上、下极限偏差的小数点必须对齐；当某一极限偏差为"0"时，应与另一极限偏差的个位数对齐注出（图 8-36b）；上、下极限偏差中小数点后的位数应相同，可以用"0"补齐

（图8-36c）；上、下极限偏差中小数点后末位均为"0"时，"0"不注出（图8-36d）。

图8-36 极限偏差数值的注法

6. 配合代号的识读举例

根据配合代号，由附表16、附表17可以查得极限偏差值。表8-6列出了配合代号的几个示例。

表8-6 配合代号识读举例 （单位：mm）

代号	项目			配合制与配合类别	公差带图
	孔的极限偏差	轴的极限偏差	公差		
$\phi 30H8/f7$	+0.033 0		0.033	基孔制间隙配合	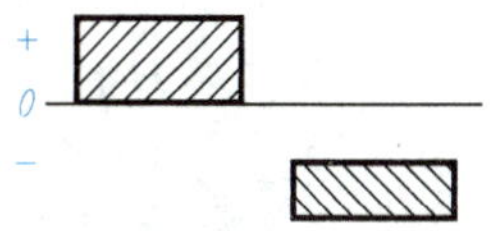
		-0.020 -0.041	0.021		
$\phi 60H7/n6$	+0.03 0		0.03	基孔制过渡配合	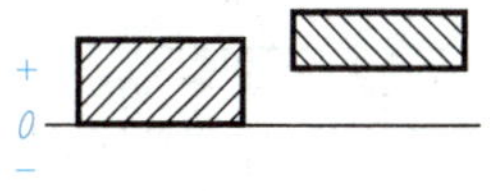
		+0.039 +0.020	0.019		
$\phi 20H7/s6$	+0.021 0		0.021	基孔制过盈配合	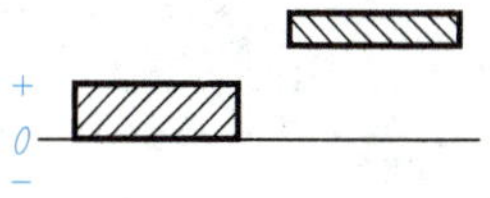
		+0.048 +0.035	0.013		
$\phi 24G7/h6$	+0.028 +0.007		0.021	基轴制间隙配合	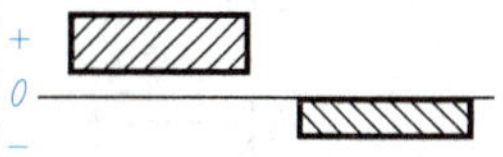
		0 -0.013	0.013		
$\phi 100K7/h6$	+0.010 -0.025		0.035	基轴制过渡配合	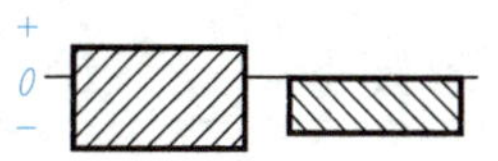
		0 -0.022	0.022		
$\phi 75R7/h6$	-0.032 -0.062		0.03	基轴制过盈配合	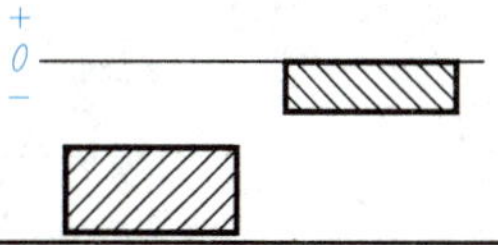
		0 -0.019	0.019		

8.4.2 几何公差

1. 基本概念

零件加工过程中，不仅会产生尺寸误差，也会出现几何误差。如图8-37所示，轴加工后会出现轴线弯曲，四棱柱加工后上表面倾斜了，这类误差同样影响零件的安装和配合。

对于精度要求较高的零件，不仅要保证其尺寸公差，还应根据设计要求，合理地确定几

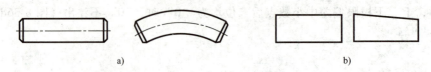

图 8-37 几何误差示意图

何公差,这样才能满足零件的使用和装配要求。如图 8-38a 中的 $\phi 0.08$ 表示销轴圆柱面的提取(实际)中心线应限定在直径为公差值 $\phi 0.08$mm 的圆柱面内,图 8-38b 中的 0.01 表示提取(实际)上表面应限定在间距为公差值 0.01mm 且平行于基准平面 A 的两平行平面之间。

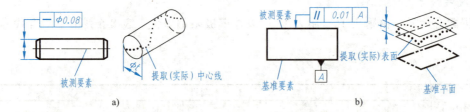

图 8-38 几何公差示例

2. 几何公差的几何特征和符号

几何公差的几何特征和符号见表 8-7。

表 8-7 几何公差的几何特征和符号

公差类型	几何特征	符号	有无基准	公差类型	几何特征	符号	有无基准
形状公差	直线度	—	无	位置公差	位置度	⊕	有或无
	平面度	▱	无		同心度(用于中心点)	◎	有
	圆度	○	无		同轴度(用于轴线)	◎	有
	圆柱度	⌭	无		对称度	═	有
	线轮廓度	⌒	无		线轮廓度	⌒	有
	面轮廓度	⌓	无		面轮廓度	⌓	有
方向公差	平行度	∥	有	跳动公差	圆跳动	↗	有
	垂直度	⊥	有				
	倾斜度	∠	有				
	线轮廓度	⌒	有		全跳动	⌮	有
	面轮廓度	⌓	有				

3. 几何公差的标注

(1) 公差框格

1) 如图 8-39a 所示,用公差框格标注几何公差时,公差要求注写在划分成两格或多格的矩形框格内，从左至右顺序标注以下内容：几何特征符号、公差值、基准字母。

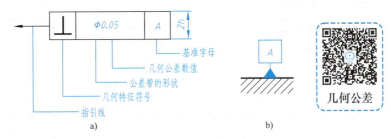

图 8-39　公差代号与基准符号

2）公差值是以线性尺寸单位表示的量值。如果公差带为圆形或圆柱形，公差值前应加注符号"φ"；如果公差带为圆球形，公差值前应加注符号"Sφ"。

3）用一个字母表示单个基准或用几个字母表示基准体系或公共基准（图 8-40b~e）。

4）当某项公差应用于几个相同要素时，应在公差框格的上方被测要素的尺寸之前注明要素的个数，并在两者之间加上符号"×"（图 8-40f）。

5）如果需要限制被测要素在公差带内的形状（如 NC 表示不凸起），应在公差框格的下方注明（图 8-40g）。

6）如果需要就某个要素给出几种几何特征的公差，可将一个公差框格放在另一个的下面（图 8-40h）。

图 8-40　几何公差框格的内容

（2）被测要素　按下列方式之一用指引线连接被测要素和公差框格，指引线引自框格的任意一侧，终端带箭头。

1）当公差涉及轮廓线或轮廓面时，箭头指向该要素的轮廓线或其延长线，应与尺寸线明显错开（图 8-41a、b）；箭头也可指向引出线的水平线，引出线引自被测面（图 8-41c）。

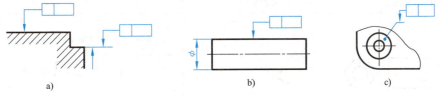

图 8-41　指引线的画法（一）

2）当公差涉及要素的中心线、中心面或中心点时，箭头应位于相应尺寸线的延长线上（图 8-42a、b）。

3）如果给出的公差仅适用于要素的某一指定局部，应用粗点画线示出该局部的范围，并加注尺寸（图 8-42c）。

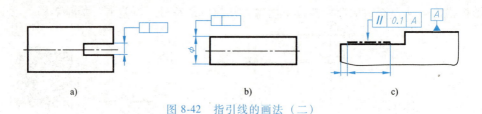

图 8-42 指引线的画法（二）

（3）基准　基准要素是零件上用于确定被测要素的方向和位置的点、线或面，用大写字母表示。基准字母应水平注写在基准方格内，与一个涂黑的三角形相连以表示基准（图 8-39b）；表示基准的字母还应注写在公差框格内。

带基准字母的基准三角形应按以下规定放置：

1）当基准要素是轮廓线或轮廓面时，基准三角形放置在要素的轮廓线或其延长线上，应与尺寸线明显错开（图 8-43a）；基准三角形也可放置在该轮廓面引出线的水平线上（图 8-43b）。

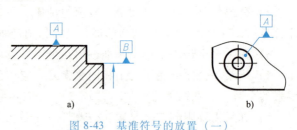

图 8-43 基准符号的放置（一）

2）当基准是尺寸要素确定的轴线、中心面或中心点时，基准三角形应放置在该尺寸线的延长线上（图 8-44a）。如果没有足够的位置标注基准要素尺寸的两个尺寸箭头，则其中一个箭头可用基准三角形代替（图 8-44b）。

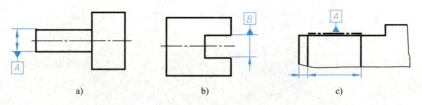

图 8-44 基准符号的放置（二）

3）如果只以要素的某一局部作基准，则应用粗点画线示出该部分并加注尺寸（图 8-44c）。

4. 几何公差的识读（表 8-8）

表 8-8 几何公差的识读

标注示例	公差带图	识读与解释
─ φ0.08	φt	圆柱面的提取(实际)中心线应限定在直径等于 φ0.08mm 圆柱面内 公差带为直径等于公差值 φt 的圆柱面所限定的区域
⬚ 0.08	t	提取(实际)表面应限定在间距等于 0.08mm 的两平行平面之间 公差带为间距等于公差值 t 的两平行平面所限定的区域

（续）

标注示例	公差带图	识读与解释
⌭ 0.1		提取（实际）圆柱面应限定在半径差等于 0.1mm 的两同轴圆柱面之间 公差带为半径差等于公差值 t 的两同轴圆柱面所限定的区域
∥ 0.01 D		提取（实际）表面应限定在间距等于 0.01mm 且平行于基准平面 D 的两平行平面之间 公差带为间距等于公差值 t 且平行于基准平面的两平行平面所限定的区域
⊥ ϕ0.01 A		圆柱面的提取（实际）中心线应限定在直径等于 ϕ0.01mm 且垂直于基准平面 A 的圆柱面内 公差带为直径等于公差值 ϕt 且轴线垂直于基准平面的圆柱面所限定的区域
⊥ 0.08 A		提取（实际）表面应限定在间距等于 0.08mm 且垂直于基准平面 A 的两平行平面之间 公差带为间距等于公差值 t 且垂直于基准平面的两平行平面所限定的区域
∠ 0.08 A 40°		提取（实际）表面应限定在间距等于 0.08mm 的两平行平面之间。该两平行平面按理论正确角度 40° 倾斜于基准平面 A 公差带为间距等于公差值 t 的两平行平面所限定的区域。该两平行平面按给定角度倾斜于基准平面
◎ ϕ0.08 A—B		被测圆柱的提取（实际）中心线应限定在直径等于 ϕ0.08mm、以公共基准轴线 $A—B$ 为轴线的圆柱面内 公差带为直径等于公差值 ϕt 的圆柱面所限定的区域。该圆柱面的轴线与基准轴线重合
≡ 0.08 A		提取（实际）中心面应限定在间距等于 0.08mm、对称于基准中心平面 A 的两平行平面之间 公差带为间距等于公差值 t，对称于基准中心平面的两平行平面所限定的区域
↗ 0.1 D		在与基准轴线 D 同轴的任一圆柱形截面上，提取（实际）圆应限定在轴向距离等于 0.1mm 的两个等圆之间 公差带为与基准轴线同轴的任一半径的圆柱截面上，间距等于公差值 t 的两圆所限定的圆柱面区域

(续)

标注示例	公差带图	识读与解释
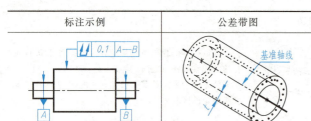		提取(实际)表面应限定在半径差等于 0.1mm，与公共基准轴线 A—B 同轴的两圆柱面之间 公差带为半径差等于公差值 t，与基准轴线同轴的两圆柱面所限定的区域

【例 8-1】 如图 8-45 所示，解释气门阀杆图样中标注的几何公差的含义。

1) ⌭ 0.005 表示 $\phi 16_{-0.034}^{-0.016}$ 圆柱面的圆柱度公差为 0.005mm。

2) ◎ φ0.1 A 表示 M8×1 的螺纹孔中心线对 $\phi 16_{-0.034}^{-0.016}$ 轴线的同轴度公差为 φ0.1mm。

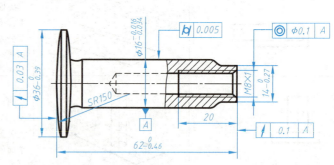

图 8-45 气门阀杆的几何公差

3) ↗ 0.03 A 表示 SR150 的球面对于 $\phi 16_{-0.034}^{-0.016}$ 轴线的圆跳动公差为 0.03mm。

4) ↗ 0.1 A 表示气门阀杆右端面对于 $\phi 16_{-0.034}^{-0.016}$ 轴线的轴向圆跳动公差为 0.1mm。

8.4.3 表面结构

表面结构是表面粗糙度、表面波纹度、表面纹理、表面缺陷和表面几何形状的总称。表面结构的各项要求在图样中的表示法在 GB/T 131—2006 中均有具体规定，本书主要介绍常用的表面粗糙度的表示法。

1. 表面粗糙度的基本概念

表面粗糙度是指零件加工表面上具有的较小间距与峰谷所组成的微观几何形状特征，如图 8-46 所示。表面粗糙度与加工方法、工件材料、刀具、设备等因素都有密切关系。表面粗糙度是评定零件表面质量的一项重要技术指标，对于零件的配合、耐磨性、抗腐蚀性及密封性等都有显著影响。

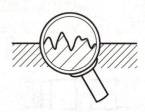

图 8-46 表面粗糙度

2. 表面结构的评定参数

表面结构的评定参数有：轮廓参数、图形参数、支承率曲线参数，其中常用的是轮廓参数。本书介绍评定粗糙度轮廓的两个参数 Ra 和 Rz，如图 8-47 所示。

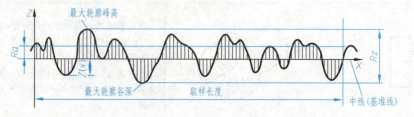

图 8-47 轮廓的算术平均偏差 Ra 和轮廓的最大高度 Rz

（1）轮廓的算术平均偏差 Ra　轮廓的算术平均偏差 Ra 是指在一个取样长度内，纵坐标值 $Z(x)$ 绝对值的算术平均值。Ra 数值比较直观，测量简便，是应用广泛的评定参数。Ra 的数值规定见表 8-9。

表 8-9　轮廓的算术平均偏差 Ra 的数值　　　　　　　　　　（单位：μm）

Ra	0.012	0.2	3.2	50
	0.025	0.4	6.3	100
	0.05	0.8	12.5	
	0.1	1.6	25	

（2）轮廓的最大高度 Rz　轮廓的最大高度 Rz 是指在一个取样长度内，最大轮廓峰高与最大轮廓谷深之和。Rz 的数值规定见表 8-10。

（3）表面粗糙度参数的选用　零件表面粗糙度参数的选用，应该既满足零件表面的功能要求，又要考虑经济合理。一般情况下，凡是零件上有配合要求或有相对运动的表面，表面粗糙度参数值要小。参数值越小，表面质量越高，但加工成本也越高。因此，在满足使用要求的前提下，应尽量选用较大的参数值，以降低成本。表 8-11 列出了常用 Ra 数值及对应的加工方法和应用举例。

表 8-10　轮廓的最大高度 Rz 的数值　　　　　　　　　　（单位：μm）

Rz	0.025	0.4	6.3	100	1600
	0.05	0.8	12.5	200	
	0.1	1.6	25	400	
	0.2	3.2	50	800	

表 8-11　常用 Ra 数值的应用

$Ra/\mu m$	表面特征	加工方法	应用举例
50	明显可见刀痕	粗车、粗铣、粗刨、钻孔等	不重要的接触面或不接触面，如凸台顶面、轴的端面、倒角、穿入螺纹紧固件的光孔表面
25	可见刀痕		
12.5	微见刀痕		
6.3	可见加工痕迹	精车、精铣、精刨、铰孔等	较重要的接触面、转动和滑动速度不高的配合面和接触面，如轴套、齿轮端面、键及键槽工作面
3.2	微见加工痕迹		
1.6	看不见加工痕迹		
0.8	可辨加工痕迹	精铰、磨削、抛光等	要求较高的接触面、转动和滑动速度较高的配合面和接触面，如齿轮工作面、导轨表面、主轴轴颈表面、销孔表面
0.4	微辨加工痕迹		
0.2	不可辨加工痕迹		
0.1	暗光泽面	研磨、超级精密加工等	要求密封性能较好的表面，转动和滑动速度极高的表面，如精密量具表面、气缸内表面及活塞环表面、精密机床主轴轴颈表面等
0.05	亮光泽面		
0.025	镜状光泽面		
0.012	雾状镜面		
0.008	镜面		

3. 表面结构的图形符号

（1）表面结构的图形符号及其含义　表面结构的各种图形符号及其含义见表 8-12。

表 8-12 表面结构的图形符号及其含义

符号名称	符 号	含 义
基本图形符号	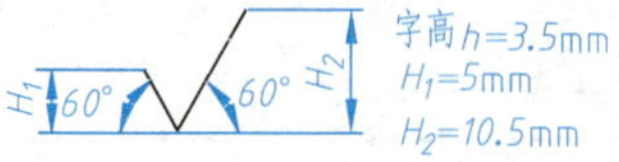 字高 h=3.5mm，H₁=5mm，H₂=10.5mm（60°）	对表面结构有要求的图形符号 仅用于简化代号标注，没有补充说明时不能单独使用
扩展图形符号	 ∇（带短横）	对表面结构有指定要求（去除材料）的图形符号 在基本图形符号上加一短横，表示指定表面是用去除材料的方法获得，如通过机械加工获得的表面
扩展图形符号	 ∇（带圆圈）	对表面结构有指定要求（不去除材料）的图形符号 在基本图形符号上加一圆圈，表示指定表面是用不去除材料的方法获得
完整图形符号	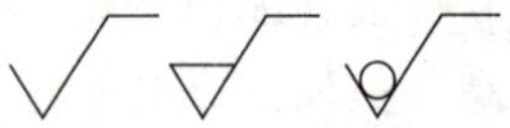 （三种符号加横线）	对基本图形符号或扩展图形符号扩充后的图形符号 在上述三个符号的长边上加一横线，用于标注表面结构特征的补充信息

当在图样某个视图上构成封闭轮廓的各表面有相同的表面结构要求时，在完整图形符号上加一圆圈，标注在图样中工件的封闭轮廓线上，如图 8-48 所示的表面结构符号是指对图形中封闭轮廓的六个面的共同要求（不包括前后面）。标注会引起歧义时，各表面应分别标注。

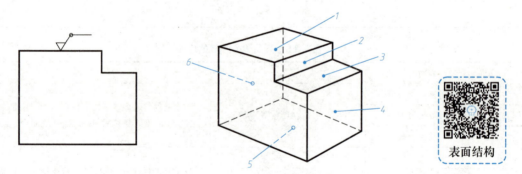

图 8-48 对周边各面有相同的表面结构要求的注法

（2）表面结构补充要求的注写位置　为了明确表面结构要求，除了标注表面结构参数和数值外，必要时应标注补充要求。补充要求包括传输带、取样长度、加工工艺、表面纹理及方向、加工余量等。补充要求在图形符号中的注写位置如图 8-49 所示。

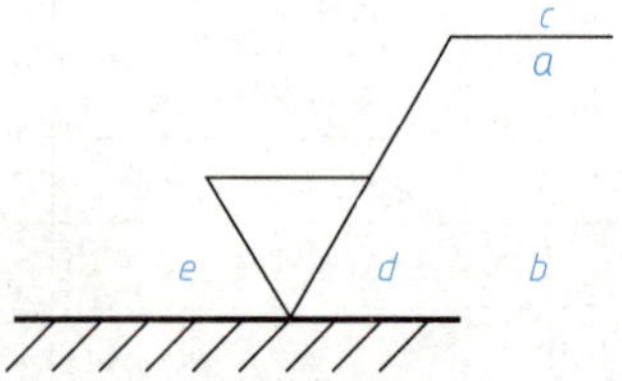

图 8-49 补充要求的注写位置

1）位置 a：注写表面结构的单一要求。如表面结构参数代号、极限值和传输带或取样长度。为了避免误解，在参数代号和极限值间应插入空格。传输带或取样长度后应有一斜线"/"，之后是表面结构参数代号及数值。

2）位置 a 和 b：位置 a 和 b 分别注写第一个、第二个表面结构要求。

3）位置 c：注写加工方法、表面处理、涂层或其他加工工艺要求等，如车、磨、镀等。

4) 位置 d：注写表面纹理和纹理的方向，如"＝""×""M"等。

5) 位置 e：注写加工余量，以毫米为单位给出数值。

4. 表面结构代号

表面结构符号中注写了具体参数代号及数值等要求后，称为表面结构代号。表面结构代号的示例及含义见表8-13。

表 8-13 表面结构代号示例及含义

代号	含义	代号	含义
√Ra 6.3	表示去除材料，Ra 的上限值为 6.3μm，"16%规则"（默认）	√Ra 25	表示不去除材料，Ra 的上限值为 25μm，"16%规则"（默认）
√Rz max 0.2	表示去除材料，Rz 的最大值为 0.2μm，"最大规则"	√Ra 12.5	表示任意加工方法，Ra 的上限值为 12.5μm，"16%规则"（默认）

表面结构要求中给定极限值的判断规则有两种：16%规则和最大规则。16%规则是所有表面结构要求标注的默认规则，即当参数代号后未注写"max"标记时，均默认应用16%规则。反之，则应用最大规则。

1) 16%规则：当参数的规定值为上限值时，在同一评定长度上的全部实测值中，大于图样中规定值的个数不超过实测值总数的 16%，则该表面是合格的；当参数的规定值为下限值时，在同一评定长度上的全部实测值中，小于图样中规定值的个数不超过实测值总数的 16%，则该表面是合格的。

2) 最大规则：当参数的规定值为最大值时，在被检表面的全部区域内测得的参数值一个也不应超过图样上的规定值。

5. 表面结构代号的标注

1) 表面结构要求对每一表面一般只标注一次，并尽可能注在相应的尺寸及其公差的同一视图上。除非另有说明，所标注的表面结构要求是对完工零件表面的要求。

2) 表面结构的注写和读取方向与尺寸的注写和读取方向一致。

3) 表面结构要求可标注在轮廓线上，其符号应从材料外指向并接触表面，如图8-50所示。必要时，表面结构要求也可用带箭头或黑点的指引线引出标注，如图8-51所示。

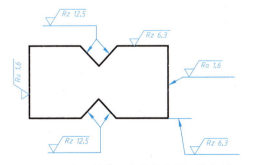

图 8-50 表面结构要求在轮廓线上的标注

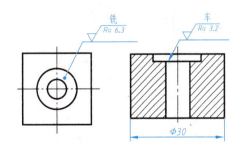

图 8-51 用指引线引出标注表面结构要求

4) 在不致引起误解时，表面结构要求可以标注在给定的尺寸线上，如图8-52所示。

5) 表面结构要求可标注在几何公差框格的上方，如图8-53所示。

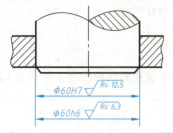
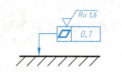
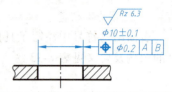

图 8-52　表面结构要求标注在尺寸线上　　　　图 8-53　表面结构要求标注在几何公差框格的上方

6）表面结构要求可以直接标注在延长线上，或用带箭头的指引线引出标注，如图 8-54 所示。

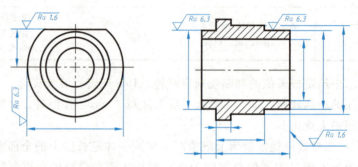

图 8-54　表面结构要求标注在圆柱特征的延长线上

7）圆柱和棱柱表面的表面结构要求只标注一次，如图 8-54 所示。如果每个棱柱表面有不同的表面结构要求，则应分别标注，如图 8-55 所示。

8）如果在工件的多数（包括全部）表面有相同的表面结构要求，则其表面结构要求可统一标注在图样的标题栏附近。此时（除全部表面有相同要求的情况外），表面结构要求的符号后面应有：在圆括号内给出无任何其他标注的基本符号（图 8-56a）；在圆括号内给出不同的表面结构要求（图 8-56b）。不同的表面结构要求应直接标注在图形中（图 8-56a、b）。

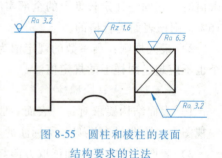

图 8-55　圆柱和棱柱的表面结构要求的注法

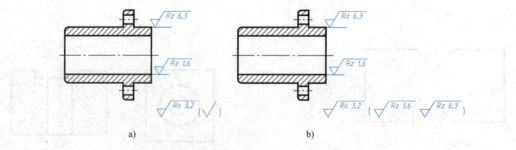

图 8-56　大多数表面有相同表面结构要求的简化注法

9）当多个表面具有相同的表面结构要求或图纸空间有限时，可以采用简化注法。

① 用带字母的完整符号的简化注法，如图 8-57 所示。用带字母的完整符号，以等式的形式，在图形或标题栏附近，对有相同表面结构要求的表面进行简化标注。

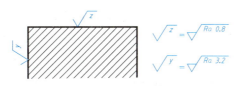

图 8-57　在图纸空间有限时的简化注法

② 只用表面结构符号的简化注法，如图 8-58 所示。用表面结构符号，以等式的形式给出对多个表面共同的表面结构要求。

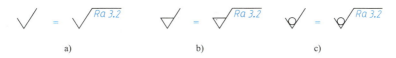

图 8-58　多个表面结构要求的简化注法
a）未指定工艺方法　b）要求去除材料　c）不允许去除材料

10）由几种不同的工艺方法获得的同一表面，当需要明确每种工艺方法的表面结构要求时，可按图 8-59 所示进行标注。

8.4.4　AutoCAD 中技术要求的标注

1. 公差带代号与极限偏差的标注

单击"修改"→"对象"→"文字"→"编辑"，选择图 8-60a 中的尺寸 $\phi 20$，或用鼠标左键双击需要标注的尺寸，均可打开功能区的"文字编辑器"上下文选项卡和绘图区域的"在位文字编辑器"。

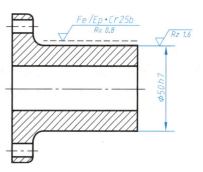

图 8-59　镀覆前后的表面结构要求同时标出的注法

在"在位文字编辑器"的文字区域内单击鼠标右键，在快捷菜单中选择"编辑器设置"→"显示工具栏"，可打开如图 8-61 所示的"文字格式"工具栏。"文字格式"工具栏主要用于控制多行文字对象的文字样式及选定文字的字符格式和段落格式等。

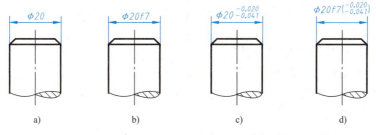

图 8-60　公差带代号与极限偏差的标注

图 8-61　"文字格式"工具栏

如图 8-62 所示的"在位文字编辑器"中,将鼠标光标定位在尺寸文字 φ20 的右边,输入 f7(图 8-62a),即可完成图 8-60b 所示的公差带代号的标注;在 φ20 的右边输入 "-0.020^-0.041",并选取所输入的文本(图 8-62b),单击 ![堆叠] (堆叠)按钮,即可完成图 8-60c 所示上、下极限偏差的输入;在 φ20 的右边输入"f7(-0.020^-0.041)",并选取 "-0.020^-0.041"(图 8-62c),单击 ![堆叠] (堆叠)按钮,即可完成图 8-60d 所示公差带代号与极限偏差的输入。

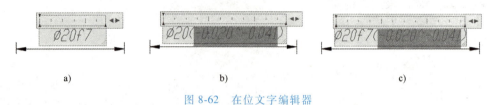

a)   b)   c)

图 8-62 在位文字编辑器

2. 表面结构的标注

用 AutoCAD 绘图时,对于多次重复使用的图形、符号等可定义为图块。用户可以根据需要把图块插入到图形中任意指定的位置,插入时还可以指定缩放比例、旋转角度和属性值。利用图块功能可以提高绘图速度,节省储存空间,便于图形的修改。

(1)绘制表面结构的图形符号 绘制如图 8-63a 所示的表面结构图形符号。

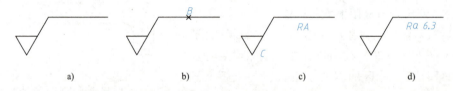

a)   b)   c)   d)

图 8-63 创建表面结构图块

(2)定义属性 属性是存储在图块中的文字信息,用来描述图块的某些特征。在表面结构代号中,可以将表面结构的图形符号定义为块,将其评定参数代号和数值定义为块的属性。

单击"绘图"→"块"→"定义属性",弹出"属性定义"对话框,如图 8-64 所示。

在属性区有三个文本框,在"标记"框中输入"Ra",在"提示"框中输入"输入表面结构要求",在"默认"框中输入"Ra 6.3"作为默认值。在文字设置选项区指定文字样式和高度,并设置对正方式为"中上"。单击"确定"按钮,捕捉图 8-63b 中的 B 点(直线中点)作为属性文字的插入点。

图 8-64 "属性定义"对话框

(3)定义块 将定义属性后的表面结构代号定义为块。单击"绘图"→"块"→"创建",弹出"块定义"对话框,如图 8-65 所示。

在"名称"框中输入"CCD";单击"选择对象"按钮返回绘图区域,选取图 8-63c 所

图 8-65 "块定义"对话框

示图形;单击"拾取点"按钮,捕捉图 8-63c 所示 C 点作为块的基点;单击"确定"按钮,在弹出的"编辑属性"对话框中,单击"确定"按钮,完成块定义。

(4) 插入块 单击"插入"→"块选项板",弹出"块"选项板,如图 8-66 所示。在"当前图形"选项卡中选择刚才创建的块"CCD"。在"块"选项板的底部,可以通过选项来控制插入块的比例、旋转等。如果要将块中的对象作为单独的对象而不是单个块插入,可以选择"分解"。

按系统提示指定块的插入点后,弹出"编辑属性"对话框,可以在对话框中修改表面结构的参数代号及数值,修改完成后,单击"确定"按钮,完成块的插入,如图 8-63d 所示。

插入的块将作为一个整体,如需修改,可用鼠标左键双击块,打开"增强属性编辑器"对话框,该对话框中有"属性""文字选项""特性"三个选项卡,如图 8-67 所示。在"属性"选项卡中,显示指定给每个属性的标记、提示和值,

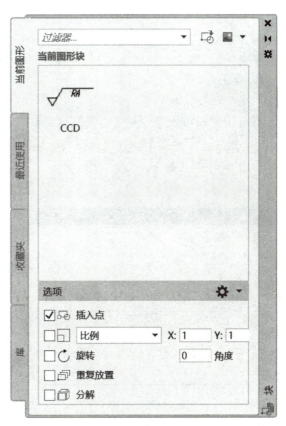

图 8-66 "块"选项板

只能修改属性值;在"文字选项"选项卡中,设置属性文字的显示特性;在"特性"选项卡中更改属性文字的图层、线型和颜色等。

也可应用插入块的方法绘制螺栓联接图,如图 8-68 所示。先画出螺栓、螺母、垫圈及被联接的两个零件;将螺栓、螺母、垫圈分别定义为图块,其插入点分别为 A、B、C;然后将三个图块依次插入;将插入的图块分解后修剪多余的图线即可。

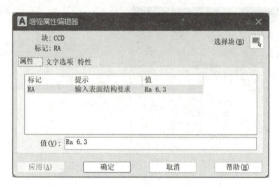

图8-67 "增强属性编辑器"对话框

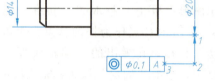

图8-68 用插入块的方法绘制螺栓联接

3. 几何公差的标注

以图8-69为例,介绍几何公差的标注方法。

(1) 设置标注引线的样式　在AutoCAD中,标注几何公差时,首先应进行标注引线的设置。

命令:LE✓(在命令行输入LE并按〈Enter〉键)
QLEADER

指定第一个引线点或 [设置(S)] <设置>:✓

图8-69 几何公差的标注

弹出如图8-70所示"引线设置"对话框,在"注释"选项卡中,设置注释类型为"公差"。如图8-71所示,在"引线和箭头"选项卡中,设置引线为"直线",箭头为"实心闭合",角度约束第一段为"90°"、第二段为"水平",单击"确定"按钮,进入几何公差的标注。

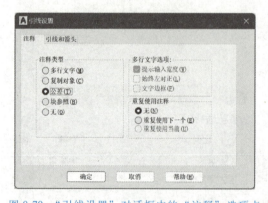

图8-70 "引线设置"对话框中的"注释"选项卡

图8-71 "引线设置"对话框中的"引线和箭头"选项卡

(2) 标注几何公差　单击"确定"按钮后,系统提示:

指定第一个引线点或 [设置(S)] <设置>:(捕捉图8-69中的点1)

指定下一点:(拾取图8-69中的点2)

指定下一点:(拾取图8-69中的点3)

弹出如图8-72所示"形位公差"(形位公差为几何公差旧称)对话框。

在"形位公差"对话框中,单击符号区的第一个小黑方框,系统弹出如图8-73所示的

"特征符号"显示框，选取同轴度符号，系统返回"形位公差"对话框。单击"公差1"区的第一个小黑方框，出现符号"φ"，单击中间框格，输入公差值"0.1"；在"基准1"区输入"A"，单击"确定"按钮，完成几何公差的标注。

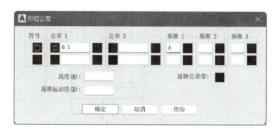

图 8-72 "形位公差"对话框

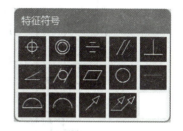

图 8-73 "特征符号"显示框

（3）标注基准代号　图 8-69 所示的基准代号，可用前面介绍的方法建立图块，并将图块插入到指定位置。

8.5 读零件图的方法和步骤

1. 读图要求

零件图是制造和检验零件的依据。读零件图的要求是：了解零件的名称、材料和它在机器或部件中的作用。通过分析图形、尺寸和技术要求，想象出零件的结构形状，并对零件的复杂程度、精度要求和加工方法等做到心中有数。

2. 读图的方法和步骤

（1）看标题栏　了解零件的名称、材料、绘图比例等，明确零件的作用，对零件有一个初步的认识。由图 8-74 标题栏可知，该零件的名称是壳体，材料是铸造铝合金，绘图比例为 1∶2，属于箱体类零件。

（2）分析表达方法　壳体用四个图形来表达。主视图为采用单一剖切平面剖切所得的全剖视图，表达了壳体内部的主体结构和形状。俯视图为采用两个平行的剖切平面剖切所得的全剖视图，表达了剖切处的结构、底板的形状及其上孔的分布情况。局部剖的左视图和局部视图 C 主要表达了外形和顶面形状。重合断面图表达了肋板的宽度。

经分析可知，壳体是由主体圆筒，具有多个沉孔的上、下底板，左凸缘，前圆筒和肋板等部分组成的。壳体内腔中各种孔的形状、位置和贯通情况在主视图中表达得很清楚。壳体外部结构比较复杂，较难读懂的部分是左部凸缘的结构形状。左凸缘的基本形体为一长方体，左端中部开一方槽；前、后平面与圆筒相切；左凸缘与上底板相连，左端共面，方槽贯通。读图时先将各部分的结构看懂，再按其相对位置组合起来，就可以想象出壳体的整体形状，如图 8-75 所示。

（3）分析尺寸和技术要求　分析尺寸时，首先要找出三个方向的尺寸基准，然后从尺寸基准出发，按形体分析法分析各组成部分的定形尺寸、定位尺寸和总体尺寸。分析技术要求时，关键是要弄清楚哪些部位的要求比较高，以便考虑在加工时采取相应措施予以保证。

通过尺寸分析可以看出，壳体长度、宽度方向的尺寸基准为主体圆筒轴线，高度方向的

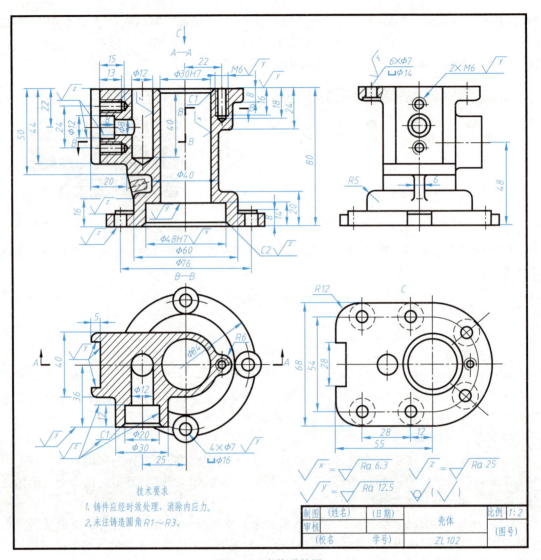

图 8-74 壳体零件图

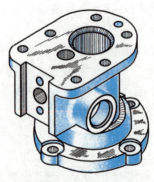

图 8-75 壳体的轴测图

读零件图的方法和步骤

尺寸基准是底板的底面。分析技术要求可知，只有主体圆筒中的两个孔标出了公差带代号，这两个孔表面粗糙度 Ra 值均为 $6.3\mu m$，其余加工面的表面粗糙度 Ra 值大部分为 $25\mu m$。壳体应经时效处理，消除内应力，以避免加工后变形。

（4）综合归纳　将以上几方面的分析进行综合归纳，即可得到对该零件的全面了解和认识。在读图过程中，对有些零件图，往往还要参考有关技术资料和该产品的装配图或同类产品的零件图，经过对比分析，才能读懂。总之，要在读图实践中，善于总结经验，不断提高读图能力。

8.6　项目案例

零件的种类很多，根据它们的形体特征、用途及加工制造等方面的特点，可分为轴套类、轮盘类、叉架类、箱体类四种典型零件。

8.6.1　轴零件图的识读

1. 结构特点

如图 8-76 所示的轴属于轴套类零件，轴类零件是机器中最常见的一种零件，用来支承传动零件（如带轮、齿轮等）和传递动力；套类零件通常安装在轴上，起轴向定位、支承或连接等作用。

轴套类零件的主体结构是回转体，局部结构有键槽、倒角、圆角、退刀槽、砂轮越程槽、中心孔等，多数已标准化。这些局部结构是为了满足设计和工艺上的要求。

2. 表达方法

轴套类零件主要在车床和磨床上加工。为了加工时看图方便，轴类零件的主视图按加工位置将轴线水平放置，表达各轴段的形状及相对位置。轴上的局部结构一般采用断面图、局部放大图、局部剖视图、局部视图来表达。如图 8-76 所示，用局部剖视图、移出断面图和局部视图的简化画法来表达左端键槽的位置、形状和尺寸；用局部放大图表达砂轮越程槽的结构；对于形状简单且较长的轴段采用断开的方法表达。

套类零件的表达方法与轴类零件类似，内部结构形状较复杂时，主视图可采用全剖或半剖视图。

3. 尺寸分析

轴套类零件有径向尺寸和轴向尺寸。径向尺寸的设计基准为轴线，轴向尺寸的设计基准一般选重要的定位面或端面。标注尺寸时应注意重要尺寸必须直接标出，如图 8-76 中安装 V 带轮、滚动轴承和铣刀盘的轴向尺寸 55、23、32 等。为测量方便，其他尺寸多按加工顺序标注。

零件上的标准结构，如倒角、退刀槽、键槽、中心孔等，其尺寸应根据相应的标准查表，按规定标注。

4. 技术要求分析

零件的表面结构要求、尺寸公差及几何公差应根据具体工作情况来确定，一般情况下，有配合要求或有相对运动的轴段应控制得严格一些。为了提高强度和韧性，往往需对轴类零件进行调质处理；对轴上与其他零件有相对运动的部分，为增加其耐磨性，有时还需进行表面淬火、渗碳等热处理。

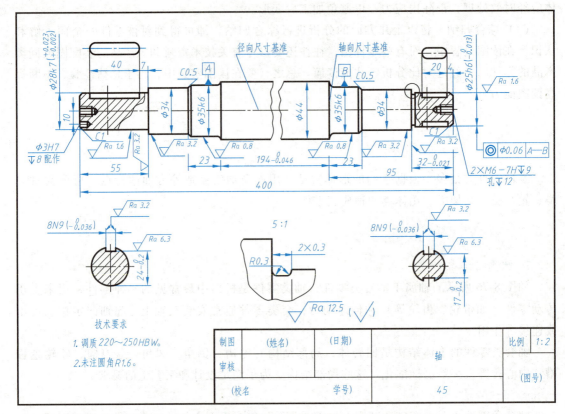

图 8-76 轴零件图

8.6.2 阀盖零件图的识读

1. 结构特点

如图 8-77 所示阀盖属于轮盘类零件,轮盘类零件一般包括法兰盘、端盖、手轮、带轮等,这类零件起连接、轴向定位及密封等作用。轮盘类零件的主体结构为回转体,其径向尺寸大于轴向尺寸。零件上常见的结构有螺孔、销孔、沉孔、凸缘、轮辐等结构。如图 8-77 所示阀盖,其上有凸缘、连接孔等结构。

2. 表达方法

轮盘类零件主要在车床上加工,与轴套类零件相同,也按加工位置将其轴线水平放置画主视图。轮盘类零件常用主视图、左视图(或右视图)两个视图来表达,主视图常采用全剖视图,左视图(或右视图)则表达零件轴向外形和孔的分布情况。零件上的细小结构常采用局部放大图和简化画法来表达。

如图 8-77 所示阀盖,主视图采用全剖视图,表达阀盖两端的阶梯孔以及右端的圆柱形凸缘和左端的外螺纹。将轴线水平放置,既符合加工位置,又符合阀盖在阀体中的工作位置。左视图用外形视图表达带圆角的正方形凸缘及其四个角上的通孔。

3. 尺寸分析

轮盘类零件主要有径向尺寸和轴向尺寸。径向尺寸的设计基准为轴线,轴向尺寸的设计基准是经过加工并与其他零件接触的圆柱形凸缘的止口面。轮盘类零件各组成部分的定位尺

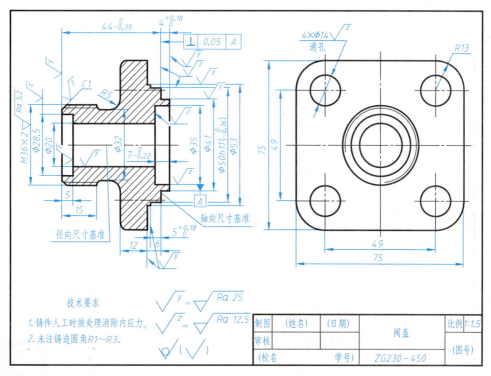

图 8-77 阀盖零件图

寸和定形尺寸比较明显,圆周均匀分布小孔常用"数量×φ"形式标注。

如图 8-77 所示阀盖,以轴孔的轴线为径向尺寸基准,由此注出阀盖各部分同轴线的直径尺寸,方形凸缘也用它作为高度和宽度方向的尺寸基准。以阀盖的重要端面为轴向尺寸基准,由此注出尺寸 $4^{+0.18}_{0}$、$44^{0}_{-0.39}$、$5^{+0.18}_{0}$、6 等。

4. 技术要求分析

有配合关系的表面及起轴向定位作用的端面,其表面粗糙度值较小;有配合关系的尺寸应给出恰当的尺寸公差;与其他零件相接触的表面,尤其是与运动零件相接触的表面应有平行度或垂直度要求。

如图 8-77 所示阀盖,与阀体有配合关系,注有尺寸公差 φ50h11。由于两者相互之间没有相对运动,所以表面粗糙度要求不严,Ra 值为 12.5μm。作为轴向主要尺寸基准的端面相对阀盖水平轴线的垂直度公差为 0.05mm。阀盖材料为铸钢,需进行时效处理,消除内应力。

8.6.3 支架零件图的识读

1. 结构特点

如图 8-78 所示支架属于叉架类零件,叉架类零件包括支架、连杆、拨叉等,支架主要起支承和连接作用,连杆和拨叉通常起传动、连接、调节等作用。这类零件形状不规则,结构较为复杂,多为铸件。一般由工作部分、连接部分和支承部分构成。连接部分多为肋板结构,支承部分和工作部分的细部结构较多,如圆孔、螺孔、油孔、油槽、沉孔等。如图 8-78 所示支架,由空心圆柱、支承板、连接板、肋板等组成。

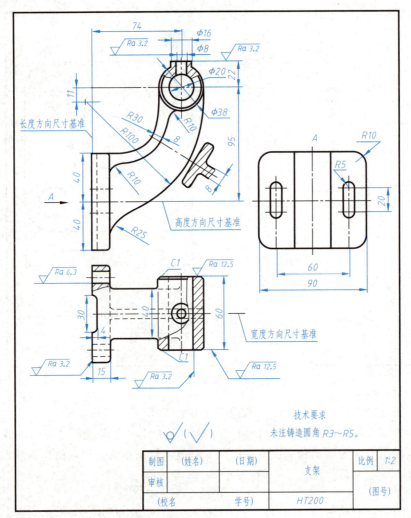

支架零件图的识读

图 8-78 支架零件图

2. 表达方法

叉架类零件的加工位置难以分出主次，工作位置也常常不固定，在选择主视图时，应将能较多地反映零件各组成部分的结构形状和相对位置的方向作为主视图的投射方向，并将零件放正。一般需要两个以上视图，根据具体结构形状的需要，可采用局部剖视图、断面图、局部视图等表达方法。

如图 8-78 所示支架，采用主、俯视图和一个局部视图、一个断面图来表达。主视图表达了各组成部分的形体特征和上下、左右的相对位置关系。俯视图侧重反映了支架各部分的前后对称关系。这两个视图以表达外形为主，并分别采用局部剖视图表达孔的内部形状。局部视图 A 主要用于表达长圆孔的形状。断面图则清楚地反映出弯曲的板和肋板的连接关系。

3. 尺寸分析

叉架类零件常以主要轴线、对称平面、较大的端面、安装面作为长、宽、高方向的尺寸基准，如图 8-78 所示。这类零件定位尺寸较多，一般要标注出孔的轴线之间、孔的轴线到平面或平面到平面的距离。这类零件图的圆弧连接较多，应注意已知弧、中间弧要标注出定位尺寸。

4. 技术要求分析

叉架类零件的表面粗糙度、几何公差没有特别严格的要求，尺寸公差应视具体情况而定。

8.6.4 泵体零件图的识读

1. 结构特点

如图 8-79 所示柱塞泵泵体属于箱体类零件，箱体类零件主要用来支承、容纳、保护运动零件或其他零件，也起定位和密封作用。这类零件多为铸件，内外结构比前三类零件都复杂。它们通常都有一个由薄壁围成的较大空腔和与其相连供安装用的底板；在箱壁上有多个配合面和接触面，从而有较多技术要求；箱体类零件有许多细小结构，如凸台、凹坑、螺孔、销孔、铸造圆角等。

如图 8-79 所示泵体，其主体部分由两个带圆角的长方体和一个长方形的安装底板组成。为了支承和包容其他零件，左长方体内有 $\phi 30H7$ 的圆柱孔，右长方体内有方形空腔。为了支承传动件，前后有 $\phi 50H7$ 和 $\phi 42H7$ 的轴承孔。为了密封和防止尘粒进入泵体，左端面和前端面加工有 3×M6-7H 和 4×M6-7H 的螺孔，用于固定端盖。为了安装和定位，安装板上加工有 4×$\phi 9$ 的安装孔和 2×$\phi 6$ 的定位销孔。为了减少加工面，降低成本，安装板背面设计有凹槽。

2. 表达方法

箱体类零件由于结构复杂，加工位置变化较大，所以一般以工作位置放置，以最能反映形状特征和各部分相对位置的方向作为主视图的投射方向。表达箱体类零件，一般需用三个以上视图，如果内部结构复杂，采用全剖视图表达；如果内外结构都复杂，且具有公共对称平面时，可以考虑采用半剖视图表达。对细小结构可采用局部剖视图、局部视图、断面图来表达。

如图 8-79 所示柱塞泵泵体，采用了五个图形来表达。主视图采用局部剖视，表达内部孔槽结构、前端面和安装板的外形、螺孔及安装孔的分布情况。俯视图也是局部剖视，主要表达前后方向内部孔、槽结构及凸台结构。左视图主要表达外形和左端面螺孔的分布情况。后视图主要表达安装板背面凹槽的形状。A—A 局部剖视结合俯视图前面的细虚线，表达前轴承孔内部凸台的结构。

3. 尺寸分析

箱体类零件一般选用零件的对称平面、主要孔的轴线、较大的加工面、结合面等作为长、宽、高方向的主要尺寸基准。柱塞泵主要靠凸轮的旋转来推动柱塞做往复运动，所以凸轮的安装正确与否，直接影响柱塞泵的性能。因此，安装凸轮的轴承孔轴线是泵体长度方向的主要尺寸基准，注出尺寸 107 确定左端面。安装板底面作为宽度方向的主要尺寸基准，注出尺寸 12、32、64 等。泵体上下基本对称，上下对称平面是高度方向的主要尺寸基准，注出尺寸 56、76、96 等。泵体上的定形、定位尺寸很多，如左端长方体的定形尺寸为 69、56、48、$\phi 30H7$，定位尺寸为 107。

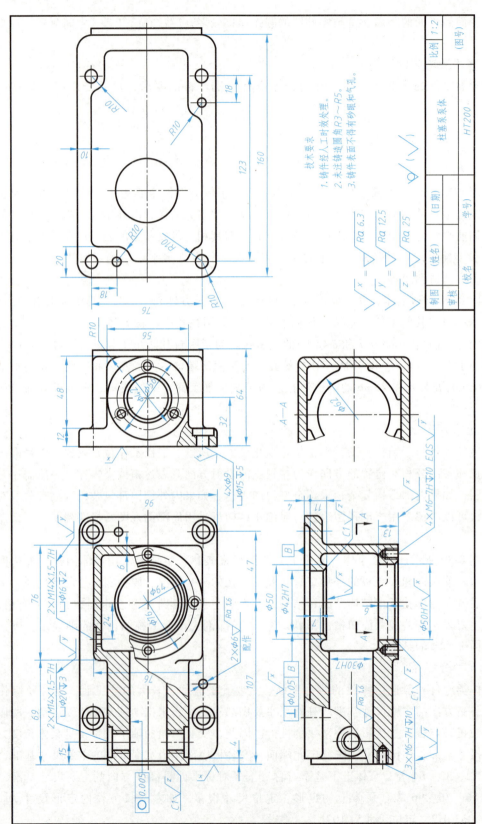

图 8-79 柱塞泵泵体零件图

4. 技术要求分析

箱体类零件应根据具体使用要求确定各加工面的表面粗糙度和尺寸精度。重要的孔及表面的表面粗糙度值较小，如 $\phi 30H7$ 孔为 $Ra1.6\mu m$。重要的中心距、重要的箱体孔和重要的表面，应该有尺寸公差和几何公差的要求，如 $\phi 42H7$ 孔有垂直度要求等。泵体材料为灰铸铁，需进行人工时效处理。

8.6.5 V带轮零件图的绘制

以图 8-80 所示 V 带轮为例，介绍在 AutoCAD 中绘制零件图的方法和步骤。

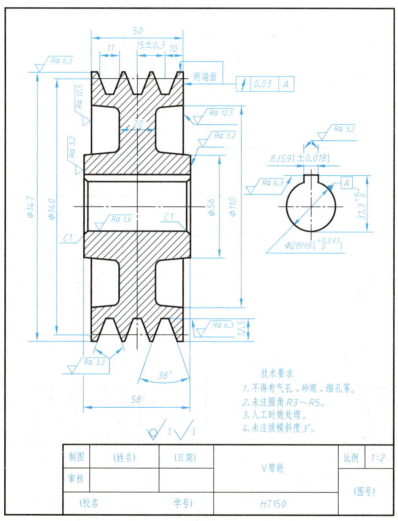

图 8-80 V带轮零件图

1. 建立绘图样板

创建 A4 绘图样板 "A4.dwt"，具体方法详见项目二。

2. 绘制各视图

1）新建文件：以 "A4.dwt" 为图形样板新建一图形文件，保存为 "V带轮.dwg"。

2）布置视图：设置中心线层为当前层，绘制各视图的作图基准线（图 8-81a）。

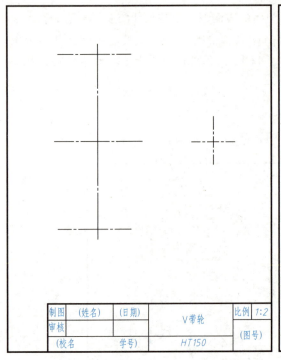

a)

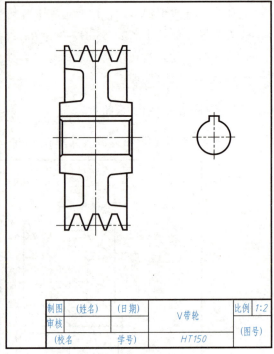

b)

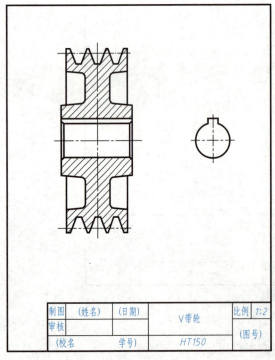

c)

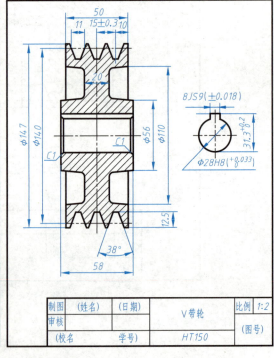

d)

图 8-81 绘制端盖零件图

3）绘制各视图：设置粗实线层为当前层，绘制各视图（图 8-81b）。绘制过程中，通过使用对象捕捉、极轴追踪、对象捕捉追踪等功能，来达到精确、快速绘图的目的。

4）绘制剖面线：设置剖面线层为当前层，在剖面区域绘制剖面线（图 8-81c）。

3. 标注尺寸和技术要求

1）设置尺寸线层为当前层，标注各视图尺寸。注意标注的尺寸要符合国家标准的要求，如尺寸数字不能被图样上的任何图线通过等（图 8-81d）。

2）标注技术要求。定义带属性的表面结构图块，将图块插入到图形中，并采用多行文字命令注写技术要求（图 8-80）。

4. 填写标题栏等

填写标题栏中的相关内容，并将图形文件存盘。

【素养提升】 机器由零部件组成，零件是组成机器的基本单元，因此，零件图的规范性和准确性在工业生产中的重要性不言而喻。通过零件图的画图和读图实践，培养学生严肃认真的工作态度和追求卓越、精益求精的工匠精神，强化职业素养与责任意识。

项目九

装配图的识读与绘制

装配图是用于表达机器或部件工作原理、装配关系及其技术要求的图样,是机械设计、制造、使用、维修和进行技术交流的重要技术文件。

9.1 装配图的作用和内容

1. 装配图的作用

开发新产品时,设计部门先画出机器的总装配图及其各组成部分的部件装配图,再根据装配图画出零件图;制造部门先根据零件图制造零件,再根据装配图将零件装配成机器或部件;装配图也是安装、调试、维修时不可缺少的技术资料。因此装配图是指导生产的重要技术文件。

2. 装配图的内容

由图 9-1 所示的滑动轴承装配图可以看出,装配图应包括以下基本内容:

(1) 一组图形　用来表达机器或部件的工作原理、零件间的装配关系、连接方式和主要零件的结构形状等。

(2) 必要的尺寸　标注出与机器或部件的性能、规格、装配、安装等有关的尺寸。

(3) 技术要求　用文字或代号说明机器或部件在装配、检验、调试、安装时应达到的技术要求。

(4) 标题栏、零件序号及明细栏　在装配图中必须对每种零件编号,并在明细栏中依次列出零件序号、代号、名称、数量、材料等。标题栏中要注明机器或部件的名称、图号、绘图比例及有关人员的签名等。

9.2 装配图的表达方法

装配图表达的重点是机器或部件的结构、工作原理和零件间的装配关系。根据装配图的表达需要,国家标准制定了一些规定画法和特殊画法。

1. 装配图的规定画法

(1) 螺纹紧固件及实心零件的画法　在装配图中,对于螺纹紧固件以及轴、键、销等实心零件,若按纵向剖切,且剖切平面通过其对称平面或轴线时,这些零件均按不剖绘制,如图 9-2 中的轴、螺钉和螺母。如果需要表达这些零件上的局部结构,如凹槽、键槽、销孔等,可用局部剖视图表示。若剖切平面垂直于上述零件的轴线时,则应画出剖面线。

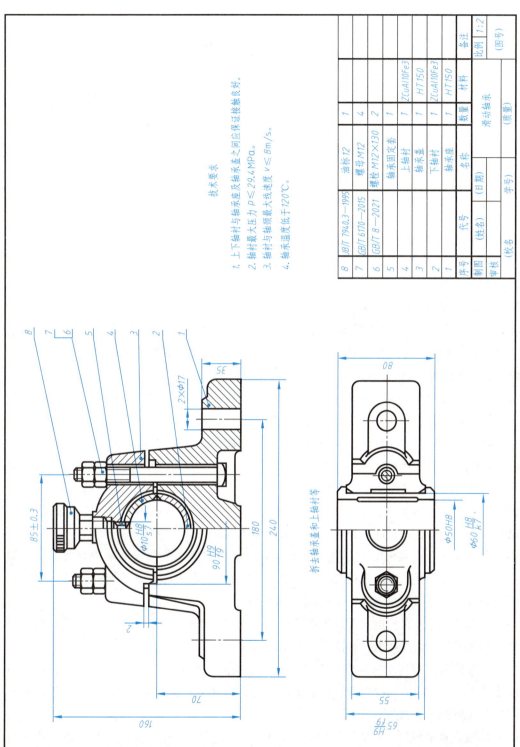

图 9-1 滑动轴承装配图

(2) 相邻零件的轮廓线画法　两相邻零件的接触面或配合面，只画一条轮廓线；两零件的非接触面或非配合面，不论其间隙多小，都必须画出两条线，如图9-2所示。

(3) 相邻零件的剖面线画法　相邻两个（或两个以上）金属零件，剖面线的倾斜方向应相反或方向一致而间隔不等以示区别，如图9-2中的座体、滚动轴承和端盖的画法。同一零件在同一图样中的各视图上，剖面线应方向相同、间隔相等。当零件的厚度小于或等于2mm时，允许用涂黑代替剖面符号，如图9-2所示的垫片。

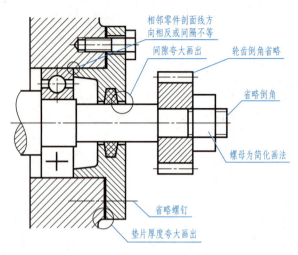

图9-2　装配图的规定画法和特殊画法

2. 装配图的特殊画法

(1) 简化画法　如图9-2所示，在装配图中，对于规格相同的零件组（如螺栓联接等），可详细地画出一组，其余用细点画线表示其装配位置；零件的某些工艺结构，如倒角、圆角、退刀槽等可省略不画。

(2) 沿零件结合面剖切和拆卸画法　在装配图中，可假想沿某些零件的结合面剖切，此时在零件的结合面上不画剖面线，但被剖切到的零件必须画出剖面线。当某些零件遮住了其他需要表达的结构时，可假想将这些零件拆卸后绘制，并注写"拆去××等"。

图9-1俯视图的右半部分就是沿轴承盖与轴承座的结合面剖切并假想拆去轴承盖、上轴衬等零件后绘制的，结合面上不画剖面线，沿横向剖切的螺栓必须画出剖面线。

(3) 夸大画法　薄垫片、小间隙、小斜度或小锥度等若按其实际尺寸在装配图中很难画出或难以明显表示时，允许不按原比例而采用夸大画法。

(4) 假想画法　在装配图中，当需要表示某些零件的运动范围或极限位置时，可用细双点画线画出其运动范围或极限位置。如图9-3a中画出了车床尾座上手柄的另一个极限位置，图9-3b中画出了交换齿轮架手柄的Ⅱ、Ⅲ位置。

为了表示与本部件有关但又不属于本部件的相邻零部件时，也可采用假想画法，将其他相邻零部件用细双点画线画出，如图9-3b中的主轴箱。

(5) 展开画法　在传动机构中，为了表示传动关系及各轴的装配关系，可假想用剖切平面按传动顺序沿各轴的轴线剖开，然后依次展开，将剖切平面都旋转到与选定的投影面平行，再画出其剖视图，如图9-3b所示。

(6) 单独表达某零件　在装配图中，可以单独画出某一零件的视图，但必须在所画视图上方注出该零件的视图名称，在相应的视图附近用箭头指明投射方向，并注写同样的字母，如图10-7所示。

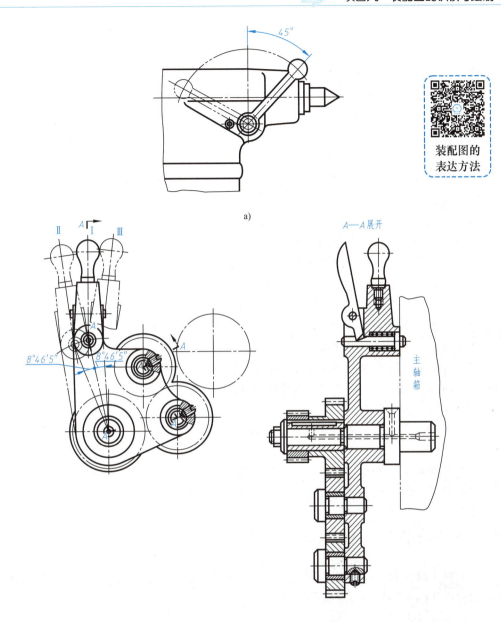

图 9-3 假想画法和展开画法

9.3 装配图的尺寸标注和技术要求

1. 装配图的尺寸标注

装配图表达的是机器或部件,与零件图的作用不同,因而对尺寸标注的要求也不同。装配图只需注出与机器或部件性能、装配、安装等有关的尺寸。

(1) 规格(性能)尺寸 规格(性能)尺寸是表示机器或部件规格大小或工作性能的尺寸。它是设计和选用机器或部件的主要依据。如图 9-1 中的滑动轴承的孔径 $\phi 50H8$,表明该轴承只能用来支承直径为 φ50 的轴。

（2）装配尺寸　装配尺寸是表示机器或部件中各零件之间装配关系的尺寸。它包括配合尺寸和主要零件间的相对位置尺寸。如图 9-1 中轴承盖与轴承座止口的配合尺寸 90H9/f9，上、下轴衬与轴承盖、轴承座之间的配合尺寸 φ60H8/k7、65H9/f9，固定套与上轴衬、轴承盖的配合尺寸 φ10H8/s7。轴承盖与轴承座的间隙尺寸 2，两螺栓轴线的距离 85±0.3 为相对位置尺寸。

（3）安装尺寸　安装尺寸是表示将机器或部件安装到其他设备或地基上所需的尺寸。如图 9-1 中轴承座的安装孔直径 φ17 和两孔中心距离 180。

（4）总体尺寸　总体尺寸是表示机器或部件外形轮廓的尺寸，即总长、总宽和总高尺寸。它为机器或部件包装、运输、安装所需的空间大小提供依据。如图 9-1 中滑动轴承总长 240，总宽 80，总高 160。

（5）其他重要尺寸　其他重要尺寸是指设计过程中经计算或选定的重要尺寸以及其他必须保证的尺寸。如运动零件的极限位置尺寸、主要零件的重要结构尺寸等。

应当注意，装配图上的一个尺寸有时具有多种作用，在标注尺寸时，可根据装配体的结构特点和作用进行具体分析，然后再确定标注哪些尺寸。

2. 装配图的技术要求

除了图形中已用代号或符号表达的以外，对机器或部件在装配、检验、运输、安装、调试和使用过程中应满足的一些技术要求通常用文字注写在明细栏上方或图样下方的空白处。装配图中的技术要求应根据装配体的具体情况而定，必要时也可参照同类产品确定。其内容可从以下几个方面来考虑：

（1）装配要求　机器或部件在装配过程中需注意的事项及装配后应达到要求，如装配间隙、润滑要求等。

（2）检验要求　对机器或部件基本性能的检验、试验及操作时的要求。

（3）使用要求　机器或部件在使用、维护、保养时的注意事项和要求等。

9.4　装配图的零部件序号和明细栏

为了便于读图和图样管理，装配图中的所有零、部件都必须编写序号，并在标题栏上方的明细栏中与图中序号一一对应地列出。

1. 编写序号的方法

1) 装配图中所有的零、部件都必须编写序号，并与明细栏中的序号一致。相同的零、部件用一个序号，一般只标注一次，数量在明细栏中填写。

2) 如图 9-4 所示，在所指零、部件的可见轮廓内画一圆点，从圆点开始画指引线，在指引线的另一端画水平线或圆（细实线），在水平线上方或圆内注写序号；序号的字号比装配图中所注尺寸数字的字号大一号或两号。若所指部分（很薄的零件或涂黑的剖面）内不便画圆点时，可在指引线的末端画箭头，并指向该部分的轮廓。同一装配图中，编写序号的形式应一致。

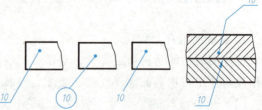

图 9-4　序号的编注形式和指引线画法

3)指引线不能相交,当通过有剖面线的区域时,指引线不应与剖面线平行。必要时指引线可画成折线,但只可曲折一次。

4)一组紧固件或装配关系清楚的零件组,可采用公共指引线,如图9-5所示。

5)序号应按顺时针或逆时针方向顺序编号,并沿水平或垂直方向排列整齐。

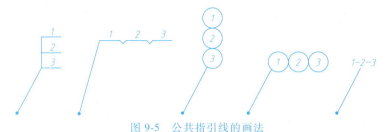

图9-5 公共指引线的画法

2. 明细栏

明细栏可按国家标准中推荐使用的格式绘制,明细栏中包括序号、代号、名称、数量、材料、备注等内容,如图9-1所示。明细栏通常画在标题栏上方,按自下而上的顺序填写;当位置不够时,可紧靠在标题栏的左侧由下而上继续填写。

9.5 装配结构简介

在绘制装配图时,应考虑装配结构的合理性,以保证机器和部件的性能要求,以及零件连接可靠,便于零件装拆。

1. 接触面的结构

(1)接触面的数量 两个零件在同一方向上只能有一组接触面,这样既可保证两面接触良好,又可降低加工要求,如图9-6所示。

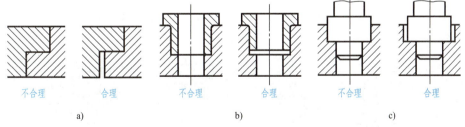

图9-6 两零件接触面的画法

(2)接触面转角处的结构 为保证轴肩端面与孔端面接触,可在轴肩处加工出退刀槽或在孔的端面加工出倒角,如图9-7所示。

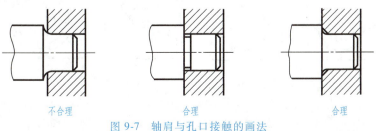

图9-7 轴肩与孔口接触的画法

（3）合理减少接触面积　合理减少接触面积，可以降低加工成本。如图 9-8 所示的螺栓联接中，被联接件的接触面应设计成沉孔或凸台，且需机械加工，以保证接触良好。

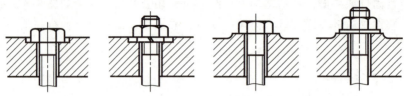

图 9-8　合理减少接触面积

2. 密封结构

为防止机器或部件内部的液体或气体向外渗漏，同时也避免外部的灰尘、杂质等侵入，常采用密封装置，如图 9-9 所示。

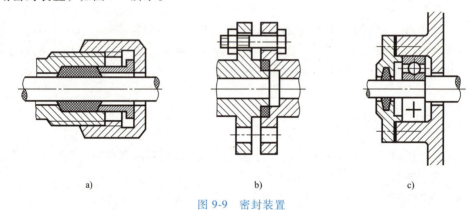

a)　　　　　　　　　　　　b)　　　　　　　　　　　　c)

图 9-9　密封装置

a) 填料密封　b) 密封圈密封　c) 毡圈密封

3. 防松结构

为了防止因冲击或振动而引起螺钉、螺母等紧固件的松动或脱落，可采用图 9-10 所示的防松结构。

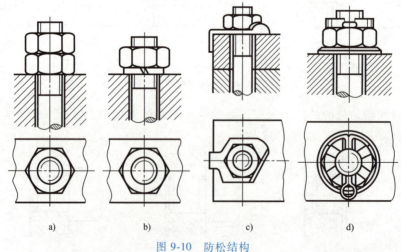

a)　　　　　　b)　　　　　　c)　　　　　　d)

图 9-10　防松结构

a) 双螺母防松　b) 弹簧垫圈防松　c) 止退垫圈防松　d) 开口销防松

9.6 读装配图和拆画零件图

机器或部件的设计、装配、安装、调试、使用、维修等各个阶段，都是以装配图为依据的。因此，作为工程技术人员，必须掌握读装配图及由装配图拆画零件图的方法。

读装配图和拆画零件图

1. 读图要求

1）了解机器或部件的性能、用途和工作原理。
2）明确各零件间的装配关系、相对位置和装拆顺序。
3）读懂机器或部件中主要零件的结构形状和作用。
4）了解装配图中的技术要求和尺寸标注，对装配体形成综合认识。

2. 读装配图的方法和步骤

（1）概括了解　由标题栏了解机器或部件的名称、用途和绘图比例；由明细栏了解各组成零件的名称、数量、材料及标准件的规格。

图9-11所示为齿轮油泵的装配图，由标题栏可知该部件名称为齿轮油泵，绘图比例为1∶2。由明细栏可知，该部件由泵体、左端盖、右端盖、齿轮轴等15种零件装配而成，其中销4、垫圈12、螺母13、键14、螺钉15为标准件。齿轮油泵是机器中用来输送润滑油的一个部件。

（2）分析表达方案　分析装配图的表达方案，了解各图形之间的投影关系及各图形表达的主要内容，为进一步读图做准备。

图9-11所示齿轮油泵的装配图用两个图形表达。主视图为 $A—A$ 全剖视图，表达了各零件间的装配关系。左视图采用了半剖视图，沿左端盖与泵体的结合面剖开，表达了齿轮油泵的外部形状、齿轮的啮合情况和吸、压油的工作原理；并采用局部剖视图表达了吸油口及安装孔的结构。齿轮油泵的外形尺寸是118、85、95，可知该齿轮油泵体积不大。

（3）了解装配关系和工作原理　泵体6的内腔容纳一对齿轮。将齿轮轴2、传动齿轮轴3装入泵体后，由左端盖1与右端盖7支承这一对齿轮轴的旋转运动。左、右端盖用销4与泵体定位后，再用螺钉15联接。为防止泵体与左、右端盖结合面及齿轮轴伸出端漏油，分别用垫片5、密封圈8、轴套9及压紧螺母10密封。

左视图反映了齿轮油泵的工作原理。当传动齿轮轴3逆时针方向转动时，带动齿轮轴2顺时针方向转动。如图9-12所示，当一对齿轮在泵体内做啮合传动时，啮合区内右边的油被齿轮带走，压力降低形成负压，油池内的油在大气压力作用下进入齿轮油泵低压区内的吸油口，随着齿轮的转动，齿槽中的油不断沿箭头方向被带至左边的压油口把油压出，送至机器中需要润滑的部位。

（4）分析主要零件的结构形状　为深入了解部件，还应进一步分析主要零件的结构形状和用途。根据明细栏和零件序号，在装配图中对照各零件的投影轮廓进行分析。先将标准件、常用件和简单零件读懂，再读复杂零件。

分析零件的关键是将零件从装配图中分离出来，再通过对投影、想形体，弄清零件的结构形状。根据同一零件的剖面线在各个视图中方向相同、间隔一致的规定，先将复杂零件在各个视图上的投影范围及轮廓搞清楚，进而运用形体分析法并辅以线面分析法进行仔细推敲。在分析零件主要结构形状时，还应考虑零件为什么采用这种结构形状，以进一步分析该零件的作用。

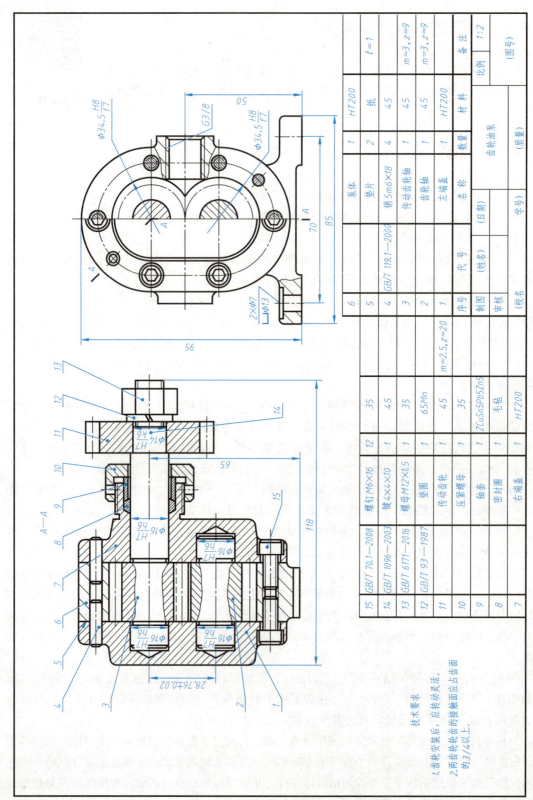

图 9-11 齿轮油泵装配图

当某些零件的结构形状在装配图上表达不够完整时，可先分析相邻零件的结构形状，根据它和周围零件的关系及其作用，再来确定该零件的结构形状就比较容易了。有时还需参考零件图来加以分析，以弄清零件的细小结构及其作用。

（5）综合归纳　在对部件中各零件间的装配关系和零件结构进行分析的基础上，还要对技术要求和尺寸进行分析，并把部件的性能、结构、装配、操作、维修等几方面联系起来研究，进行总结归纳，这样对部件才能有一个全面的了解。图 9-13 所示为齿轮油泵的轴测装配图，供读图时参考。

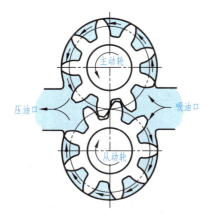

图 9-12　齿轮油泵工作原理图

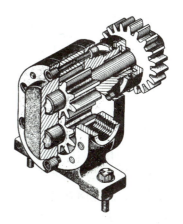

图 9-13　齿轮油泵轴测装配图

3. 由装配图拆画零件图

在设计新产品时，通常是根据使用要求先画出装配图，确定实现其工作性能的主要结构，然后根据装配图画零件图。由装配图拆画零件图也是继续设计零件的过程。

拆画零件图的要求：拆图前，必须认真阅读装配图，全面深入了解设计意图，分析装配关系、技术要求和各个零件的主要结构；画图时，要从设计方面考虑零件的作用和要求，从工艺方面考虑零件的制造和装配，使所画的零件图符合设计要求和工艺要求。

（1）分离零件、完善零件结构　由于装配图主要是表达装配关系，因此对某些零件的结构形状往往表达得不够完整，在拆图时，应根据零件的功能和作用加以补充、完善。图 9-14a 所示为根据方向相同、间隔一致的剖面线从装配图中分离出来的泵体图形，由于在装配图中泵体的可见轮廓线可能被其他零件遮挡，所以分离出来的图形不完整，应补全左右轮廓线，结合主、左视图，想象出泵体的整体形状如图 9-14b 所示。

（2）确定零件的表达方案　装配图的视图选择是从表达装配关系和整个部件来考虑的，因此在选择零件的表达方案时不能简单照搬，应根据零件的结构形状，按照零件图的视图选择原则重新考虑。在装配图中，泵体的左视图反映了容纳一对齿轮的长圆形空腔及与空腔相通的吸、压油口，同时也反映了销孔与螺纹孔的分布以及底板上沉孔的形状。因此，画零件图时将其作为主视图比较合适。

（3）补全工艺结构　装配图中零件的细小工艺结构，如倒角、圆角、退刀槽等往往被省略。拆画零件图时，这些结构必须补全，并加以标准化。

（4）零件图的尺寸标注　装配图中已经注出的尺寸，应在相关零件图上直接注出。如一对啮合齿轮的齿顶圆与泵体空腔内壁的配合尺寸 $\phi 34.5H8/f7$，啮合齿轮的中心距 28.76±

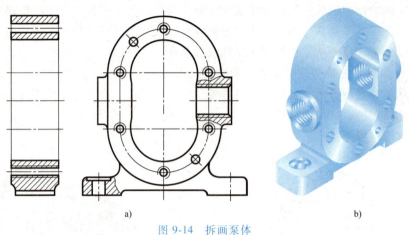

图 9-14 拆画泵体
a) 分离泵体 b) 泵体轴测图

0.02，吸、压油口的管螺纹尺寸 G3/8 及中心高 50，底板上安装孔的定位尺寸 70 等可直接抄注在零件图上。其中的配合尺寸，可标注公差带代号或查表注出上、下极限偏差值。

装配图中未注的尺寸，可按比例从装配图中量取并加以圆整。某些标准结构，如键槽、倒角、退刀槽等，应查阅有关标准注出。

（5）零件图的技术要求 零件的表面粗糙度、尺寸公差和几何公差等技术要求，应根据该零件在装配体中的功能以及与其他零件的关系来确定。零件的其他技术要求可用文字注写在标题栏附近。图 9-15 所示为根据齿轮油泵装配图拆画的泵体零件图。

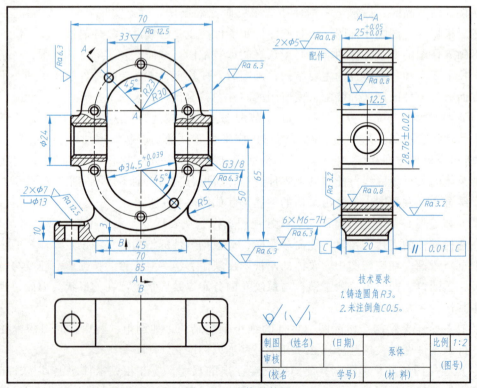

图 9-15 泵体零件图

9.7 项目案例

9.7.1 铣刀头装配图的绘制

部件由若干零件组成，根据组成部件的零件图，就可以拼画出部件的装配图。绘制装配图时，先要了解部件的用途、工作原理、装配关系和零件的组成情况，并且读懂每个零件的零件图。

1. 了解和分析装配体

铣刀头是安装在铣床上的一个部件，用来安装铣刀盘。如图 9-16 所示，该部件由 16 种零件组成。铣刀盘通过双键与轴联结，动力通过 V 带轮经键传递到轴，从而带动铣刀盘旋转，对零件进行平面铣削加工。

拼画装配图时，常画出装配示意图来表达装配体工作原理和装配关系，以供参考，如图 9-17 所示。V 带轮由挡圈、螺钉和销进行轴向固定，径向由键固定在轴的左端。轴安装在座体内，由两个圆锥滚子轴承支承，用端盖及调整环调整轴承的松紧及轴的轴向位置。用螺钉将端盖联接在座体上，端盖内装有毡圈，起密封防尘作用。铣刀盘用挡圈、垫圈和螺栓固定在轴的右端。座体通过底板上的四个沉孔安装在铣床上。

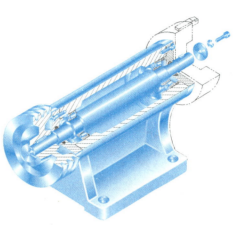

图 9-16 铣刀头轴测图

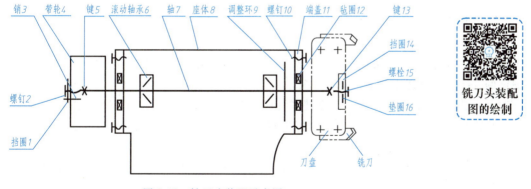

图 9-17 铣刀头装配示意图

2. 分析和看懂零件图

对装配体中的零件逐个进行分析，看懂每个零件的零件图。按零件在装配体中的作用、位置及连接方式，对零件进行结构分析。铣刀头的主要零件有轴、V 带轮、端盖和座体，其零件图如图 9-18～图 9-21 所示。

3. 确定表达方案

如图 9-22 所示，铣刀头座体水平放置，符合工作位置。主视图采用通过轴线的全剖视图,并在轴的两端作局部剖视,表达键联结、螺钉联接和销联接。左视图补充表达了座体及其底板上安装孔的位置,为了突出座体的主要形状特征,左视图采用了拆卸画法。

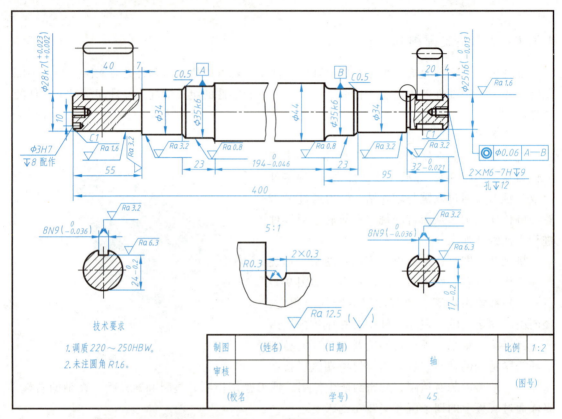

图 9-18 轴零件图

4. 画装配图的一般步骤

在拼画装配图前,应先用 AutoCAD 绘制好所有零件图。零件图的绘图比例应相同,一般采用 1∶1 的比例。然后根据部件的大小与复杂程度,结合确定的表达方案,选定图幅和绘图比例,然后按下列步骤画图。

1) 建立装配图的绘图样板:与创建零件图的绘图样板一样,创建一个装配图的绘图样板。应设置好图幅、图层,画出图框、标题栏和明细栏等。并以该绘图样板新建一图形文件,另存为"铣刀头.dwg"。

2) 装入轴:打开轴图形文件,关闭尺寸线层、剖面线层、文字层,将轴复制到装配图的适当位置。

3) 将其余零件图建立图块:将各零件图的图框、尺寸线、剖面线、文字等图层关闭,并分别建立图块。定义时必须选好插入点,插入点应当是零件间相互有装配关系的特殊点。

4) 拼画零件并整理图形:依据先画主要零件,后画次要零件;先画大体轮廓,后画局部细节;先画可见轮廓,被遮部分不画的原则。按照装配关系,沿主要装配干线逐个插入轴承、调整环、左端盖、右端盖、座体、V 带轮等零件,如图 9-23a 所示。在拼画过程中,每增加一个零件,都应检查是否有被遮挡的轮廓线,分解图块后将不可见的轮廓线删除或修剪掉。

项目九 装配图的识读与绘制

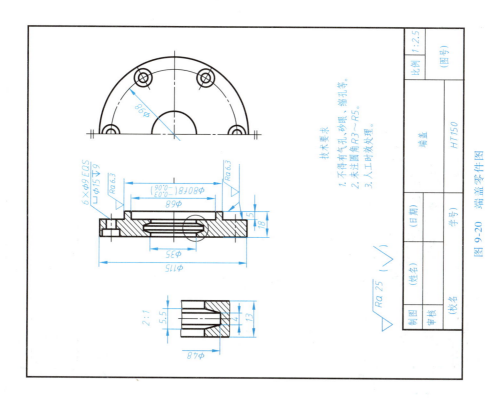

图 9-20 端盖零件图

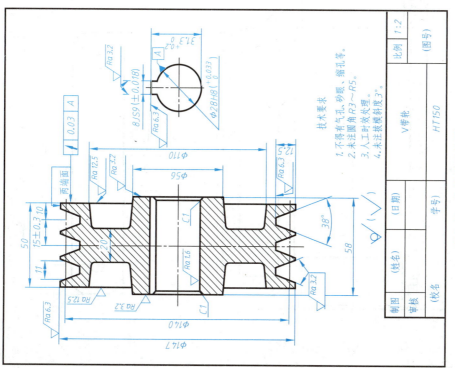

图 9-19 V 带轮零件图

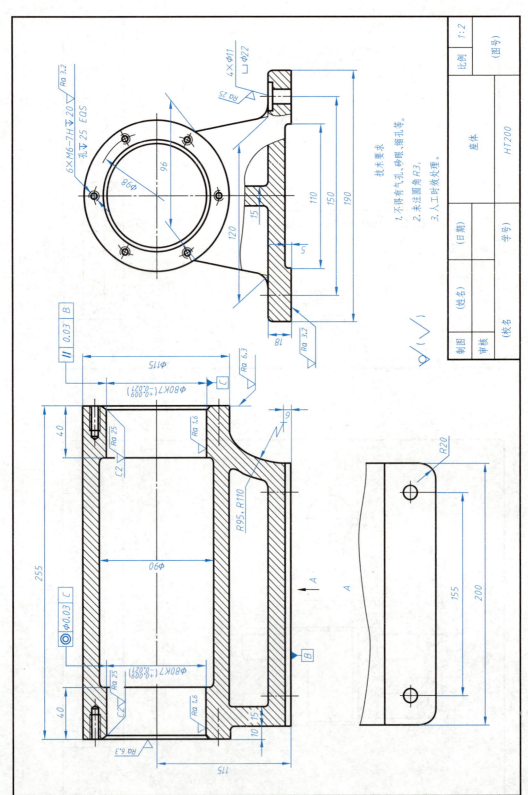

图 9-21 座体零件图

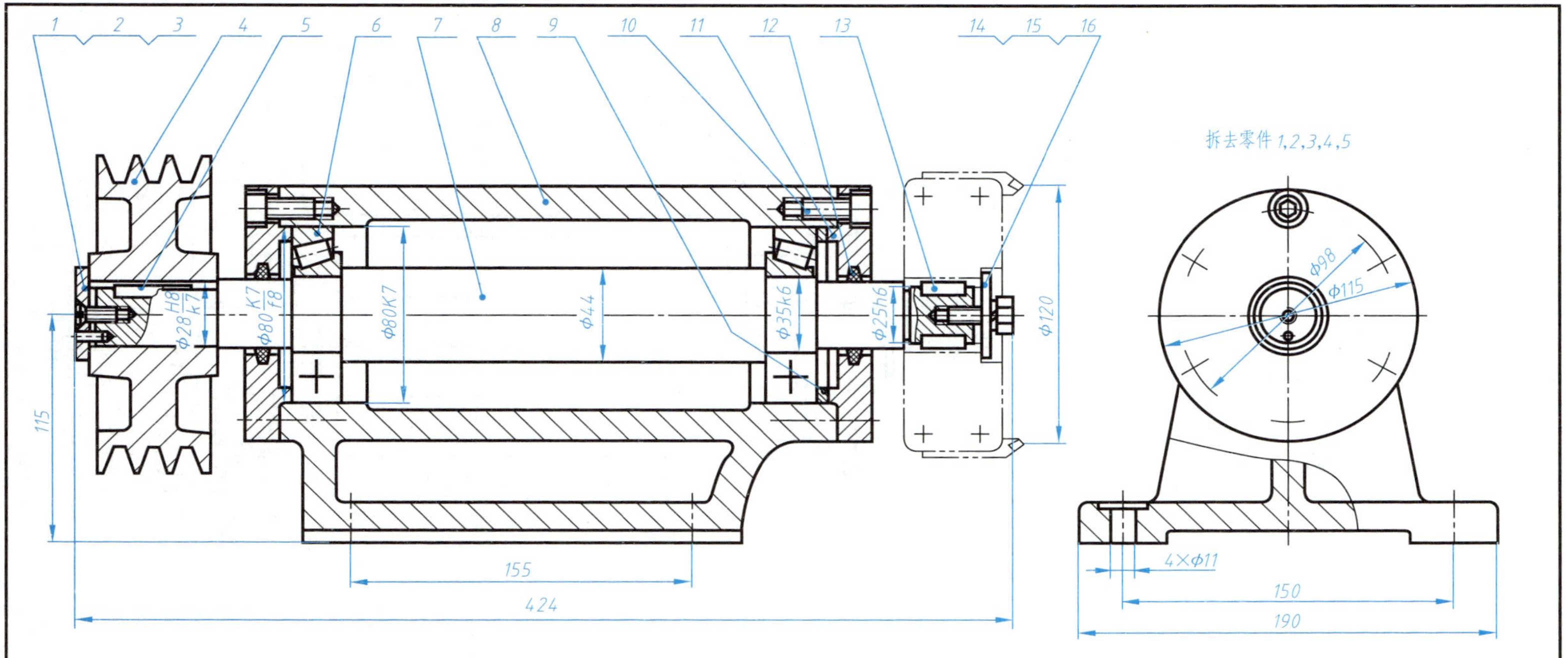

项目九 装配图的识读与绘制

序号	代号	名称	数量	材料	备注
6	GB/T 294	轴承 30307	2		
5	GB/T 1096	键 8×7×40	1	45	
4		V带轮	1	HT150	
3	GB/T 119.1	销 3×12	1	35	
2	GB/T 68	螺钉 M6×16	1	Q235A	
1	GB/T 891	挡圈 35	1	Q235A	
16	GB/T 93	垫圈 6	1	65Mn	
15	GB/T 5783	螺栓 M6×20	1	Q235A	
14	GB/T 892	挡圈 B32	1	35	
13	GB/T 1096	键 6×6×20	2	45	
12		毛毡 25	2	22Z-36	
11		端盖	2	HT200	
10	GB/T 70.1	螺钉 M6×20	12	Q235A	
9		调整环	1		
8		座体	1	HT200	
7		轴	1	45	

名称：铣刀头 比例 1:2 (图号)

图 9-22 铣刀头装配图

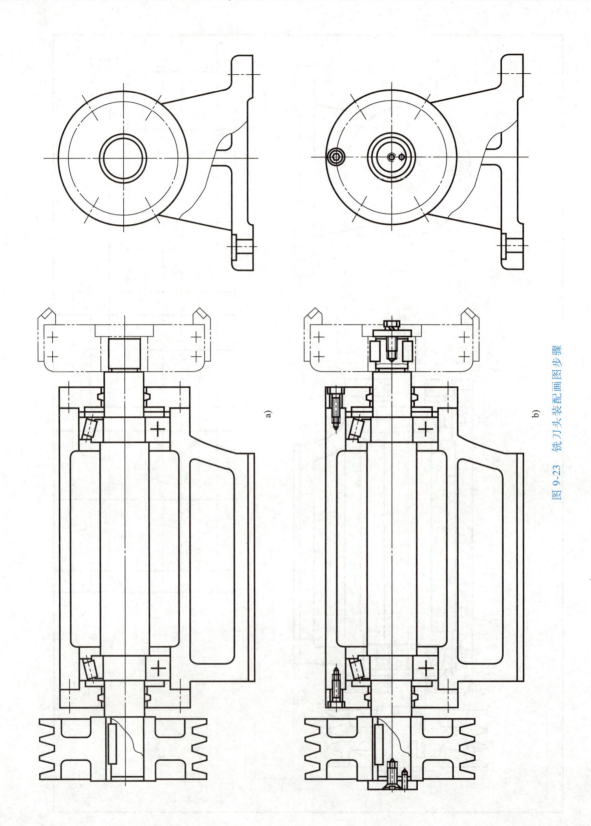

图 9-23 铣刀头装配画图步骤

5)装入标准件:按照装配关系,依次从标准件库中装入螺钉、销、键等标准件,如图9-23b所示。

6)画剖面线、标注尺寸、编写零件序号。

7)填写标题栏、明细栏和技术要求,完成作图并保存文件,结果如图9-22所示。

9.7.2 球阀装配图的识读

(1)概括了解 阀是管道系统中用于启闭或调节流体流量的部件。球阀是阀的一种,它的阀芯是球形的。图9-24所示为球阀的轴测装配图,图9-25所示为球阀的装配图,球阀由13种零件组成,其中螺柱6和螺母7是标准件。

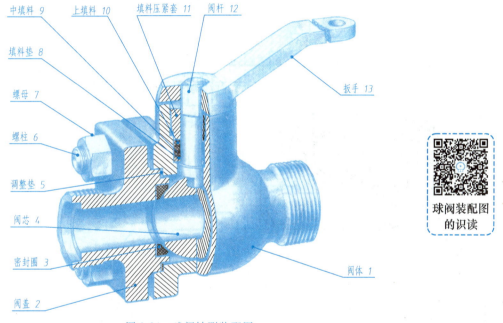

图 9-24 球阀轴测装配图

主视图采用沿前后对称面剖切的全剖视图,主要表达球阀的组成、装配关系和工作原理。俯视图采用局部剖视图,主要表达阀盖和阀体及扳手和阀杆的连接关系。左视图采用半剖视图,表达阀盖和阀体等零件的结构形状及阀盖和阀体间连接孔的位置和尺寸等。

(2)了解装配关系和工作原理 球阀的装配关系是:阀体1和阀盖2均带有方形凸缘,用四个双头螺柱6和螺母7联接,并用调整垫5调节阀芯4与密封圈3之间的松紧程度。在阀体上部有阀杆12,阀杆下部有凸块,榫接阀芯4上的凹槽。为了密封、防止流体泄漏,在阀体与阀杆之间加填料垫8、中填料9和上填料10,并旋入填料压紧套11。

球阀的工作原理是:当扳手处于图9-25所示位置时,阀门全部开启,管道畅通;当扳手按顺时针方向旋转90°,处于俯视图中细双点画线所示的位置时,阀门全部关闭,管道断流;当扳手处于这两个极限位置之间时,管路中流体的流量随扳手的位置而改变。

(3)分析主要零件的结构形状 阀杆、阀体和阀盖是球阀的主要零件。图9-26所示阀杆的左端为带有圆角的四棱柱体,与扳手的方孔配合,右端的凸榫与阀芯的凹槽配合。阀杆的作用是通过转动扳手带动阀芯旋转,以控制球阀的开启或关闭。阀杆零件图由一个主视图

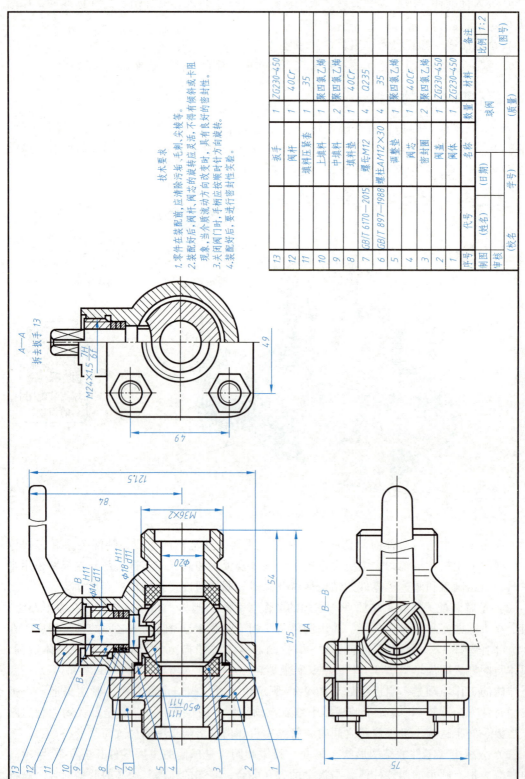

图 9-25 球阀装配图

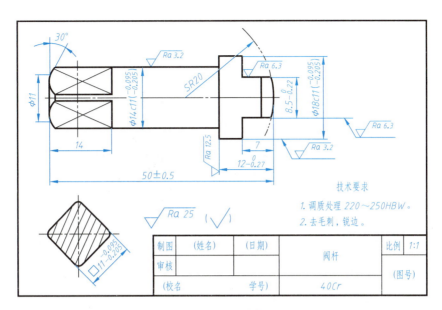

图 9-26 阀杆零件图

和一个断面图表达，主视图按加工位置水平放置，左端的四棱柱体采用断面图表示。阀杆材料为 40Cr，应经过调质处理，以提高材料的韧性和强度。

阀体是铸件，材料选用 ZG230-450，其内外表面都有一部分需要进行切削加工，因此加工前应经过时效处理。图 9-27 所示为阀体的轴测图，图 9-28 所示为阀体的零件图。阀体左端通过螺柱和螺母与阀盖联接，形成球阀容纳阀芯的 $\phi43$ 圆柱空腔。左端的 $\phi50H11$ 圆柱形槽与阀盖的圆柱形凸缘相配合。阀体空腔右侧 $\phi35$ 圆柱形槽用来放置密封圈，以保证在球阀关闭时不泄漏流体。阀体右端制有用于联接管道系统的外螺纹 $M36\times2$，内部有阶梯孔 $\phi28.5$、$\phi20$ 与空腔相通。在阀体上部的 $\phi36$ 圆柱体中，有阶梯孔 $\phi22H11$、$\phi18H11$ 与空腔相通，阶梯孔内容纳阀杆、填料、填料垫等。阶梯孔的顶

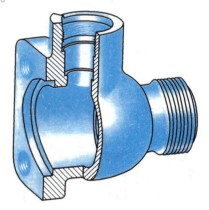

图 9-27 阀体轴测图

端有一个 90°扇形限位块，用来控制扳手和阀杆的旋转角度。在 $\phi36$ 圆柱体上部制有带退刀槽的内螺纹 $M24\times1.5$-7H，与填料压紧套旋合，将填料压紧。孔 $\phi22H11$ 是容纳填料的，与填料垫配合，而孔 $\phi18H11$ 与阀杆下部的凸缘配合，当启闭球阀或调节流量时，阀杆的凸缘就在这个孔内转动。

图 9-29 所示的阀盖有与阀体相同的方形凸缘，通过双头螺柱与阀体联接，中间的通孔与阀芯的通孔相对应，阀盖的左侧有与阀体右端相同的外管螺纹联接管道，形成流体通道。主视图采用全剖视图，表达阀盖两端的阶梯孔以及右端的圆柱形凸缘和左端的外螺纹。将轴线水平放置，既符合加工位置，又符合阀盖在阀体中的工作位置。左视图用外形视图表达带圆角的正方形凸缘及其四个角上的通孔。

（4）分析尺寸和技术要求　在球阀装配图中，注有球阀的规格尺寸 $\phi20$；阀盖与阀体的

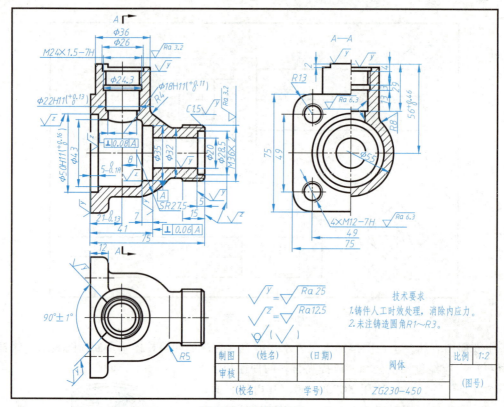

图 9-28 阀体零件图

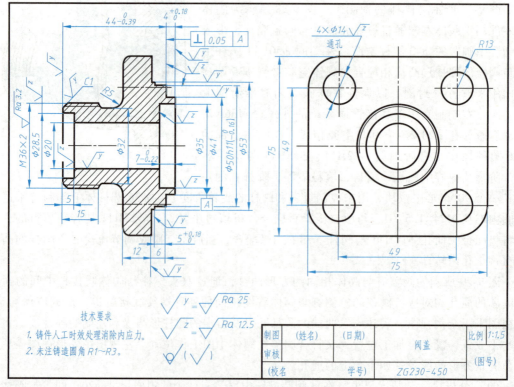

图 9-29 阀盖零件图

配合尺寸 $\phi 50H11/h11$，阀杆下部凸缘与阀体的配合尺寸 $\phi 18H11/d11$；阀杆与填料压紧套的配合尺寸 $\phi 14H11/d11$；与安装有关的尺寸 84、54、M36×2 等；球阀的外形尺寸为 115、75、121.5。

零件在装配前，应清除污垢、毛刺、尖棱等；装配好后，应进行密封性实验，检查是否有泄漏；关闭阀门时，手柄应按顺时针方向旋转等。

9.7.3 联动夹持杆接头装配图的识读

（1）概括了解　联动夹持杆接头是检验用夹具中的一个通用标准部件，用来连接检测用仪表的表杆。如图 9-30 所示，联动夹持杆接头由五种零件组成，其中有一种标准件。联动夹持杆接头的装配图由两个图形来表达，主视图采用局部剖视，可以清晰地表达各组成零件的装配连接关系和工作原理；左视图采用 A—A 剖视，其上部有一个局部剖视，进一步反映左方和上方两处夹持部位的结构和夹头零件的内、外形状。

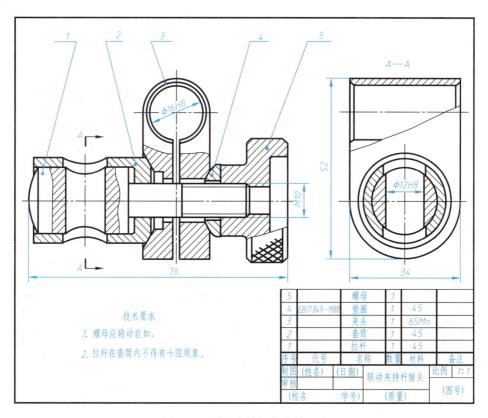

图 9-30　联动夹持杆接头装配图

（2）了解装配关系和工作原理　分析主视图可知，检验时，在拉杆 1 左方的上下通孔 $\phi 12H8$ 和夹头 3 上部的前后通孔 $\phi 16H8$ 中分别装入与之配合的表杆；然后旋紧螺母 5，收紧夹头 3 的缝隙，就可夹持上部圆柱孔内的表杆。与此同时，拉杆 1 沿轴向向右移动，改变了它与套筒 2 上下通孔的轴向位置，就可夹持拉杆左方通孔内的表杆。

由于套筒 2 以锥面与夹头 3 左面的锥孔相接触，垫圈 4 的球面和夹头 3 右面的锥面相接触，这些零件的轴向位置是固定不动的。只有拉杆 1 以右端的螺纹与螺母 5 联接，而使拉杆

1 沿轴向移动。

（3）分析主要零件的结构形状　夹头 3 是联动夹持杆接头部件的主要零件之一，其零件图如图 9-31 所示。夹头上部是一个半圆柱体，下部左右为两块平板。左平板上有阶梯形圆柱孔，右平板上有同轴线的圆柱孔，左、右平板孔口外壁处都有圆锥形沉孔。在夹头上部还有一个前后贯通的下部开口的圆柱孔，圆柱孔的开口与左右平板之间的缝隙连通。由左视图可知夹头左右平板的上端为矩形板，其前后壁与上部半圆柱的前、后端面平齐。平板的下端是与上端矩形板相切的半圆柱体。

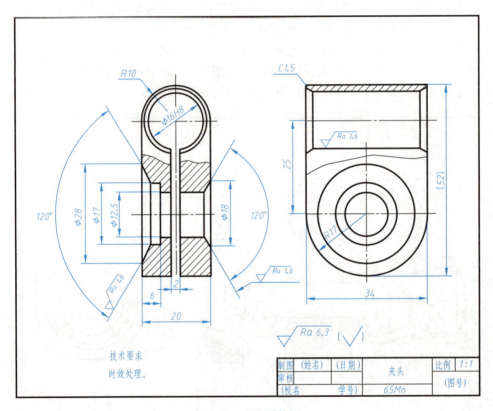

图 9-31　夹头零件图

（4）分析尺寸和技术要求　拉杆 1 的孔 φ12H8 和夹头 3 的孔 φ16H8 中应分别装入与之配合的表杆，如 φ12f7 和 φ16f7。该装配件要求螺母应转动自如，拉杆在套筒内不得有卡阻现象。

9.7.4　钻模装配图的识读

钻模是在钻床上钻孔用的夹具，夹具在机械加工中起夹持、安装工件的作用。钻模要求准确定位、夹紧可靠、装拆灵活。

（1）概括了解　如图 9-32 所示，该钻模由 9 种零件组成，其中标准件有 3 种，用于对工件中三个均布孔的加工。为了保证成批零件加工的一致性，工件安放的圆周位置要做一定限制，销 9 是用来限制钻模板圆周转动的，是夹紧前的定位元件。螺母 6、垫圈 7、开口垫圈 5、轴 4 是用来夹紧工件的，是夹紧元件。钻模板 2 上有三处安装了三个钻套 3，钻套用来导向钻头，钻头从钻套处钻下，可保证钻削位置正确，同时又有保护钻模板的作用。底座1是钻模的基础件，也是其他部件的支撑部分，又是工件的安装定位元件，底座的底面是光滑平面，放置在钻床的工作台上。

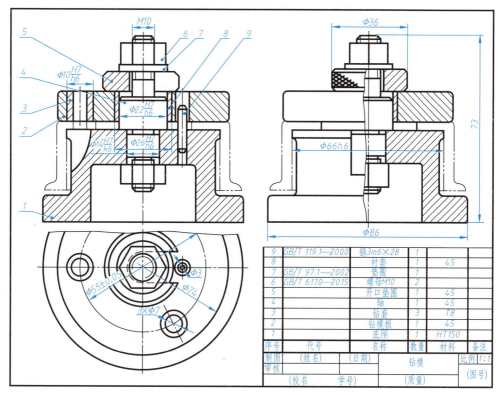

图9-32 钻模装配图

主视图采用全部视图，表达了部件的工作原理、零件间的装配关系及零件的大致结构。俯视图采用局部视图，进一步表达了部件的外形，尤其是三个均布孔的特征。左视图采用局部剖视图，表达了零件的内、外结构形状。

（2）了解装配关系和工作原理　装夹时把工件（图中双点画线所示）放在底座1上，装上钻模板2，钻模板上装有衬套8和三个均匀分布的钻套3。钻模板通过销9定位后，再装上开口垫圈5，最后用螺母6和垫圈7压紧，装夹完毕。钻头通过钻套3的内孔，准确地在工件上钻孔。加工完毕卸下工件的过程则正好相反，松开螺母6、垫圈7，向左抽取开口垫圈5，卸下钻模板2，取出工件。

（3）分析主要零件的结构形状　底座1侧面加工有三个弧形槽，其作用是避开钻头及排屑，其结构形状如图9-33所示。

（4）分析尺寸和技术要求　钻模的规格尺寸为 $\phi66h6$，是钻模底座上方的外圆直径；钻孔的规格尺寸为 $3×\phi7$。$\phi22H7/h6$ 是轴4与衬套8的配合尺寸，$\phi26H7/h6$ 是衬套8与钻模板2的配合尺寸，$\phi10\ H7/h6$ 为钻模板2与钻套3的配合尺寸，均为基孔制的间隙配合。$\phi14H7/k6$ 是轴4与底座1的配合尺寸，为基孔制的过渡配合。钻模的外形尺寸为总高73及径向尺寸 $\phi86$。

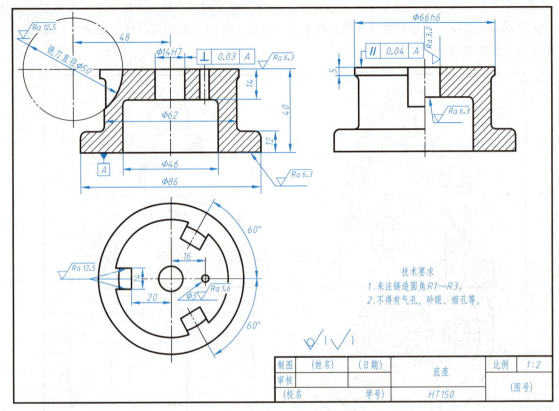

图 9-33 底座零件图

【素养提升】 零部件之间相互连接与配合才能使机器成为一个整体；零部件需要经常检查和维护，机器才不会出现故障。培养学生协同合作意识和沟通能力，引导学生经常检查自身的行为规范，树立正确的价值观，激发学生的专业自豪感。

项目十

零部件测绘

测绘是对已有的机器、部件或零件进行分析、测量,绘出零件草图,并整理画出装配图和零件图的过程。测绘在实际生产中应用比较广泛,设计新产品时,有时需要测绘同类产品,供设计时参考;设备维修时,如果某一零件损坏,在无备件又无图样的情况下,需要测绘损坏的零件,以满足修配时的需要。部件测绘流程图如图 10-1 所示。

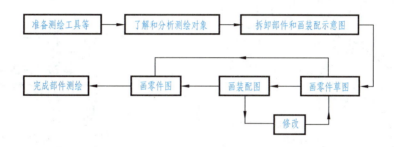

图 10-1 部件测绘流程图

测绘技术是工程技术人员必须掌握的一项重要的基本技能。通过零部件测绘实践,综合运用和全面训练所学知识,培养动手能力,是理论联系实际的一种有效方法。

10.1 测绘前的准备工作

10.1.1 测绘工具的准备

测绘部件之前,应根据部件的复杂程度制定测绘进度计划,并准备拆卸用品(如细铁丝、标签等)、工具(如扳手、螺钉旋具、锤子、铜棒等)、量具(如钢直尺、内外卡钳、游标卡尺等)和相关资料(如产品说明书、有关国家标准、手册等)。

10.1.2 零件尺寸的测量方法

测量尺寸是零件测绘过程中的重要环节,应集中进行,这样不但可以避免错误和遗漏,还可以提高工作效率。

测量零件尺寸时,应根据零件尺寸的精确程度选用相应的量具。常用的量具有直尺、卡钳、游标卡尺和螺纹规等。常用的测量方法见表 10-1。

表 10-1　常用的测量方法

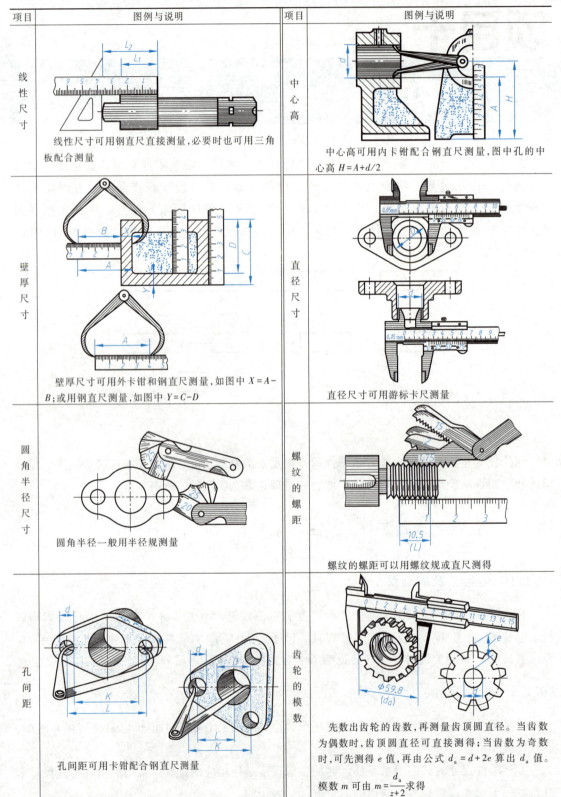

10.2 测绘的方法和步骤

10.2.1 了解和分析测绘对象

首先应了解测绘的任务和目的，决定测绘工作的内容和要求。为了设计新产品提供参考图样，测绘时可进行适当的修改；为了补充图样或制作备件，测绘时必须准确，不得修改。

其次通过阅读有关技术文件、资料和同类产品图样，或向有关人员了解使用情况，分析部件的构造、功能和作用、工作原理、传动系统、技术性能和使用运转情况，并检测有关的技术性能指标和一些重要的装配尺寸，如零件间的相对位置尺寸、极限尺寸以及装配间隙等，为拆装和测绘部件做好准备。

图 10-2 所示为机用虎钳的轴测装配图，机用虎钳是安装在机床工作台上，用于夹紧工件以便切削加工的一种通用工具。图 10-3 所示为机用虎钳的轴测分解图，它由 11 种零件组成，其中垫圈 5、圆柱销 7、螺钉 10 是标准件。

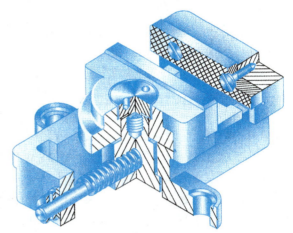

图 10-2 机用虎钳轴测装配图

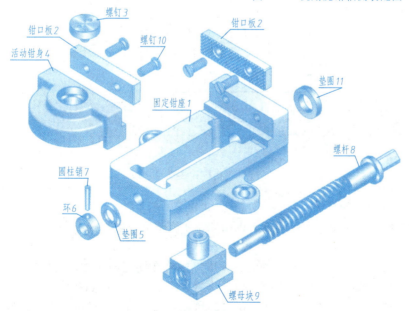

图 10-3 机用虎钳轴测分解图

对照机用虎钳的轴测装配图和轴测分解图，初步了解机用虎钳中主要零件之间的装配关系：螺母块 9 从固定钳座 1 的下方空腔装入工字形槽内，再装入螺杆 8，并用垫圈 11、垫圈

5 以及环 6、圆柱销 7 将螺杆轴向固定；通过螺钉 3 将活动钳身 4 与螺母块 9 联接；最后用螺钉 10 将两块钳口板分别与固定钳座和活动钳身联接。

机用虎钳的工作原理：旋转螺杆 8 使螺母块 9 带动活动钳身 4 在水平方向左右移动，夹紧工件进行切削加工。

10.2.2　拆卸装配体和画装配示意图

1. 拆卸装配体

在拆卸前，应根据装配体的组成情况及装配关系，分析并确定拆卸顺序，依次拆卸各零件。为避免零件的丢失或混乱，对拆下的零件可用打钢印、捆绑标签或写件号等方法逐一编号，并分组放置，以便测绘后重新装配。不可拆的连接和过盈配合的零件尽量不拆；过渡配合的零件，若不影响零件的测量工作，也可不拆。

机用虎钳的拆卸顺序为：先拆下圆柱销 7，取出环 6 和垫圈 5；旋出螺杆 8，取下垫圈 11；旋出螺钉 10，取下钳口板 2；最后旋出螺钉 3，取下螺母块 9 和活动钳身 4。

2. 画装配示意图

为了便于部件拆卸后装配复原，在拆卸零件的同时，应画出部件的装配示意图，记录零件的名称、数量、传动路线、装配关系和拆卸顺序。

画装配示意图时，仅用简单的符号和线条表达部件中各零件的大致轮廓形状和装配关系。相邻两零件的接触面之间最好留出空隙，以便区分零件。对于机构构件应按 GB/T 4460—2013《机械制图　机构运动简图用图形符号》中规定符号表示。装配示意图中还应编写零件序号，注写零件的名称及数量。图 10-4 所示为机用虎钳的装配示意图。

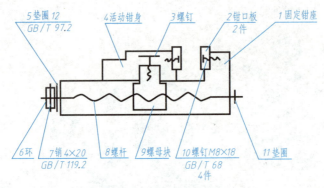

图 10-4　机用虎钳装配示意图

3. 分析装配关系和连接方式

在拆卸过程中，要注意了解和分析机用虎钳中零件间的装配关系和连接方式等，为绘制零件草图和装配图做准备。

（1）配合关系　机用虎钳有四处配合要求。螺杆在固定钳座左、右端的支承孔中转动，采用间隙不大的间隙配合。螺母块的结构形状为上圆下方，上部圆柱体与活动钳身中部的阶梯孔相配合，通过螺钉将螺母块与活动钳身联接在一起，为便于装配，采用间隙较小的间隙配合；螺母块下部方形体内的螺孔中旋入螺杆，将螺杆的旋转运动转变为螺母块的左右水平移动。活动钳身底部前后向下凸出部分与固定钳座前后两侧面相配合，有相对运动，采用间隙不大的间隙配合。

(2) 连接方式　螺杆通过螺纹与螺母块旋合在一起,螺杆的右端轴肩通过垫圈固定在固定钳座的右端面,螺杆左端用环、销和垫圈固定在固定钳座的左端面。活动钳身通过螺钉与螺母块联接,钳口板通过螺钉紧固在活动钳身和固定钳座上。

10.2.3　画零件草图

零件测绘一般在生产现场进行。由于受条件的限制,不便使用绘图工具和仪器画图。一般先目测比例、徒手绘制零件草图;然后由零件草图整理成零件图。零件草图是绘制零件图的重要依据,因此它必须具备零件图的全部内容和要求。画零件草图的要求是:图形正确、表达清晰、尺寸完整,并注写技术要求等有关内容。

标准件不必画出草图,只要测出其结构上的主要数据,根据相应的标准确定其规格和标记,将这些标准件的名称、标记和数量列表即可。机用虎钳的标准件见表10-2。

表 10-2　机用虎钳的标准件

名称	标记	数量
销	销 GB/T 119.2　4×20	1
螺钉	螺钉 GB/T 68　M8×18	4
垫圈	垫圈 GB/T 97.2　12	1

除标准件以外的零件都必须画出草图。下面以螺杆为例,说明画零件草图的过程。

1. 了解和分析测绘对象

测绘前应对所测绘的零件进行详细分析。

1) 了解零件的名称、用途和材料。

2) 分析零件的结构形状,了解它在部件中的位置和作用。因为零件的形状和每个局部结构都有一定的功能,所以必须清楚它们在部件中的功能和作用以及与其他零件间的装配连接关系。

3) 对零件进行必要的工艺分析。因为同一零件可用不同的加工顺序或加工方法制造,所以其结构形状的表达、基准的选择和尺寸的标注也不完全相同。

4) 拟定零件的表达方案。考虑零件的安放位置、主视图的投射方向以及图形数量等。

从图10-2可以看出,螺杆位于固定钳座左右两圆柱孔内,转动螺杆使螺母块带动活动钳身左右移动,可夹紧或松开工件。它主要由三部分组成,左部和右部的圆柱部分起定位作用,中间为螺纹,右端用于旋转螺杆。螺杆主要在车床上加工。

2. 绘制零件草图的方法和步骤

以图10-5所示螺杆为例,说明绘制零件草图的方法和步骤。

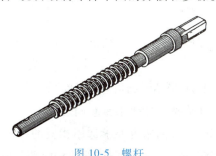

图 10-5　螺杆

1) 在图纸上定出各图形的位置，画出各图形的基准线、中心线，如图10-6a所示。布置图形时，要考虑在各图形之间预留标注尺寸的位置。

2) 以目测比例画出各图形，如图10-6b所示。为了表达螺杆的结构特征，按加工位置使轴线水平放置，用视图表达外形，并用移出断面图、局部放大图、局部剖视图分别表达四方、螺纹和销孔。

3) 确定尺寸基准，画出全部尺寸的尺寸界线、尺寸线和箭头。经仔细校核后，按规定线型将图样加深，如图10-6c所示。

4) 逐个测量、标注尺寸和技术要求，并填写标题栏，如图10-6d所示。

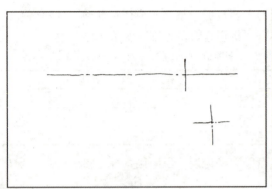

a)

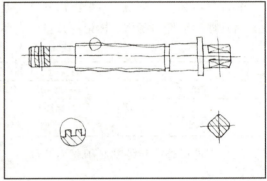

b)

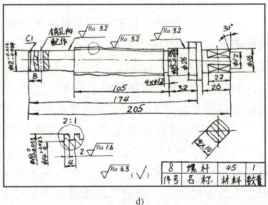

c)   d)

图10-6 螺杆零件草图的画图步骤

3. 零件测绘中的注意事项

1) 零件上的制造缺陷，如砂眼、缩孔、裂纹等，以及长期使用所造成的磨损等，都不应画出。

2) 零件上的工艺结构，如铸造圆角、倒角、退刀槽、砂轮越程槽等，应查阅有关标准确定。

3) 对于零件上磨损的尺寸应按功能要求重新确定。

4) 测量尺寸时要根据零件尺寸的精度要求选用相应的量具。有配合要求的尺寸，其公称尺寸、配合性质及相应的公差值，应与配合零件的相应部分协调一致。对不重要的尺寸或非配合尺寸，允许将测量所得的尺寸适当圆整（调整到整数值）。

5）螺纹、键槽、齿轮的轮齿等标准结构的尺寸，应将测量结果与标准值核对，采用标准结构尺寸，以利于制造。如由于齿轮磨损或测量误差，当测绘所得的模数不是标准模数时，应在标准模数表中选用与之最接近的标准模数。

4. 技术要求的确定

测绘零件时，可根据实物并结合相关资料分析，确定零件的技术要求，如尺寸公差、表面结构要求、几何公差、热处理和表面处理等。

测绘时对零件表面粗糙度要求的判别，可使用粗糙度样块来比较，或参考同类零件的表面粗糙度要求来确定，确定的原则是：

1）在同一个零件上，工作表面应比非工作表面粗糙度值要小。

2）摩擦表面应比非摩擦表面的粗糙度值要小。

3）配合精度要求高或小间隙的配合表面以及要求连接可靠且承受重载荷的过盈配合表面均应取较小的表面粗糙度值。

4）要求密封、耐腐蚀或装饰性的表面，其表面粗糙度值要小。

选择极限与配合时，既要满足零件的使用要求，又要兼顾加工制造的工艺性和经济性。因此，选择公差等级的基本原则是：在满足使用要求的前提下，尽可能选用较低的公差等级。配合类别的选择取决于零件在装配体中的功能要求，测绘时可参照表 10-3 选用。

表 10-3 优先配合选用说明

基孔制	基轴制	说　　明
H10/d9	D10/h9	间隙很大的自由转动配合。用于高速、重载或大直径的滑动轴承；大跨距或多支点的支承配合
H8/f7	F8/h7	间隙不大的转动配合。用于中等转速与中等轴颈压力的精确转动；也用于装配较易的中等定位配合
H7/g6	G7/h6	间隙很小的滑动配合。用于不回转的精密滑动配合或缓慢间隙回转的精密配合
H7/h6 H8/h7	H7/h6 H8/h7	均为间隙定位配合，零件可自由装拆，而工作时一般静止不动。用于不同精度要求的一般定位配合或缓慢移动配合。在最大实体条件下的间隙为零，在最小实体条件下的间隙由公差等级决定
H7/k6	K7/h6	装配较方便的过渡配合。用于稍有振动的定位配合；加紧固件可传递一定的载荷
H7/n6	N7/h6	不易装拆的过渡配合。用于允许有较大过盈的精密定位或紧密组件的配合；加键能传递大转矩或冲击性载荷
H7/p6	P7/h6	过盈定位配合，即小过盈配合。用于定位精度特别重要时，能以最好的定位精度达到部件的刚性及对中性要求，而对内孔承受压力无特殊要求，不依靠配合的坚固性传递摩擦负荷
H7/s6	S7/h6	中等压入配合，在传递较小转矩或轴向力时不需加紧固件，若承受较大载荷或动载荷时，应加紧固件

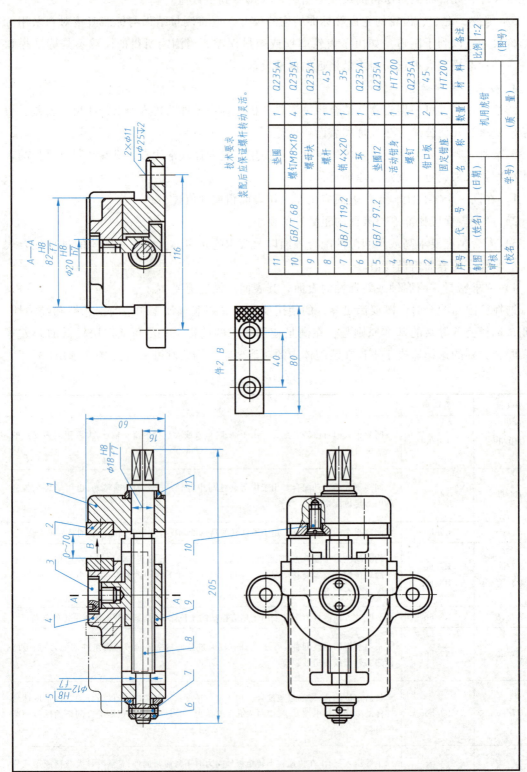

图 10-7 机用虎钳装配图

10.2.4 画装配图

零件草图完成后应根据零件草图和装配示意图画出装配图。画装配图时，对零件草图中存在的零件结构形状和尺寸的不妥之处应做必要的修正。

1. 确定表达方案

画装配图与画零件图一样，应先确定表达方案。考虑选用何种表达方案，才能较好地反映部件的装配关系、工作原理和零件的主要结构形状。

（1）主视图的选择　主视图一般选择部件的工作位置，有时考虑画图的方便，常将主要轴线或主要安装面水平放置，并使主视图较好地表达出部件的工作原理和主要零件间的装配关系，因此一般常画成剖视图。

如图 10-7 所示，主视图画成通过主要装配干线进行剖切的全剖视图，以反映出部件中各零件间的装配关系和机用虎钳的工作原理，也符合工作位置。

（2）其他视图的选择　根据对装配图视图表达的要求，针对主视图中尚未表达清楚的内容，选择其他视图来表达。图 10-7 中的左视图采用半剖，补充表达活动钳身和固定钳座的装配关系及螺母块的结构特点。俯视图表达了固定钳座的结构形状，并通过局部剖视图表达钳口板与固定钳座连接的局部结构。

2. 确定图纸幅面和绘图比例

图纸幅面和绘图比例根据装配体的复杂程度和实际大小来选用，应清楚表达出主要装配关系和主要零件的结构。选用图幅时还应注意在视图之间留有足够的空隙，以便标注尺寸、编写零件序号、注写明细栏和技术要求等。

3. 装配图的绘图步骤

图 10-8 为机用虎钳装配图的作图步骤。

1）画出各视图的主要中心线及作图基准线，如图 10-8a 所示。

2）画出主要零件固定钳座，三个视图要联系起来画，如图 10-8b 所示。

3）画出活动钳身，如图 10-8c 所示。

4）画出其他零件，如图 10-8d 所示。

5）检查底稿，整理线型，并画出剖面线。

6）标注尺寸，编写零件序号，并填写标题栏、明细栏和技术要求，如图 10-7 所示。

10.2.5 画零件图

画零件图应是根据装配图，以零件草图为基础，调整表达方案、规范画法的设计制图过程。零件图是制造零件的依据，在零件草图和装配图中对零件的视图表达、尺寸标注以及技术要求等不合理或不完整之处，在绘制零件图时都必须进行修正。图 10-9 所示为机用虎钳零件图。

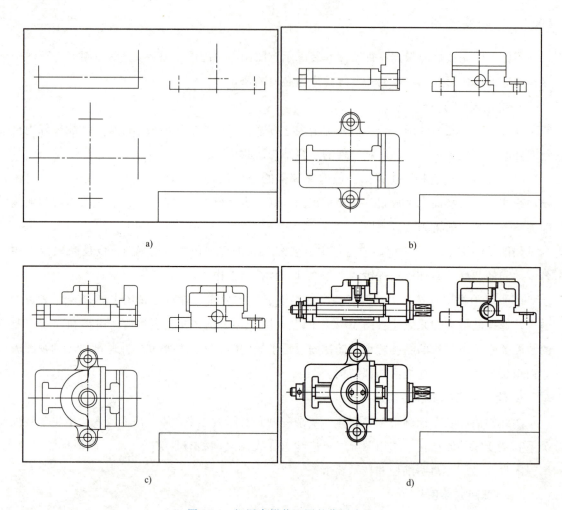

图 10-8 机用虎钳装配图的作图步骤

画零件图时要注意：零件草图中被省略的零件上的细小结构（如倒角、圆角、退刀槽等），画零件图时应予以表示；零件的表达方案（如主视图的投射方向等）不一定照搬装配图的表达方案，应做必要调整；装配图中注出的尺寸一般应抄注在相应的零件图中，其他尺寸在装配图中按比例量取。

零件图中的技术要求要明确标出。一般以装配图中的配合代号来确定尺寸公差，几何公差要以该零件在部件中所起的作用和各部分的功能来确定。难以在图形上注写技术要求时，可用文字注写在标题栏的上方或左方。

文字性的技术要求一般包括下列内容：

1) 对材料、毛坯、热处理的要求（如湿度、硬度要求等）。

2) 对有关结构要素的统一要求（如圆角、倒角、尺寸等）。

3) 对零件表面质量的要求（如镀层、喷漆等）。

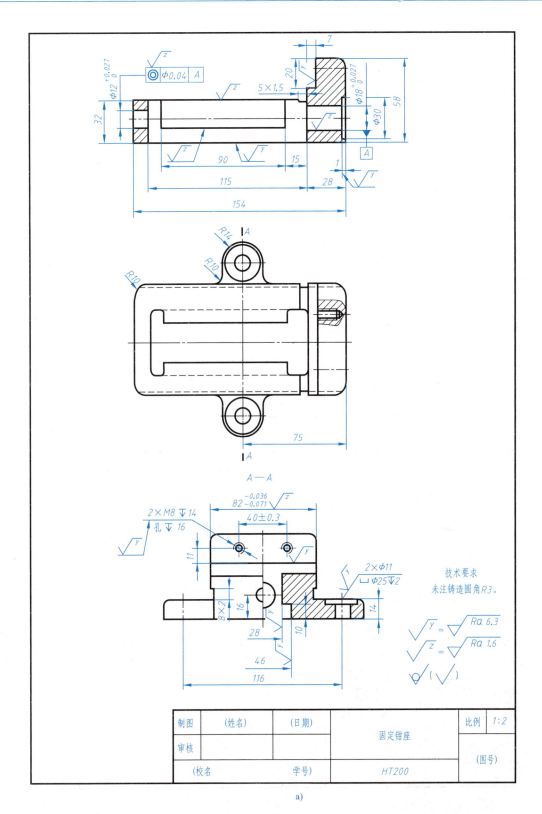

a)

图 10-9 机用虎钳零件图

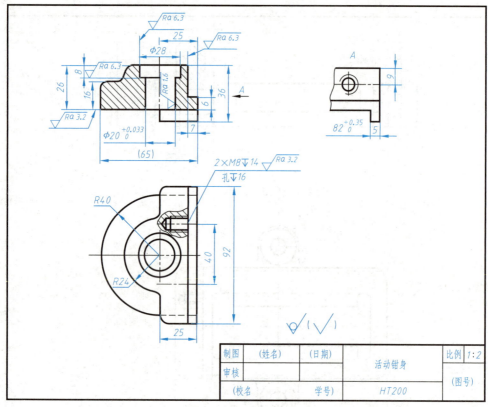

b)

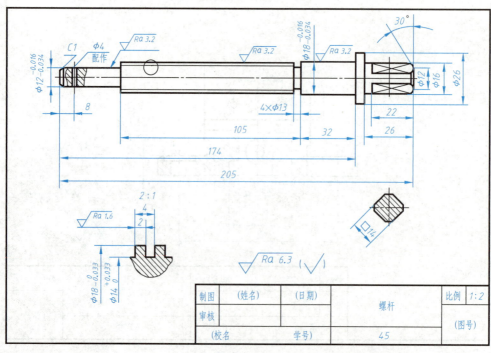

c)

图 10-9 机用

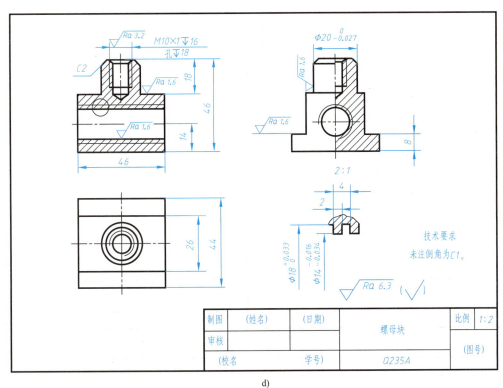

d)

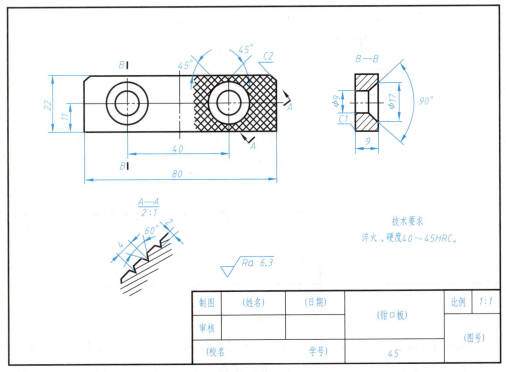

e)

虎钳零件图（续）

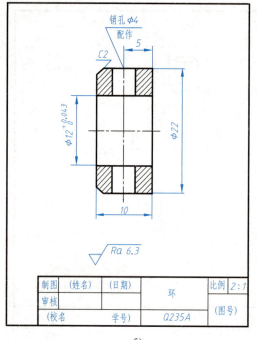

f)

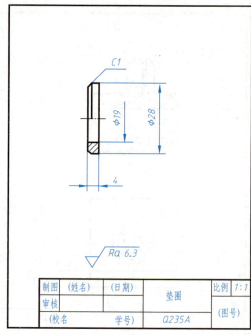

g)

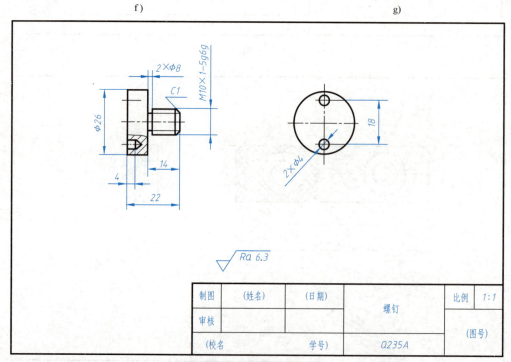

h)

图10-9 机用虎钳零件图（续）

【素养提升】 在机械制造企业的生产中，有着严格的生产流程和操作规范要求，通过零部件测绘，让学生了解企业的生产流程和管理方式，培养学生的自我约束能力，提高综合素质。

附录

附表1 普通螺纹基本牙型、直径与螺距（摘自 GB/T 192—2003，GB/T 193—2003）

(单位：mm)

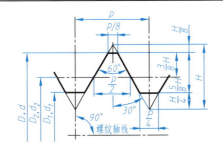

D——内螺纹基本大径（公称直径）
d——外螺纹基本大径（公称直径）
D_2——内螺纹基本中径
d_2——外螺纹基本中径
D_1——内螺纹基本小径
d_1——外螺纹基本小径
P——螺距
H——原始三角形高度

标记示例：
M10（粗牙普通外螺纹、公称直径 $d=10$mm、右旋、中径及顶径公差带均为 $6g$、中等旋合长度）
M10×1-LH（细牙普通内螺纹、公称直径 $D=10$mm、螺距 $P=1$mm、左旋、中径及顶径公差带均为 $6H$、中等旋合长度）

公称直径 D、d			螺距 P		公称直径 D、d			螺距 P	
第1系列	第2系列	第3系列	粗牙	细牙	第1系列	第2系列	第3系列	粗牙	细牙
2			0.4	0.25	16			2	1.5,1
	2.2		0.45			17			
2.5					18			2.5	
3			0.5	0.35	20				2,1.5,1
	3.5		0.6		22				
4			0.7		24			3	
	4.5		0.75	0.5		25			1.5
5			0.8			26			
		5.5				27		3	2,1.5,1
6			1	0.75		28			
	7				30			3.5	(3),2,1.5,1
8			1.25	1,0.75			32		2,1.5
		9					33	3.5	(3),2,1.5
10			1.5	1.25,1,0.75			35		1.5
		11		1.5,1,0.75		36		4	3,2,1.5
12			1.75	1.25,1			38		1.5
	14		2	1.5,1.25,1		39		4	3,2,1.5
		15		1.5,1			40		

注：1. 优先选用第1系列，其次是第2系列，最后选择第3系列。
2. 尽可能地避免选用括号内的螺距。
3. M14×1.25 仅用于发动机的火花塞。
4. M35×1.5 仅用于轴承的锁紧螺母。

附表 2　六角头螺栓（摘自 GB/T 5782—2016、GB/T 5783—2016）　（单位：mm）

六角头螺栓（GB/T 5782—2016）　　　　　　　　六角头螺栓　全螺纹（GB/T 5783—2016）

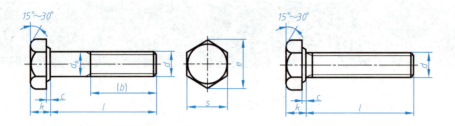

标记示例：
螺栓　GB/T 5782　M12×80
（螺纹规格 d = M12、公称长度 l = 80mm、性能等级为 8.8 级、表面不经处理、产品等级为 A 级的六角头螺栓）
螺栓　GB/T 5783　M12×80
（螺纹规格 d = M12、公称长度 l = 80mm、全螺纹、性能等级为 8.8 级、表面不经处理、产品等级为 A 级的六角头螺栓）

螺纹规格	d		M4	M5	M6	M8	M10	M12	M16	M20	M24	M30	M36	M42	M48
b 参考	$l \leqslant 125$		14	16	18	22	26	30	38	46	54	66	—	—	—
	$125 < l \leqslant 200$		20	22	24	28	32	36	44	52	60	72	84	96	108
	$l > 200$		33	35	37	41	45	49	57	65	73	85	97	109	121
c_{max}			0.4	0.5	0.5	0.6	0.6	0.6	0.8	0.8	0.8	0.8	0.8	1	1
k_{max}	产品等级	A	2.925	3.65	4.15	5.45	6.58	7.68	10.18	12.715	15.215	—	—	—	—
		B	3	3.74	4.24	5.54	6.69	7.79	10.29	12.85	15.35	19.12	22.92	26.42	30.42
d_{smax}			4	5	6	8	10	12	16	20	24	30	36	42	48
s_{max}			7	8	10	13	16	18	24	30	36	46	55	65	75
e_{min}	产品等级	A	7.66	8.79	11.05	14.38	17.77	20.03	26.75	33.53	39.98	—	—	—	—
		B	7.50	8.63	10.89	14.2	17.59	19.85	26.17	32.95	39.55	50.85	60.79	71.3	82.6
l 范围	GB/T 5782		25~40	25~50	30~60	40~80	45~100	50~120	65~160	80~200	90~240	110~300	140~360	160~440	180~480
	GB/T 5783		8~40	10~50	12~60	16~80	20~100	25~150	30~150	40~150	50~150	60~200	70~200	80~200	100~200
l 系列	GB/T 5782		20~65（5 进位）、70~160（10 进位）、180~500（20 进位）												
	GB/T 5783		8、10、12、16、20~65（5 进位）、70~160（10 进位）、180、200												

注：1. 末端倒角按 GB/T 2 规定。
　　2. 螺纹公差带：6g。
　　3. 产品等级：A 级用于 d = 1.6~24mm 和 $l \leqslant 10d$ 或 $l \leqslant 150$mm（按较小值）的螺栓；
　　　　　　　　B 级用于 $d > 24$mm 和 $l > 10d$ 或 $l > 150$mm（按较小值）的螺栓。

附表 3　双头螺柱（摘自 GB/T 897~900—1988）　　　　（单位：mm）

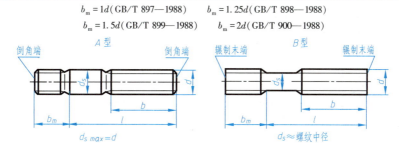

$b_m = 1d$ (GB/T 897—1988)　　$b_m = 1.25d$ (GB/T 898—1988)
$b_m = 1.5d$ (GB/T 899—1988)　　$b_m = 2d$ (GB/T 900—1988)

标记示例：
螺柱　GB/T 900　M10×50
（两端均为粗牙普通螺纹、d = 10mm、l = 50mm、性能等级为 4.8 级、不经表面处理、B 型、$b_m = 2d$ 的双头螺柱）
螺柱　GB/T 900　AM10-M10×1×50
（旋入机体一端为粗牙普通螺纹，旋螺母一端为螺距 P = 1mm 的细牙普通螺纹、d = 10mm、l = 50mm、性能等级为 4.8 级、不经表面处理、A 型、$b_m = 2d$ 的双头螺柱）

螺纹规格 d	b_m				l/b				
	GB/T 897	GB/T 898	GB/T 899	GB/T 900					
M4	—	—	6	8	$\frac{16\sim22}{8}$	$\frac{25\sim40}{14}$			
M5	5	6	8	10	$\frac{16\sim22}{10}$	$\frac{25\sim50}{16}$			
M6	6	8	10	12	$\frac{20\sim22}{10}$	$\frac{25\sim30}{14}$	$\frac{32\sim75}{18}$		
M8	8	10	12	16	$\frac{20\sim22}{12}$	$\frac{25\sim30}{16}$	$\frac{32\sim90}{22}$		
M10	10	12	15	20	$\frac{25\sim28}{14}$	$\frac{30\sim38}{16}$	$\frac{40\sim120}{26}$	$\frac{130}{32}$	
M12	12	15	18	24	$\frac{25\sim30}{16}$	$\frac{32\sim40}{20}$	$\frac{45\sim120}{30}$	$\frac{130\sim180}{36}$	
M16	16	20	24	32	$\frac{30\sim38}{20}$	$\frac{40\sim55}{30}$	$\frac{60\sim120}{38}$	$\frac{130\sim200}{44}$	
M20	20	25	30	40	$\frac{35\sim40}{25}$	$\frac{45\sim65}{35}$	$\frac{70\sim120}{46}$	$\frac{130\sim200}{52}$	
M24	24	30	36	48	$\frac{45\sim50}{30}$	$\frac{55\sim75}{45}$	$\frac{80\sim120}{54}$	$\frac{130\sim200}{60}$	
M30	30	38	45	60	$\frac{60\sim65}{40}$	$\frac{70\sim90}{50}$	$\frac{95\sim120}{66}$	$\frac{130\sim200}{72}$	$\frac{210\sim250}{85}$
M36	36	45	54	72	$\frac{65\sim75}{45}$	$\frac{80\sim110}{60}$	$\frac{120}{78}$	$\frac{130\sim200}{84}$	$\frac{210\sim300}{97}$
M42	42	52	63	84	$\frac{70\sim80}{50}$	$\frac{85\sim110}{70}$	$\frac{120}{90}$	$\frac{130\sim200}{96}$	$\frac{210\sim300}{109}$
M48	48	60	72	96	$\frac{80\sim90}{60}$	$\frac{95\sim110}{80}$	$\frac{120}{102}$	$\frac{130\sim200}{108}$	$\frac{210\sim300}{121}$
l 系列	12、(14)、16、(18)、20、(22)、25、(28)、30、(32)、35、(38)、40、45、50、(55)、60、(65)、70、(75)、80、(85)、90、(95)、100~260(10 进位)、280、300								

注：1. 尽可能不采用括号内的规格。
　　2. 末端按 GB/T 2 规定。

附表 4 开槽螺钉（摘自 GB/T 65—2016、GB/T 67—2016、GB/T 68—2016）

（单位：mm）

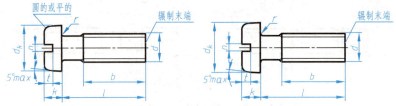

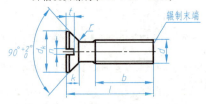

标记示例：

螺钉　GB/T 65　M5×20

（螺纹规格 d =M5，公称长度 l =20mm，性能等级为 4.8 级、表面不经处理的 A 级开槽圆柱头螺钉）

	螺纹规格 d	M1.6	M2	M2.5	M3	M4	M5	M6	M8	M10
GB/T 65—2016	d_k	3	3.8	4.5	5.5	7	8.5	10	13	16
	k	1.1	1.4	1.8	2	2.6	3.3	3.9	5	6
	t_{min}	0.45	0.6	0.7	0.85	1.1	1.3	1.6	2	2.4
	r_{min}	0.1	0.1	0.1	0.1	0.2	0.2	0.25	0.4	0.4
	l	2~16	3~20	3~25	4~30	5~40	6~50	8~60	10~80	12~80
	全螺纹时最大长度	30				40				
GB/T 67—2016	d_k	3.2	4	5	5.6	8	9.5	12	16	20
	k	1	1.3	1.5	1.8	2.4	3	3.6	4.8	6
	t_{min}	0.35	0.5	0.6	0.7	1	1.2	1.4	1.9	2.4
	r_{min}	0.1	0.1	0.1	0.1	0.2	0.2	0.25	0.4	0.4
	l	2~16	2.5~20	3~25	4~30	5~40	6~50	8~60	10~80	12~80
	全螺纹时最大长度	30				40				
GB/T 68—2016	d_k	3	3.8	4.7	5.5	8.4	9.3	11.3	15.8	18.3
	k	1	1.2	1.5	1.65	2.7	2.7	3.3	4.65	5
	t_{min}	0.32	0.4	0.5	0.6	1	1.1	1.2	1.8	2
	r_{max}	0.4	0.5	0.6	0.8	1	1.3	1.5	2	2.5
	l	2.5~16	3~20	4~25	5~30	6~40	8~50	8~60	10~80	12~80
	全螺纹时最大长度	30				45				
	n	0.4	0.5	0.6	0.8	1.2	1.2	1.6	2	2.5
	b_{min}	25				38				
	l 系列	2、2.5、3、4、5、6、8、10、12、(14)、16、20、25、30、35、40、45、50、(55)、60、(65)、70、(75)、80								

附表 5　内六角圆柱头螺钉（摘自 GB/T 70.1—2008）　　（单位：mm）

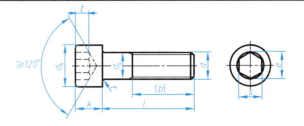

标记示例：

螺钉　GB/T 70.1　M5×20

（螺纹规格 d = M5、公称长度 l = 20mm、性能等级为 8.8 级、表面氧化的 A 级内六角圆柱头螺钉）

螺纹规格 d		M4	M5	M6	M8	M10	M12	(M14)	M16	M20	M24	M30	M36
螺距 P		0.7	0.8	1	1.25	1.5	1.75	2	2	2.5	3	3.5	4
b 参考		20	22	24	28	32	36	40	44	52	60	72	84
d_{kmax}	光滑头部	7	8.5	10	13	16	18	21	24	30	36	45	54
	滚花头部	7.22	8.72	10.22	13.27	16.27	18.27	21.33	24.33	30.33	36.39	45.39	54.46
k_{max}		4	5	6	8	10	12	14	16	20	24	30	36
t_{min}		2	2.5	3	4	5	6	7	8	10	12	15.5	19
s 公称		3	4	5	6	8	10	12	14	17	19	22	27
e_{min}		3.443	4.583	5.723	6.863	9.149	11.429	13.716	15.996	19.437	21.734	25.154	30.854
r_{min}		0.2	0.2	0.25	0.4	0.4	0.6	0.6	0.6	0.8	0.8	1	1
d_{smax}		4	5	6	8	10	12	14	16	20	24	30	36
l 范围		6~40	8~50	10~60	12~80	16~100	20~120	25~140	25~160	30~200	40~200	45~200	55~200
全螺纹时最大长度		25	25	30	35	40	45	55	55	65	80	90	100
l 系列		6、8、10、12、16、20~70（5 进位）、80~160（10 进位）、180、200											

注：1. 尽可能不采用括号内的规格。

　　2. 末端倒角，d ≤ M4 的为辗制末端，见 GB/T 2 规定。

　　3. 螺纹公差：机械性能等级 12.9 级时为 5g6g，其他等级时为 6g。

　　4. 产品等级：A。

附表 6　紧定螺钉（摘自 GB/T 71—2018、GB/T 73—2017、GB/T 75—2018）

（单位：mm）

开槽锥端紧定螺钉　　　　开槽平端紧定螺钉　　　　开槽长圆柱端紧定螺钉
（GB/T 71—2018）　　　　（GB/T 73—2017）　　　　（GB/T 75—2018）

标记示例：

螺钉 GB/T 73 M5×12

（螺纹规格 d = M5、公称长度 l = 12mm、钢制、硬度等级为 14H 级、表面不经处理、产品等级 A 级的开槽平端紧定螺钉）

(续)

螺纹规格 d	M1.2	M1.6	M2	M2.5	M3	M4	M5	M6	M8	M10	M12
P	0.25	0.35	0.4	0.45	0.5	0.7	0.8	1	1.25	1.5	1.75
$d_f \approx$					螺纹小径						
d_t min	—	—	—	—	—	—	—	—	—	—	—
d_t max	0.12	0.16	0.2	0.25	0.3	0.4	0.5	1.5	2	2.5	3
d_p min	0.35	0.55	0.75	1.25	1.75	2.25	3.2	3.7	5.2	6.64	8.14
d_p max	0.6	0.8	1	1.5	2	2.5	3.5	4	5.5	7	8.5
n 公称	0.2	0.25	0.25	0.4	0.4	0.6	0.8	1	1.2	1.6	2
n min	0.26	0.31	0.31	0.46	0.46	0.66	0.86	1.06	1.26	1.66	2.06
n max	0.4	0.45	0.45	0.6	0.6	0.8	1	1.2	1.51	1.91	2.31
t min	0.4	0.56	0.64	0.72	0.8	1.12	1.28	1.6	2	2.4	2.8
t max	0.52	0.74	0.84	0.95	1.05	1.42	1.63	2	2.5	3	3.6
z min	—	0.8	1	1.25	1.5	2	2.5	3	4	5	6
z max	—	1.05	1.25	1.5	1.75	2.25	2.75	3.25	4.3	5.3	6.3
l 范围 GB/T 71	2~6	2~8	3~10	3~12	4~16	6~20	8~25	8~30	10~40	12~50	14~60
l 范围 GB/T 73	2~6	2~8	2~10	2.5~12	3~16	4~20	5~25	6~30	8~40	10~50	12~60
l 范围 GB/T 75	—	2.5~8	3~10	4~12	5~16	6~20	8~25	8~30	10~40	12~50	14~60
l (系列)	2,2.5,3,4,5,6,8,10,12,(14),16,20,25,30,35,40,45,50,(55),60										

注：1. 公称长度为短螺钉时，应制成 120°。
2. u（不完整螺纹的长度）≤2P。

附表 7 六角螺母（摘自 GB/T 6170—2015、GB/T 6171—2016、GB/T 41—2016）

（单位：mm）

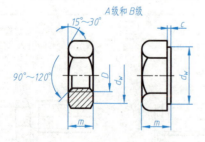

1 型六角螺母 (GB/T 6170—2015)
六角标准螺母 (1 型) 细牙 (GB/T 6171—2016)

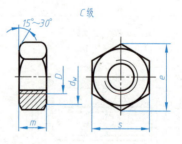

1 型六角螺母 C 级 (GB/T 41—2016)

标记示例：
螺母 GB/T 6170 M12
（螺纹规格 D=M12、性能等级为 8 级、表面不经处理、产品等级为 A 级的 1 型六角螺母）
螺母 GB/T 41 M12
（螺纹规格 D=M12、性能等级为 5 级、表面不经处理、产品等级为 C 级的 1 型六角螺母）

（续）

螺纹规格 D		M4	M5	M6	M8	M10	M12	M16	M20	M24	M30	M36	M42	M48
P	GB/T 6170	0.7	0.8	1	1.25	1.5	1.75	2	2.5	3	3.5	4	4.5	5
	GB/T 41													
	GB/T 6171	—	—	1	1	1.5	1.5	1.5	2	2	3	3	3	3
c_{max}		0.4	0.5	0.5	0.6	0.6	0.6	0.8	0.8	0.8	0.8	0.8	1	1
s_{max}		7	8	10	13	16	18	24	30	36	46	55	65	75
e_{min}	A、B级	7.66	8.79	11.05	14.38	17.77	20.03	26.75	32.95	39.55	50.85	60.79	71.3	82.6
	C级	—	8.63	10.89	14.2	17.59	19.85	26.17						
m_{max}	A、B级	3.2	4.7	5.2	6.8	8.4	10.8	14.8	18	21.5	25.6	31	34	38
	C级	—	5.6	6.4	7.9	9.5	12.2	15.9	19	22.3	26.4	31.9	34.9	38.9
$d_{w\,min}$	GB/T 6170	5.9	6.9	8.9	11.6	14.6	16.6	22.5	27.7	33.3	42.8	51.1	60	69.5
	GB/T 6171	—	—	11.63	14.63	16.63	22.49	27.7	33.25	42.75	51.11	59.95	69.45	
	GB/T 41	—	6.7	8.7	11.5	14.5	16.5	22	27.7	33.3	42.8	51.1	60	69.5

注：1. P——螺距。
2. A 级用于 $D \leq M16$ 的螺母；B 级用于 $D > M16$ 的螺母；C 级用于螺纹规格为 M5~M64 的螺母。
3. 螺纹公差：A、B 级为 6H，C 级为 7H；机械性能等级：A、B 级为 6、8、10 级，C 级为 5 级。

附表 8　平垫圈（摘自 GB/T 97.1—2002、GB/T 97.2—2002）　（单位：mm）

平垫圈　A 级
（GB/T 97.1—2002）

平垫圈　倒角型　A 级
（GB/T 97.2—2002）

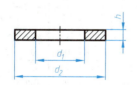
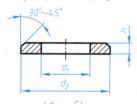

标记示例：
垫圈　GB/T 97.1　8
（标准系列、公称规格为 8mm、由钢制造的硬度等级为 200HV 级、不经表面处理、产品等级为 A 级的平垫圈）

公称规格（螺纹大径 d）	2	2.5	3	4	5	6	8	10	12	14	16	20	24	30
内径 d_1	2.2	2.7	3.2	4.3	5.3	6.4	8.4	10.5	13	15	17	21	25	31
外径 d_2	5	6	7	9	10	12	16	20	24	28	30	37	44	56
厚度 h	0.3	0.5	0.5	0.8	1	1.6	1.6	2	2.5	2.5	3	3	4	4

附表 9　标准型弹簧垫圈（摘自 GB/T 93—1987）　（单位：mm）

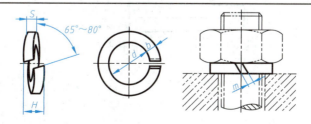

标记示例：
垫圈　GB/T 93　10
（规格为 10mm、材料为 65Mn、表面氧化的标准型弹簧垫圈）

（续）

规格 （螺纹大径）	4	5	6	8	10	12	16	20	24	30	36	42	48
d_{min}	4.1	5.1	6.1	8.1	10.2	12.2	16.2	20.2	24.5	30.5	36.5	42.5	48.5
$S(b)$ 公称	1.1	1.3	1.6	2.1	2.6	3.1	4.1	5	6	7.5	9	10.5	12
$m \leqslant$	0.55	0.65	0.8	1.05	1.3	1.55	2.05	2.5	3	3.75	4.5	5.25	6
H_{max}	2.75	3.25	4	5.25	6.5	7.75	10.25	12.5	15	18.75	22.5	26.25	30

注：m 应大于零。

附表 10　圆柱销（摘自 GB/T 119.1—2000、GB/T 119.2—2000）　（单位：mm）

圆柱销　不淬硬钢和奥氏体不锈钢（GB/T 119.1—2000）
圆柱销　淬硬钢和马氏体不锈钢（GB/T 119.2—2000）

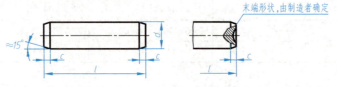

标记示例：
销　GB/T 119.1　6 m6×30
（公称直径 d=6mm、公差为 m6、公称长度 l=30mm、材料为钢、不经淬火、不经表面处理的圆柱销）
销　GB/T 119.2　6×30
（公称直径 d=6mm、公差为 m6、公称长度 l=30mm、材料为钢、普通淬火（A 型）、表面氧化处理的圆柱销）

公称直径 d		3	4	5	6	8	10	12	16	20	25	30	40	50
$c \approx$		0.5	0.63	0.8	1.2	1.6	2	2.5	3	3.5	4	5	6.3	8
公称 长度 l	GB/T 119.1	8~30	8~40	10~50	12~60	14~80	18~95	22~140	26~180	35~200	50~200	60~200	80~200	95~200
	GB/T 119.2	8~30	10~40	12~50	14~60	18~80	22~100	26~100	40~100	50~100	—	—	—	—
	l 系列	2、3、4、5、6~32（2 进位）、35~100（5 进位）、120~200（20 进位）												

注：1. GB/T 119.1—2000 规定圆柱销的公称直径 d=0.6~50mm，公差为 m6 和 h8，材料为不淬硬钢和奥氏体不锈钢。
　　2. GB/T 119.2—2000 规定圆柱销的公称直径 d=1~20mm，公差为 m6，材料为钢：A 型（普通淬火）和 B 型（表面淬火），及马氏体不锈钢。
　　3. 圆柱销公差为 m6 时，表面粗糙度 Ra 值≤0.8μm；圆柱销公差为 h8 时，表面粗糙度 Ra 值≤1.6μm。

附表 11　圆锥销（摘自 GB/T 117—2000）　（单位：mm）

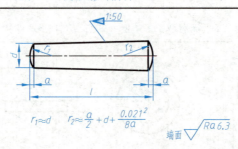

$r_1 \approx d$　　$r_2 \approx \dfrac{a}{2} + d + \dfrac{0.021^2}{8a}$

标记示例：
销　GB/T 117　10×60
（公称直径 d=10mm、公称长度 l=60mm、材料为 35 钢、热处理硬度 28~38HRC、表面氧化处理的 A 型圆锥销）

(续)

公称直径 d	2	2.5	3	4	5	6	8	10	12	16	20	25
$a\approx$	0.25	0.3	0.4	0.5	0.63	0.8	1	1.2	1.6	2	2.5	3
l 范围	10~35	10~35	12~45	14~55	18~60	22~90	22~120	26~160	32~180	40~200	45~200	50~200
l 系列	2、3、4、5、6~32（2进位）、35~100（5进位）、120~200（20进位）											

注：1. 标准规定圆锥销的公称直径 $d=0.6\sim 50\text{mm}$。
  2. 圆锥销有 A 型和 B 型。A 型为磨削，锥面表面粗糙度 Ra 值为 $0.8\mu\text{m}$；B 型为切削或冷镦，锥面表面粗糙度 Ra 值为 $3.2\mu\text{m}$。

附表 12 普通型平键及键槽尺寸（摘自 GB/T 1096—2003，GB/T 1095—2003）

（单位：mm）

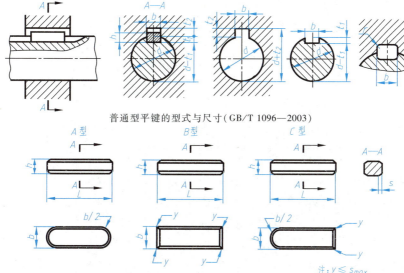

普通型平键键槽的尺寸与公差（GB/T 1095—2003）

普通型平键的型式与尺寸（GB/T 1096—2003）

注：$y\leqslant s_{max}$

标记示例：
 GB/T 1096 键 16×10×100 （普通 A 型平键、$b=16\text{mm}$、$h=10\text{mm}$、$L=100\text{mm}$）
 GB/T 1096 键 B16×10×100 （普通 B 型平键、$b=16\text{mm}$、$h=10\text{mm}$、$L=100\text{mm}$）
 GB/T 1096 键 C16×10×100 （普通 C 型平键、$b=16\text{mm}$、$h=10\text{mm}$、$L=100\text{mm}$）

轴	键	键槽									半径 r	
		宽度 b					深度					
公称直径 d	键尺寸 $b\times h$	基本尺寸 b	极限偏差				轴 t_1		毂 t_2			
			正常联结		紧密联结	松联结						
			轴 N9	毂 JS9	轴和毂 P9	轴 H9	毂 D10	基本尺寸	极限偏差	基本尺寸	极限偏差	min	max
>10~12	4×4	4	0 -0.030	±0.015	-0.012 -0.042	+0.030 0	+0.078 +0.030	2.5	+0.1 0	1.8	+0.1 0	0.08	0.16
>12~17	5×5	5						3.0		2.3			
>17~22	6×6	6						3.5		2.8		0.16	0.25
>22~30	8×7	8	0 -0.036	±0.018	-0.015 -0.051	+0.036 0	+0.098 +0.040	4.0		3.3			
>30~38	10×8	10						5.0		3.3			
>38~44	12×8	12						5.0		3.3			
>44~50	14×9	14	0 -0.043	±0.0215	-0.018 -0.061	+0.043 0	+0.120 +0.050	5.5		3.8		0.25	0.40
>50~58	16×10	16						6.0	+0.2 0	4.3	+0.2 0		
>58~65	18×11	18						7.0		4.4			
>65~75	20×12	20	0 -0.052	±0.026	-0.022 -0.074	+0.052 0	+0.149 +0.065	7.5		4.9			
>75~85	22×14	22						9.0		5.4		0.40	0.60
>85~95	25×14	25						9.0		5.4			
>95~110	28×16	28						10.0		6.4			

注：1. L 系列：6~22（2进位）、25、28、32、36、40、45、50、56、63、70、80、90、100、110、125、140、160、180、200、220、250、280、320、360、400、450、500。
  2. GB/T 1095—2003、GB/T 1096—2003 中无轴的公称直径一列，现列出仅供参考。

附表 13　滚动轴承（摘自 GB/T 276—2013、GB/T 297—2015、GB/T 301—2015）

（单位：mm）

深沟球轴承 （GB/T 276—2013）	圆锥滚子轴承 （GB/T 297—2015）	推力球轴承 （GB/T 301—2015）
	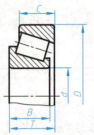	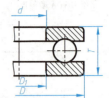
标记示例： 滚动轴承　6310　GB/T 276—2013	标记示例： 滚动轴承　30212　GB/T 297—2015	标记示例： 滚动轴承　51305　GB/T 301—2015

轴承型号	尺寸			轴承型号	尺寸					轴承型号	尺寸			
	d	D	B		d	D	B	C	T		d	D	T	D_1
尺寸系列[(0)2]				尺寸系列[02]						尺寸系列[12]				
6202	15	35	11	30203	17	40	12	11	13.25	51202	15	32	12	17
6203	17	40	12	30204	20	47	14	12	15.25	51203	17	35	12	19
6204	20	47	14	30205	25	52	15	13	16.25	51204	20	40	14	22
6205	25	52	15	30206	30	62	16	14	17.25	51205	25	47	15	27
6206	30	62	16	30207	35	72	17	15	18.25	51206	30	52	16	32
6207	35	72	17	30208	40	80	18	16	19.75	51207	35	62	18	37
6208	40	80	18	30209	45	85	19	16	20.75	51208	40	68	19	42
6209	45	85	19	30210	50	90	20	17	21.75	51209	45	73	20	47
6210	50	90	20	30211	55	100	21	18	22.75	51210	50	78	22	52
6211	55	100	21	30212	60	110	22	19	23.75	51211	55	90	25	57
6212	60	110	22	30213	65	120	23	20	24.75	51212	60	95	26	62
尺寸系列[(0)3]				尺寸系列[03]						尺寸系列[13]				
6302	15	42	13	30302	15	42	13	11	14.25	51304	20	47	18	22
6303	17	47	14	30303	17	47	14	12	15.25	51305	25	52	18	27
6304	20	52	15	30304	20	52	15	13	16.25	51306	30	60	21	32
6305	25	62	17	30305	25	62	17	15	18.25	51307	35	68	24	37
6306	30	72	19	30306	30	72	19	16	20.75	51308	40	78	26	42
6307	35	80	21	30307	35	80	21	18	22.75	51309	45	85	28	47
6308	40	90	23	30308	40	90	23	20	25.25	51310	50	95	31	52
6309	45	100	25	30309	45	100	25	22	27.25	51311	55	105	35	57
6310	50	110	27	30310	50	110	27	23	29.25	51312	60	110	35	62
6311	55	120	29	30311	55	120	29	25	31.50	51313	65	115	36	67
6312	60	130	31	30312	60	130	31	26	33.50	51314	70	125	40	72

注：圆括号中的尺寸系列代号在轴承代号中省略。

附表 14　轴端挡圈（摘自 GB/T 891—1986、GB/T 892—1986）　　（单位：mm）

螺钉紧固轴端挡圈（GB/T 891—1986）

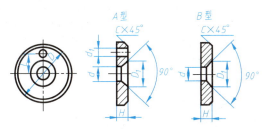

螺栓紧固轴端挡圈（GB/T 892—1986）

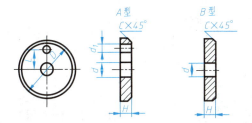

标记示例：

挡圈　GB/T 891　45

（公称直径 D =45mm、材料为 Q235、不经表面处理的 A 型螺钉紧固轴端挡圈）

挡圈　GB/T 891　B45（按 B 型制造时，应加标记 B）

轴径 ≤	公称直径 D	H 基本尺寸	L 基本尺寸	d	d_1	C	GB/T 891			GB/T 892		
							D_1	螺钉 GB/T 819	圆柱销 GB/T 119.1	螺栓 GB/T 5783	圆柱销 GB/T 119.1	垫圈 GB/T 93
14	20	4	—									
16	22	4	—									
18	25	4	—	5.5	2.1	0.5	11	M5×12	A2×10	M5×16	A2×10	5
20	28	4	7.5									
22	30	4	7.5									
25	32	5	10									
28	35	5	10									
30	38	5	10	6.6	3.2	1	13	M6×16	A3×12	M6×20	A3×12	6
32	40	5	12									
35	45	5	12									
40	50	5	12									
45	55	6	16									
50	60	6	16									
55	65	6	16	9	4.2	1.5	17	M8×20	A4×14	M8×25	A4×14	8
60	70	6	20									
65	75	6	20									
70	80	6	20									
75	90	8	25	13	5.2	2	25	M12×25	A5×16	M12×30	A5×16	12
85	100	8	25									

附表 15　标准公差数值（摘自 GB/T 1800.1—2020）

公称尺寸 /mm		标准公差等级																
		IT1	IT2	IT3	IT4	IT5	IT6	IT7	IT8	IT9	IT10	IT11	IT12	IT13	IT14	IT15	IT16	IT17	IT18
大于	至	μm											mm						
—	3	0.8	1.2	2	3	4	6	10	14	25	40	60	0.1	0.14	0.25	0.4	0.6	1	1.4
3	6	1	1.5	2.5	4	5	8	12	18	30	48	75	0.12	0.18	0.3	0.48	0.75	1.2	1.8
6	10	1	1.5	2.5	4	6	9	15	22	36	58	90	0.15	0.22	0.36	0.58	0.9	1.5	2.2
10	18	1.2	2	3	5	8	11	18	27	43	70	110	0.18	0.27	0.43	0.7	1.1	1.8	2.7
18	30	1.5	2.5	4	6	9	13	21	33	52	84	130	0.21	0.33	0.52	0.84	1.3	2.1	3.3
30	50	1.5	2.5	4	7	11	16	25	39	62	100	160	0.25	0.39	0.62	1	1.6	2.5	3.9
50	80	2	3	5	8	13	19	30	46	74	120	190	0.3	0.46	0.74	1.2	1.9	3	4.6
80	120	2.5	4	6	10	15	22	35	54	87	140	220	0.35	0.54	0.87	1.4	2.2	3.5	5.4
120	180	3.5	5	8	12	18	25	40	63	100	160	250	0.4	0.63	1	1.6	2.5	4	6.3
180	250	4.5	7	10	14	20	29	46	72	115	185	290	0.46	0.72	1.15	1.85	2.9	4.6	7.2
250	315	6	8	12	16	23	32	52	81	130	210	320	0.52	0.81	1.3	2.1	3.2	5.2	8.1
315	400	7	9	13	18	25	36	57	89	140	230	360	0.57	0.89	1.4	2.3	3.6	5.7	8.9
400	500	8	10	15	20	27	40	63	97	155	250	400	0.63	0.97	1.55	2.5	4	6.3	9.7
500	630	9	11	16	22	32	44	70	110	175	280	440	0.7	1.1	1.75	2.8	4.4	7	11
630	800	10	13	18	25	36	50	80	125	200	320	500	0.8	1.25	2	3.2	5	8	12.5
800	1000	11	15	21	28	40	56	90	140	230	360	560	0.9	1.4	2.3	3.6	5.6	9	14
1000	1250	13	18	24	33	47	66	105	165	260	420	660	1.05	1.65	2.6	4.2	6.6	10.5	16.5
1250	1600	15	21	29	39	55	78	125	195	310	500	780	1.25	1.95	3.1	5	7.8	12.5	19.5
1600	2000	18	25	35	46	65	92	150	230	370	600	920	1.5	2.3	3.7	6	9.2	15	23
2000	2500	22	30	41	55	78	110	175	280	440	700	1100	1.75	2.8	4.4	7	11	17.5	28
2500	3150	26	36	50	68	96	135	210	330	540	860	1350	2.1	3.3	5.4	8.6	13.5	21	33

注：IT01、IT0 的标准公差值未列入。

附表16　孔的极限偏差（摘自GB/T 1800.2—2020）

（单位：μm）

公称尺寸/mm 大于	至	A11	B11	C11	D9	E8	F8	G6	G7	H7	H8	H9	H10	H11	H12	JS6	JS7	K6	K7	K8	M6	M7	N6	N7	P6	P7	R7	S7	T7	U7
—	3	+330/+270	+200/+140	+120/+60	+45/+20	+28/+14	+20/+6	+6/0	+12/+2	+10/0	+14/0	+25/0	+40/0	+60/0	+100/0	±3	±5	0/-6	0/-10	0/-14	-2/-8	-2/-12	-4/-10	-4/-14	-6/-12	-6/-16	-10/-20	-14/-24	—	-18/-28
3	6	+345/+270	+215/+140	+145/+70	+60/+30	+38/+20	+28/+10	+8/0	+16/+4	+12/0	+18/0	+30/0	+48/0	+75/0	+120/0	±4	±6	+2/-6	+3/-9	+5/-13	-1/-9	0/-12	-5/-13	-4/-16	-9/-17	-8/-20	-11/-23	-15/-27	—	-19/-31
6	10	+370/+280	+240/+150	+170/+80	+76/+40	+47/+25	+35/+13	+9/0	+20/+5	+15/0	+22/0	+36/0	+58/0	+90/0	+150/0	±4.5	±7	+2/-7	+5/-10	+6/-16	-3/-12	0/-15	-7/-16	-4/-19	-12/-21	-9/-24	-13/-28	-17/-32	—	-22/-37
10	14	+400/+290	+260/+150	+205/+95	+93/+50	+59/+32	+43/+16	+11/0	+24/+6	+18/0	+27/0	+43/0	+70/0	+110/0	+180/0	±5.5	±9	+2/-9	+6/-12	+8/-19	-4/-15	0/-18	-9/-20	-5/-23	-15/-26	-11/-29	-16/-34	-21/-39	—	-26/-44
14	18	+400/+290	+260/+150	+205/+95	+93/+50	+59/+32	+43/+16	+11/0	+24/+6	+18/0	+27/0	+43/0	+70/0	+110/0	+180/0	±5.5	±9	+2/-9	+6/-12	+8/-19	-4/-15	0/-18	-9/-20	-5/-23	-15/-26	-11/-29	-16/-34	-21/-39	—	-26/-44
18	24	+430/+300	+290/+160	+240/+110	+117/+65	+73/+40	+53/+20	+13/0	+28/+7	+21/0	+33/0	+52/0	+84/0	+130/0	+210/0	±6.5	±10	+2/-11	+6/-15	+10/-23	-4/-17	0/-21	-11/-24	-7/-28	-18/-31	-14/-35	-20/-41	-27/-48	—	-33/-54
24	30	+430/+300	+290/+160	+240/+110	+117/+65	+73/+40	+53/+20	+13/0	+28/+7	+21/0	+33/0	+52/0	+84/0	+130/0	+210/0	±6.5	±10	+2/-11	+6/-15	+10/-23	-4/-17	0/-21	-11/-24	-7/-28	-18/-31	-14/-35	-20/-41	-27/-48	-33/-54	-40/-61
30	40	+470/+310	+330/+170	+280/+120	+142/+80	+89/+50	+64/+25	+16/0	+34/+9	+25/0	+39/0	+62/0	+100/0	+160/0	+250/0	±8	±12	+3/-13	+7/-18	+12/-27	-4/-20	0/-25	-12/-28	-8/-33	-21/-37	-17/-42	-25/-50	-34/-59	-39/-64	-51/-76
40	50	+480/+320	+340/+180	+290/+130	+142/+80	+89/+50	+64/+25	+16/0	+34/+9	+25/0	+39/0	+62/0	+100/0	+160/0	+250/0	±8	±12	+3/-13	+7/-18	+12/-27	-4/-20	0/-25	-12/-28	-8/-33	-21/-37	-17/-42	-25/-50	-34/-59	-45/-70	-61/-86
50	65	+530/+340	+380/+190	+330/+140	+174/+100	+106/+60	+76/+30	+19/0	+40/+10	+30/0	+46/0	+74/0	+120/0	+190/0	+300/0	±9.5	±15	+4/-15	+9/-21	+14/-32	-5/-24	0/-30	-14/-33	-9/-39	-26/-45	-21/-51	-30/-60	-42/-72	-55/-85	-76/-106
65	80	+550/+360	+390/+200	+340/+150	+174/+100	+106/+60	+76/+30	+19/0	+40/+10	+30/0	+46/0	+74/0	+120/0	+190/0	+300/0	±9.5	±15	+4/-15	+9/-21	+14/-32	-5/-24	0/-30	-14/-33	-9/-39	-26/-45	-21/-51	-32/-62	-48/-78	-64/-94	-91/-121
80	100	+600/+380	+440/+220	+390/+170	+207/+120	+126/+72	+90/+36	+22/0	+47/+12	+35/0	+54/0	+87/0	+140/0	+220/0	+350/0	±11	±17	+4/-18	+10/-25	+16/-38	-6/-28	0/-35	-16/-38	-10/-45	-30/-52	-24/-59	-38/-73	-58/-93	-78/-113	-111/-146
100	120	+630/+410	+460/+240	+400/+180	+207/+120	+126/+72	+90/+36	+22/0	+47/+12	+35/0	+54/0	+87/0	+140/0	+220/0	+350/0	±11	±17	+4/-18	+10/-25	+16/-38	-6/-28	0/-35	-16/-38	-10/-45	-30/-52	-24/-59	-41/-76	-66/-101	-91/-126	-131/-166

（续）

代号	A	B	C	D			E		F		G		H						JS			K				M			N			P		R	S	T	U
公称尺寸/mm																			公差等级																			
大于 至	11	11	11	9	8	8	8	7	8	7	7	6	12	11	10	9	8	7	6	7	6	7	8	6	7	6	7	6	7	6	7	7	7	7	7
120 140	+710 +460	+510 +260	+450 +200	+245 +145	+148 +85	+106 +43	+54 +14	+25	+40	+63	+100 0	+160 0	+250 0	+400 0	±12.5	±20	+4 −21	+12 −28	+20 −43	0 −40	−12 −52	−20 −45	−28 −68	−36 −61	−33	−48 −88	−77 −117	−107 −147	−155 −195
140 160	+770 +520	+530 +280	+460 +210																							−50 −90	−85 −125	−119 −159	−175 −215
160 180	+830 +580	+560 +310	+480 +230																							−53 −93	−93 −133	−131 −171	−195 −235
180 200	+950 +660	+630 +340	+530 +240	+285 +170	+172 +100	+122 +50	+61 +15	+29	+46	+72	+115 0	+185 0	+290 0	+460 0	±14.5	±23	+5 −24	+13 −33	+22 −50	0 −46	−14 −60	−22 −51	−33 −79	−41 −70	−33	−60 −106	−105 −151	−149 −195	−219 −265
200 225	+1030 +740	+670 +380	+550 +260																							−63 −109	−113 −159	−163 −209	−241 −287
225 250	+1110 +820	+710 +420	+570 +280																							−67 −113	−123 −169	−179 −225	−267 −313
250 280	+1240 +920	+800 +480	+620 +300	+320 +190	+191 +110	+137 +56	+69 +17	+32	+52	+81	+130 0	+210 0	+320 0	+520 0	±16	±26	+5 −27	+16 −36	+25 −56	0 −52	−14 −66	−25 −57	−36 −88	−47 −79	−36	−74 −126	−138 −190	−198 −250	−295 −347
280 315	+1370 +1050	+860 +540	+650 +330																							−78 −130	−150 −202	−220 −272	−330 −382
315 355	+1560 +1200	+960 +600	+720 +360	+350 +210	+214 +125	+151 +62	+75 +18	+36	+57	+89	+140 0	+230 0	+360 0	+570 0	±18	±28	+7 −29	+17 −40	+28 −61	0 −57	−16 −73	−26 −62	−41 −87	−51	−41 −98	−87 −144	−169 −226	−247 −304	−369 −426
355 400	+1710 +1350	+1040 +680	+760 +400																							−93 −150	−187 −244	−273 −330	−414 −471
400 450	+1900 +1500	+1160 +760	+840 +440	+385 +230	+232 +135	+165 +68	+83 +20	+40	+63	+97	+155 0	+250 0	+400 0	+630 0	±20	±31	+8 −32	+18 −45	+29 −68	0 −63	−17 −80	−27 −67	−45 −108	−55 −95	−45	−103 −166	−209 −272	−307 −370	−467 −530
450 500	+2050 +1650	+1240 +840	+880 +480																							−109 −172	−229 −292	−337 −400	−517 −580

注：公称尺寸小于 1mm 时，各级的 A 和 B 均不采用。

附表17 轴的极限偏差（摘自 GB/T 1800.2—2020）

（单位：μm）

公称尺寸/mm 大于	至	a11	b11	c11	d9	e8	f7	g6	h5	h6	h7	h8	h9	h10	h11	h12	js6	k6	m6	n6	p6	r6	s6	t6	u6	v6	x6	y6	z6
—	3	−270/−330	−140/−200	−60/−120	−20/−45	−14/−28	−6/−16	−2/−8	0/−4	0/−6	0/−10	0/−14	0/−25	0/−40	0/−60	0/−100	±3	+6/0	+8/+2	+10/+4	+12/+6	+16/+10	+20/+14	—	+24/+18	—	+26/+20	—	+32/+26
3	6	−270/−345	−140/−215	−70/−145	−30/−60	−20/−38	−10/−22	−4/−12	0/−5	0/−8	0/−12	0/−18	0/−30	0/−48	0/−75	0/−120	±4	+9/+1	+12/+4	+16/+8	+20/+12	+23/+15	+27/+19	—	+31/+23	—	+36/+28	—	+43/+35
6	10	−280/−370	−150/−240	−80/−170	−40/−76	−25/−47	−13/−28	−5/−14	0/−6	0/−9	0/−15	0/−22	0/−36	0/−58	0/−90	0/−150	±4.5	+10/+1	+15/+6	+19/+10	+24/+15	+28/+19	+32/+23	—	+37/+28	—	+43/+34	—	+51/+42
10	14	−290/−400	−150/−260	−95/−205	−50/−93	−32/−59	−16/−34	−6/−17	0/−8	0/−11	0/−18	0/−27	0/−43	0/−70	0/−110	0/−180	±5.5	+12/+1	+18/+7	+23/+12	+29/+18	+34/+23	+39/+28	—	+44/+33	—	+51/+40	—	+61/+50
14	18	−290/−400	−150/−260	−95/−205	−50/−93	−32/−59	−16/−34	−6/−17	0/−8	0/−11	0/−18	0/−27	0/−43	0/−70	0/−110	0/−180	±5.5	+12/+1	+18/+7	+23/+12	+29/+18	+34/+23	+39/+28	—	+44/+33	+50/+39	+56/+45	—	+71/+60
18	24	−300/−430	−160/−290	−110/−240	−65/−117	−40/−73	−20/−41	−7/−20	0/−9	0/−13	0/−21	0/−33	0/−52	0/−84	0/−130	0/−210	±6.5	+15/+2	+21/+8	+28/+15	+35/+22	+41/+28	+48/+35	—	+54/+41	+60/+47	+67/+54	+76/+63	+86/+73
24	30	−300/−430	−160/−290	−110/−240	−65/−117	−40/−73	−20/−41	−7/−20	0/−9	0/−13	0/−21	0/−33	0/−52	0/−84	0/−130	0/−210	±6.5	+15/+2	+21/+8	+28/+15	+35/+22	+41/+28	+48/+35	+54/+41	+61/+48	+68/+55	+77/+64	+88/+75	+101/+88
30	40	−310/−470	−170/−330	−120/−280	−80/−142	−50/−89	−25/−50	−9/−25	0/−11	0/−16	0/−25	0/−39	0/−62	0/−100	0/−160	0/−250	±8	+18/+2	+25/+9	+33/+17	+42/+26	+50/+34	+59/+43	+64/+48	+76/+60	+84/+68	+96/+80	+110/+94	+128/+112
40	50	−320/−480	−180/−340	−130/−290	−80/−142	−50/−89	−25/−50	−9/−25	0/−11	0/−16	0/−25	0/−39	0/−62	0/−100	0/−160	0/−250	±8	+18/+2	+25/+9	+33/+17	+42/+26	+50/+34	+59/+43	+70/+54	+86/+70	+97/+81	+113/+97	+130/+114	+152/+136
50	65	−340/−530	−190/−380	−140/−330	−100/−174	−60/−106	−30/−60	−10/−29	0/−13	0/−19	0/−30	0/−46	0/−74	0/−120	0/−190	0/−300	±9.5	+21/+2	+30/+11	+39/+20	+51/+32	+60/+41	+72/+53	+85/+66	+106/+87	+121/+102	+141/+122	+163/+144	+191/+172
65	80	−360/−550	−200/−390	−150/−340	−100/−174	−60/−106	−30/−60	−10/−29	0/−13	0/−19	0/−30	0/−46	0/−74	0/−120	0/−190	0/−300	±9.5	+21/+2	+30/+11	+39/+20	+51/+32	+62/+43	+78/+59	+94/+75	+121/+102	+139/+120	+165/+146	+193/+174	+229/+210
80	100	−380/−600	−220/−440	−170/−390	−120/−207	−72/−126	−36/−71	−12/−34	0/−15	0/−22	0/−35	0/−54	0/−87	0/−140	0/−220	0/−350	±11	+25/+3	+35/+13	+45/+23	+59/+37	+73/+51	+93/+71	+113/+91	+146/+124	+168/+146	+200/+178	+236/+214	+280/+258
100	120	−410/−630	−240/−460	−180/−400	−120/−207	−72/−126	−36/−71	−12/−34	0/−15	0/−22	0/−35	0/−54	0/−87	0/−140	0/−220	0/−350	±11	+25/+3	+35/+13	+45/+23	+59/+37	+76/+54	+101/+79	+126/+104	+166/+144	+194/+172	+232/+210	+276/+254	+332/+310

(续)

代号	a	b	c	d	e		f		g		h							js	k	m	n	p	r	s	t	u	v	x	y	z
公称尺寸/mm											公差等级																		
	11	11	11	9	8	9	7	8	6	7	5	6	7	8	9	10	11	12	6	6	6	6	6	6	6	6	6	6	6	6	6
大于 120 至 140	−460 −710	−260 −510	−200 −450	−145 −245	−85 −148	−14 −39	−43 −83		−14 −39		0 −18	0 −25	0 −40	0 −63	0 −100	0 −160	0 −250	0 −400	±12.5	+28 +3	+40 +15	+52 +27	+68 +43	+88 +63	+117 +92	+147 +122	+195 +170	+227 +202	+273 +248	+325 +300	+390 +365
140 160	−520 −770	−280 −530	−210 −460																					+90 +65	+125 +100	+159 +134	+215 +190	+253 +228	+305 +280	+365 +340	+440 +415
160 180	−580 −830	−310 −560	−230 −480																					+93 +68	+133 +108	+171 +146	+235 +210	+277 +252	+335 +310	+405 +380	+490 +465
180 200	−660 −950	−340 −630	−240 −530	−170 −285	−100 −172	−15 −44	−50 −96		−15 −44		0 −20	0 −29	0 −46	0 −72	0 −115	0 −185	0 −290	0 −460	±14.5	+33 +4	+46 +17	+60 +31	+79 +50	+106 +77	+151 +122	+195 +166	+265 +236	+313 +284	+379 +350	+454 +425	+549 +520
200 225	−740 −1030	−380 −670	−260 −550																					+109 +80	+159 +130	+209 +180	+287 +258	+339 +310	+414 +385	+499 +470	+604 +575
225 250	−820 −1110	−420 −710	−280 −570																					+113 +84	+169 +140	+225 +196	+313 +284	+369 +340	+454 +425	+549 +520	+669 +640
250 280	−920 −1240	−480 −800	−300 −620	−190 −320	−110 −191	−17 −49	−56 −108		−17 −49		0 −23	0 −32	0 −52	0 −81	0 −130	0 −210	0 −320	0 −520	±16	+36 +4	+52 +20	+66 +34	+88 +56	+126 +94	+190 +158	+250 +218	+347 +315	+417 +385	+507 +475	+612 +580	+742 +710
280 315	−1050 −1370	−540 −860	−330 −650																					+130 +98	+202 +170	+272 +240	+382 +350	+457 +425	+557 +525	+682 +650	+822 +790
315 355	−1200 −1560	−600 −960	−360 −720	−210 −350	−125 −214	−18 −54	−62 −119		−18 −54		0 −25	0 −36	0 −57	0 −89	0 −140	0 −230	0 −360	0 −570	±18	+40 +4	+57 +21	+73 +37	+98 +62	+144 +108	+226 +190	+304 +268	+426 +390	+511 +475	+626 +590	+766 +730	+936 +900
355 400	−1350 −1710	−680 −1040	−400 −760																					+150 +114	+244 +208	+330 +294	+471 +435	+566 +530	+696 +660	+856 +820	+1036 +1000
400 450	−1500 −1900	−760 −1160	−440 −840	−230 −385	−135 −232	−20 −60	−68 −131		−20 −60		0 −27	0 −40	0 −63	0 −97	0 −155	0 −250	0 −400	0 −630	±20	+45 +5	+63 +23	+80 +40	+108 +68	+166 +126	+272 +232	+370 +330	+530 +490	+635 +595	+780 +740	+960 +920	+1140 +1100
450 500	−1650 −2050	−840 −1240	−480 −880																					+172 +132	+292 +252	+400 +360	+580 +540	+700 +660	+860 +820	+1040 +1000	+1290 +1250

注：公称尺寸小于1mm时，各级的a和b均不采用。

附表 18　零件倒圆与倒角（摘自 GB/T 6403.4—2008）　　　（单位：mm）

倒圆、倒角型式	内角倒圆	外角倒圆	外角倒角	内角倒角

R、C 尺寸系列	0.1	0.2	0.3	0.4	0.5	0.6	0.8	1.0	1.2	1.6	2.0	2.5	3.0
	4.0	5.0	6.0	8.0	10	12	16	20	25	32	40	50	—

装配型式	$C_1 > R$	$R_1 > R$	$C < 0.58R_1$	$C_1 > C$

C_{max} 与 R_1 的关系 ($C<0.58R_1$)	R_1	0.1	0.2	0.3	0.4	0.5	0.6	0.8	1.0	1.2	1.6	2.0
	C_{max}	—	0.1	0.1	0.2	0.2	0.3	0.4	0.5	0.6	0.8	1.0
	R_1	2.5	3.0	4.0	5.0	6.0	8.0	10	12	16	20	25
	C_{max}	1.2	1.6	2.0	2.5	3.0	4.0	5.0	6.0	8.0	10	12

C、R 的推荐值	ϕ	<3	>3~6	>6~10	>10~18	>18~30	>30~50	>50~80	>80~120	>120~180
	C、R	0.2	0.4	0.6	0.8	1.0	1.6	2.0	2.5	3.0
	ϕ	>180~250	>250~320	>320~400	>400~500	>500~630	>630~800	>800~1000	>1000~1250	>1250~1600
	C、R	4.0	5.0	6.0	8.0	10	12	16	20	25

注：α 一般采用 45°，也可采用 30° 或 60°。

附表 19　砂轮越程槽（摘自 GB/T 6403.5—2008）　　　（单位：mm）

磨外圆
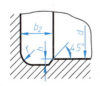
磨内圆

磨外端面

磨内端面

d	~10		10~50		50~100		>100	
b_1	0.6	1.0	1.6	2.0	3.0	4.0	5.0	8.0	10
b_2	2.0		3.0		4.0		5.0		8.0	10
h	0.1		0.2		0.3		0.4	0.6	0.8	1.2
r	0.2		0.5		0.8		1.0	1.6	2.0	3.0

附表 20　常用的金属材料

名称		牌号	说明	应用举例
钢铁金属	灰铸铁 GB/T 9439—2010	HT150	HT—灰铸铁代号 150—最低抗拉强度(MPa)	中等强度铸铁,用于一般铸件,如工作台、端盖、底座等
		HT200 HT250		高强度铸铁,用于较重要铸件,如机座、轴承座、齿轮箱、阀体、气缸、床身等
	球墨铸铁 GB/T 1348—2009	QT400-15 QT450-10 QT500-7	QT—球墨铸铁代号 400—抗拉强度(MPa) 15—伸长率	具有较高的强度、耐磨性和韧性,用于机械制造业中受磨损和受冲击的零件,如曲轴、气缸套、活塞杯、摩擦片、中低压阀门、轴承座等
	铸造碳钢 GB/T 11352—2009	ZG200-400 ZG310-570	ZG—铸钢代号 200—屈服强度(MPa) 400—抗拉强度(MPa)	用于各种形状的机座、变速器壳、飞轮、机架、横梁、气缸、齿轮等
	碳素结构钢 GB/T 700—2006	Q215A	Q—屈服强度 215—屈服强度(MPa) A—质量等级,用 A、B、C、D 表示,质量依次下降	用于受力不大的零件,如螺钉、垫圈、焊接件等
		Q235A		用于有一定强度要求的零件,如拉杆、连杆、螺栓、螺母、焊接件、型钢等
		Q275B		用于制造强度要求高的零件,如螺栓、螺母、齿轮、链轮、键、销、轴等
	优质碳素结构钢 GB/T 699—2015	35	35—以平均万分数表示的碳的质量分数 Mn—含锰量在 0.7%~1.2%时需注出	有良好的强度和韧性,用于制造曲轴、转轴、销、杠杆、连杆、螺栓、螺钉、套筒等
		45		用于制造强度要求高的零件,如齿轮、齿条、链轮、联轴器、机床主轴、衬套等
		65Mn		高强度中碳钢,用于制造弹簧垫圈、螺旋弹簧等
	合金结构钢 GB/T 3077—2015	15Cr 20Cr	15—以平均万分数表示的碳的质量分数 Cr—合金元素以化学符号表示,其质量分数小于 1.5%时,仅注出元素符号	渗碳后用于制造小齿轮、凸轮、活塞环、衬套、螺钉等
		20CrMnTi		渗碳钢,用于制造受冲击、耐磨要求高的零件,如齿轮、齿轮轴、蜗杆、离合器等
非铁金属	普通黄铜 GB/T 5231—2012	H62 H68	H—黄铜代号 62—铜的质量分数(%)	用于制造散热器、垫圈、弹簧、螺钉等
	铸造铜合金 GB/T 1176—2013	ZCuSn5Pb5Zn5	Z—铸造代号 Cu—基体元素铜的元素符号 Sn5—锡元素符号及其质量分数(%)	耐磨性和耐腐蚀性好,用于制造在较高负荷和中等滑动速度下工作的耐磨、耐蚀零件,如轴瓦、衬套、缸套、蜗轮、泵体压盖等
		ZCuAl9Mn2		强度高、耐腐蚀性好,用于制造耐蚀、耐磨、形状简单的大型铸件,如衬套、齿轮、蜗轮等
	铸造铝合金 GB/T 1173—2013	ZAlCu5Mn (代号 ZL201)	Z—铸造代号 Al—基体元素铝的元素符号	用于制造中等负荷、形状复杂的零件,如泵体、气缸体和电气、仪表的壳体等

附表 21 常用热处理和表面处理

名称	有效硬化层深度和硬度标注举例	说 明	目 的
退火	退火 163~197HBW 或退火	加热→保温→缓慢冷却	用来消除铸、锻、焊零件的内应力,降低硬度,以利于切削加工,细化晶粒,改善组织,增加韧性
正火	正火 170~217HBW 或正火	加热→保温→空气冷却	用于处理低碳钢、中碳结构钢及渗碳零件,细化晶粒,增加强度与韧性,减少内应力,改善切削性能
淬火	淬火 42~47HRC	加热→保温→急冷 工件加热奥氏体化后,以适当方式冷却获得马氏体或(和)贝氏体的热处理工艺	提高机件强度及耐磨性。但淬火后引起内应力,使钢变脆,所以淬火后必须回火
回火	回火	将淬硬的钢件加热到临界点(Ac_1)以下的某一温度,保温一段时间,然后冷却到室温	用来消除淬火后的脆性和内应力,提高钢的塑性和冲击韧度
调质	调质 200~230HBW	淬火→高温回火	提高韧性及强度,重要的齿轮、轴及丝杠等零件需调质
感应淬火	感应淬火 $DS=0.8~1.6$, 48~52HRC	用感应电流将零件表面加热→急速冷却	提高机件表面的硬度及耐磨性,而心部保持一定的韧性,使零件既耐磨又能承受冲击,常用来处理齿轮
渗碳淬火	渗碳淬火 $DC=0.8~1.2$, 58~63HRC	将零件在渗碳介质中加热、保温,使碳原子渗入钢的表面后,再淬火回火,渗碳深度 0.8~1.2mm	提高机件表面的硬度、耐磨性、抗拉强度等,适用于低碳、中碳($w_C<0.40\%$)结构钢的中小型零件
渗氮	渗氮 $DN=0.25~0.4$, ≥850HV	将零件放入氨气内加热,使氮原子渗入钢表面。渗氮层 0.25~0.4mm,渗氮时间 40~50h	提高机件的表面硬度、耐磨性、疲劳强度和耐蚀能力。适用于合金钢、碳钢、铸铁件,如机床主轴、丝杠、重要液压元件中的零件
碳氮共渗淬火	碳氮共渗淬火 $DC=0.5~0.8$, 58~63HRC	钢件在含碳、氮的介质中加热,使碳、氮原子同时渗入钢表面。可得到 0.5~0.8mm 的硬化层	提高表面硬度、耐磨性、疲劳强度和耐蚀性,用于要求硬度高、耐磨的中小型薄片零件及刀具等
时效	自然时效 人工时效	机件精加工前,加热到 100~150℃后,保温 5~20h,空气冷却,铸件也可自然时效(露天放半年或一年以上)	消除内应力,稳定机件形状和尺寸,常用于处理精密机件,如精密轴承、精密丝杠等
发蓝处理、发黑	发蓝处理或发黑	将零件置于氧化剂内加热氧化,使表面形成一层氧化铁保护膜	防腐蚀、美化,如用于螺纹紧固件
镀镍	镀镍	用电解方法,在钢件表面镀一层镍	防腐蚀、美化
镀铬	镀铬	用电解方法,在钢件表面镀一层铬	提高表面硬度、耐磨性和耐蚀能力,也用于修复零件上磨损了的表面
硬度	HBW(布氏硬度) HRC(洛氏硬度) HV(维氏硬度)	材料抵抗硬物压入其表面的能力,依测定方法不同而有布氏、洛氏、维氏等几种	检验材料经热处理后的力学性能 HBW 用于退火、正火、调质的零件及铸件,HRC 用于经淬火、回火及表面渗碳、渗氮等处理的零件,HV 用于薄层硬化零件

参 考 文 献

[1] 宋巧莲. 机械制图与 AutoCAD 绘图 [M]. 北京：机械工业出版社，2017.
[2] 中国国家标准化管理委员会. GB/T 131—2006 产品几何技术规范（GPS） 技术产品文件中表面结构的表示法 [S]. 北京：中国标准出版社，2007.
[3] 中国国家标准化管理委员会. GB/T 1182—2018 产品几何技术规范（GPS） 几何公差 形状、方向、位置和跳动公差标注 [S]. 北京：中国标准出版社，2018.
[4] 钱可强. 机械制图 [M]. 6 版. 北京：高等教育出版社，2022.
[5] 胡建生. 机械制图 [M]. 4 版. 北京：机械工业出版社，2020.